智能机器人关键技术丛书

混沌系统自适应控制技术

孙美美　张正强　潘新龙　王海鹏　著

電子工業出版社
Publishing House of Electronics Industry
北京·BEIJING

内 容 简 介

本书深入探讨了混沌系统自适应控制理论与应用，尤其在不确定性和非线性输入条件下的控制及同步问题。全书共 7 章，介绍了混沌系统自适应控制的研究背景和发展现状，阐述了基于反演技术及动态面的不确定多翼超混沌系统同步控制、基于自适应滑模的不确定多翼超混沌系统及分数阶混沌系统同步控制、基于 RBF NN 及观测器的多翼超混沌系统及分数阶混沌系统同步控制等多种混沌控制策略，在总结混沌系统自适应控制的成果后，指出了在当前研究中面临的挑战与未来的发展方向。

本书基于作者团队的研究成果，提出和总结了多种混沌控制策略，且对每种策略都配以详细的理论分析和仿真实例，模型新颖、数据有力，具有很强的指导性，对自动化、人工智能、无人系统等领域科研人员的参考意义重大。

图书在版编目（CIP）数据

混沌系统自适应控制技术 / 孙美美等著. -- 北京 : 电子工业出版社, 2025. 1. --（智能机器人关键技术丛书）. -- ISBN 978-7-121-49434-5

Ⅰ. O415.5；TP273

中国国家版本馆 CIP 数据核字第 2025ZV6217 号

责任编辑：曲　昕　　特约编辑：田学清
印　　刷：三河市君旺印务有限公司
装　　订：三河市君旺印务有限公司
出版发行：电子工业出版社
　　　　　北京市海淀区万寿路 173 信箱　邮编：100036
开　　本：787×1092　1/16　印张：10.5　字数：252 千字
版　　次：2025 年 1 月第 1 版
印　　次：2025 年 1 月第 1 次印刷
定　　价：88.00 元

凡所购买电子工业出版社图书有缺损问题，请向购买书店调换。若书店售缺，请与本社发行部联系，联系及邮购电话：（010）88254888，88258888。

质量投诉请发邮件至 zlts@phei.com.cn，盗版侵权举报请发邮件至 dbqq@phei.com.cn。

本书咨询联系方式：（010）88254468，quxin@phei.com.cn。

前　言

在现代控制理论的研究中，混沌系统的探索逐渐成为一个重要且富有挑战性的领域。混沌现象不但广泛存在于自然界，如存在于气象、生态和生物系统中，而且在各种工程应用中显现出其复杂性和不可预测性。这种特性使得传统的控制方法在面对混沌系统时显得“力不从心”。因此，研究混沌系统自适应控制理论，尤其在不确定性和非线性输入条件下的控制及同步问题具有重要的学术价值与实际意义。

尽管近年来在混沌控制领域取得了一定的进展，但仍面临诸多挑战。例如，如何有效地设计混沌控制策略以应对系统的高度非线性和不确定性，如何实现多种混沌系统之间的同步，以及如何在实际应用中实现这些理论的有效转化。这些挑战不仅考验着研究者的创造力和理论深度，还推动着该领域的不断发展。

本书旨在系统性地阐述混沌系统自适应控制理论与应用，特别是系统存在不确定性和非线性输入条件的情况。全书共 7 章，内容涵盖了多种混沌控制策略，包括基于反演技术及动态面的不确定多翼超混沌系统同步控制、基于自适应滑模的不确定多翼超混沌系统及分数阶混沌系统同步控制、基于 RBF NN 及观测器的多翼超混沌系统及分数阶混沌系统同步控制、基于 Nussbaum 函数方法的不确定混沌系统同步控制、不确定多涡卷混沌系统设计及自适应重复学习同步控制。本书不仅给出了理论分析，部分章节还结合了其在通信中的实际应用，旨在为研究人员和工程师提供全面的参考。

通过对混沌系统自适应控制领域的深入探讨，本书不仅总结了当前的研究成果，还指出了未来的发展方向和潜在的研究领域。我们希望本书能够激励更多的研究人员和工程师投身于这一充满挑战与机遇的领域，从而推动混沌系统自适应控制理论的进一步发展与应用。

最后，衷心感谢所有为本书的出版提供支持与帮助的人。由于受科研水平和所做工作的局限性影响，书中难免有疏漏之处，恳请广大读者多提宝贵意见，谢谢。

目 录

第1章 绪论

1.1 研究背景及意义

相对论、量子力学和混沌的发现是物理学领域的三次大革命，混沌的发现对人们传统的世界观产生了翻天覆地的影响，解释并改变着人们的生活。在非线性动力学起作用的研究领域内，混沌同步研究已经得到越来越多的关注。20 世纪 90 年代以来，混沌理论与混沌同步研究取得了突破性进展，使得混沌控制的工程应用前景日渐明朗。例如，基于混沌同步的保密通信由于其突出的安全性能不但在军事领域具有重要作用，而且在金融、商业及人们的日常生活的各个方面都产生了重要的影响；混沌同步理论在人体生物医学中的应用使得医疗器械研发有了新的方向；混沌同步在半导体激光器、等离子体、光电离子束等领域的应用已经崭露头角；利用混沌同步轨道技术和混沌反控制技术，由混沌进行柔性系统的设计，在系统运动到目标轨道邻近区域时，用很小的外力将其捕捉到目标轨道，目前已经成功实现太空船 ISEE-3I/C 与彗星的碰撞。混沌同步控制的发展势如破竹，近年来，其研究重点不再仅限于弱混沌系统，如 Lorenz 系统、Chen 系统等；而是转向具有更为复杂的动力学行为的更具发展前景的超混沌系统、分数阶混沌系统（Fractional-order Chaotic Systems，FCS）。

对初始值的极端敏感性使得两个混沌系统的初始值即使存在微小差异，也会使运动轨迹瞬间呈指数型分开，混沌同步控制与其对初始值敏感的特性看似是相悖的，直到 1990 年，Pecora 和 Carroll 观察到用主从结构可以使两个同结构的混沌系统同步。近几十年来，针对整数阶混沌系统（Integral-order Chaotic Systems，ICS）在各种不确定情况下的同步研究已经形成较为成熟的体系。但实际系统往往是欠驱动（控制输入个数小于系统的阶次）、参数不确定、函数型不确定和外部扰动的。并且，近年来，学者在工程实践和自然界中发现越来越多的分数阶混沌系统，因此，对这些混沌系统进行同步控制仍是同步控制领域亟待研究的热点方向。本书围绕上述研究方向展开，期望为混沌同步控制研究做出贡献。

1.2 整数阶混沌系统的同步控制方法及发展现状

1.2.1 整数阶多翼超混沌系统

多涡卷超混沌系统的提出始于 1991 年，Suykens 和 Vandewalle 首次报道了在 Chua 系统中生成多涡卷混沌吸引子的结果，此后，学者对其他一些双涡卷系统进行了研究，构造了一些多涡卷混沌吸引子。双涡卷系统的典型代表是广义 Lorenz 系统族。多涡卷系统的提出始于 2002 年，Elwakil 等首次报道了在分段 Lorenz 系统中产生 4 个涡卷的混沌吸引子的研究结果。2007 年，Yu 等构造了基于广义 Lorenz 系统族的嵌套式多涡卷和网格多涡卷混沌吸引子体系，它能产生大量涡卷的混沌吸引子，并初步形成了一套建模理论与方法。多涡卷混沌系统构成的主要方法在于，首先，寻找合适的双涡卷系统，如Chua系统和Sprott系统等；其次，构造各种具有奇对称性且参数可调的非线性函数来扩展指标 2 的鞍焦平衡点。非线性函数的构造主要包括锯齿波序列、三角波序列、阶梯波序列、多分段线性函数、双曲函数序列、时滞函数序列、饱和函数序列和多项式等。

目前，通过对混沌系统进行分析建模，学者已经构造出一些全新的混沌系统，并在此基础上对其进行混沌特性和可能的应用方面的分析研究。多涡卷混沌系统具有相互嵌套的拓扑结构，这些涡卷在相空间中的图形呈某个方向分布或多方向分布，涡卷的数量和网格状分布图案及形状等可由参数进行控制，是一类新型混沌吸引子。本书针对这类多涡卷混沌系统的同步控制做了深入的研究并探讨了新型多涡卷系统的构造及其在不确定情况下的同步问题。

1.2.2 整数阶多翼超混沌系统的同步控制方法及发展现状

按照混沌同步控制方式，同步控制方法可分为驱动–响应同步、脉冲控制、自适应控制、耦合控制、线性和非线性反馈控制、滑模变结构控制（滑模控制）、模糊控制、鲁棒控制、混沌信号驱动控制、H_∞ 控制、时间延迟反馈控制、基于状态观测器控制、不变流形方法、backstepping 控制等，针对不同的控制目标，可以利用相应的同步控制方法。本节主要分析几种常用的混沌同步控制方法的发展现状及优/缺点。

1. 驱动–响应同步法

驱动–响应同步法又叫变量替代法或 PC 同步，由 Pecora 和 Carroll 首次提出。它的原理是利用两个非线性动力系统中存在的驱动–响应的关系，先将 Lyapunov 指数为负的稳定部分设置为主系统，再用主系统中的驱动信号的某一信号驱动响应系统，驱动系统的系统行为决定了响应系统的动态性能表现。该同步控制方法只需通过信道传送一路加密信号，并且是自同步方式。以一个 3 维自治动力系统为例，用 $x^{(1)}$ 变量作为驱动变量，采用 PC 同步的同步系统如图 1-1 所示。

可以看出，假设对于系统 $\dot{u}=f(u)$，其分为稳定部分 $\dot{v}^{(1)}=g(v^{(1)},w^{(1)})$ 和不稳定部分 $\dot{w}^{(1)}=h(v^{(1)},w^{(1)})$，其响应系统结构同驱动系统，如果把 $v^{(1)}$ 作为驱动信号，那么响应系统就变为

$$\begin{cases}\dot{v}^{(2)}=g(v^{(2)},w^{(2)})\\ \dot{w}^{(2)}=h(v^{(2)},w^{(2)})\end{cases} \tag{1-1}$$

同步理论中的 Lyapunov 稳定性判据也是由 Pecora 和 Carroll 提出的。Lyapunov 稳定性理论直接或间接地应用在其他同步控制方法的稳定性证明中，起着至关重要的作用。本书对于系统的稳定性证明也是基于此展开的。PC 同步的缺点是除严格的理论证明外，在实际应用中，主要根据仿真结果来判断两个混沌系统是否真正实现了这种同步方式，限制了此方法的应用。

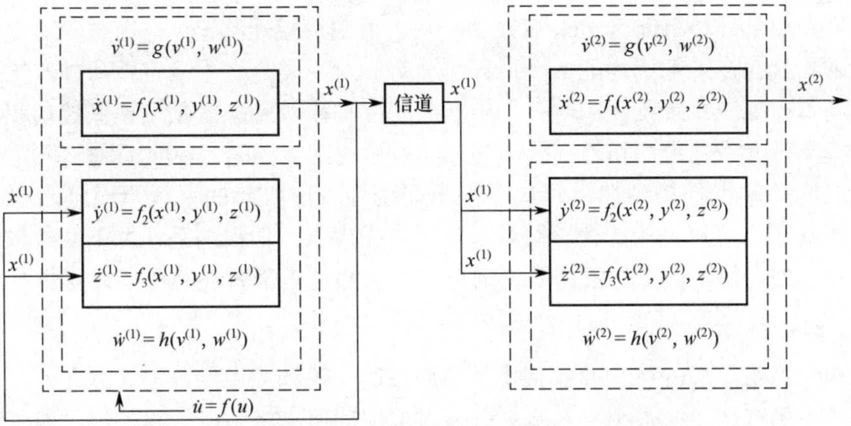

图 1-1　用 $x^{(1)}$ 变量作为驱动变量，采用 PC 同步的同步系统

2. 自适应同步控制法

当实际系统中存在不确定因素时，常规的反馈控制方法不再适用，需要系统自动动态调整响应系统的某些参数，此时，自适应控制很好地解决了这个问题。在整数阶混沌系统研究领域，Kocare 首先将这一原理应用于 Chua 电路（蔡氏电路）的保密通信；Huang 针对 4 种参数全部未知的混沌系统设计了一种自适应同步控制律，实现了异结构同步。Zhu 设计了新型超混沌系统，并针对系统部分参数未知的情况研究了一种自适应同步控制法。Yassen 研究了系统参数不确定的 Chua's 电路，通过数学建模进行演绎归纳，设计了适用于一类混沌系统的自适应同步控制策略；Park 在研究超混沌 Chen 系统的同步问题时，采用了自适应控制思想；Zhang 等采用自适应技术在部分参数不确定的情况下完成了两个不同时滞混沌神经网络的同步控制；Kim 等采用自适应控制和线性矩阵不等式（LMI）实现了参数未知的不匹配混沌系统的同步。

上述文献大多针对特定混沌系统的自适应同步问题，文献[77-78]给自适应同步控制混沌系统提供了新的方法和思路。文献[77]提出了一种思路，即将一类混沌系统统一描述成一种数学表达形式，并设计了混沌系统自适应同步控制法，用两个形式不同但能统一表达的混沌系统进行了仿真，证明了其所提方法的有效性。文献[78]总结了之前的自适应同步控制法，证明了很多文献提出的方法其实可以归为一类，并以此为依据设计了统一自适应同步控制律。但是上述文献并没有考虑系统具有外部扰动和函数不确定项的情况，也没有给出系统稳定性的证明。本书也基于统一的思想，并没有区别考虑各种混沌系统，而是从不失一般性的系统模型入手，进行控制律的设计。

3. 滑模控制

滑模控制从本质上来说，是由于其控制系统结构随时间而改变，从而具有相应的开关特性，滑模面的设计可以由设计者依情况而定。它的特点是对系统的不确定性不敏感，已成为提高系统鲁棒性的重要方法；缺点是其固有的抖振问题会在一定程度上影响同步效果，在设计中应尽可能避免或减少抖振的发生。

对于具有参数不确定性和外部扰动的整数阶混沌系统的滑模控制问题，近几年已经有了大量研究，Ayati 和 Khaloozadeh 设计了一种自适应滑模观测器，可有效应对混沌系统不确定上界未知且存在外部扰动的情况；孙美美等针对一类具有不确定性和外部扰动且上界未知的多涡卷超混沌系统设计了一种鲁棒自适应控制律；Yau 等采用模糊控制和滑模控制完成了一大类带有不确定性和外部扰动的混沌系统的同步控制。Yang 针对二阶混沌系统设计了有限时间终端滑模控制律，解决了输入非线性可能引起的系统不稳定问题。Wei 和 HuangPu 设计了二阶滑模控制律，有效去除了抖振现象，但误差系统并不能收敛于零，只能保证有界。如何使不确定超混沌系统渐近收敛仍然是未来研究的重点方向之一。

4. 反演设计法

反演的提出始于 20 世纪 90 年代，是当前控制理论和应用的前沿课题之一。反演设计法主要针对不确定严反馈系统，本质是引入虚拟控制律，将系统逐级处理，通过选择合适的 Lyapunov 函数，分别逐级证明各闭环子系统的稳定性，最终得到实际控制律，解决了相对复杂的非线性系统的控制问题。它不但针对欠驱动系统有很好的效果，而且对于具有严反馈结构的非线性系统的稳定性分析问题和控制律设计难题，也提供了结构化、系统化的解决方法。对于非严反馈系统，学者又提出了交叉严反馈技术，将系统分为多个有共同参数的严反馈系统，本书正是基于此思想展开的，期望所设计的同步控制方法能适用于更多的混沌系统。

在整数阶混沌同步领域，目前已经有很多基于反演的研究成果：Wang 等将反演和滑模相结合，提出了 AFM 系统的混沌控制方案；Zhang 等设计了一种基于反演的异结构同步控制方案，只需驱动系统的一个状态变量值；Yu 和 Zhang 设计了自适应反演同步控制律，处理了一类严反馈混沌系统存在不确定项的问题。近年来，学者已经将反演设计法与其他一些同步控制方法有机结合起来，而对混沌系统来说，并不是将各项技术简单叠加就能很好地处理其同步问题的，此时不仅要考虑混沌系统的特性，还要考虑实际工程应用中系统存在的环境，因此反演技术在混沌系统中的应用也是一个值得深入研究的方向。

5. 神经网络控制

神经网络由于其优异的逼近能力，能有效处理未知非线性函数和不确定性问题，已被应用于混沌控制中，并取得了一些成果。经典 RBF（径向基函数）神经网络可以用于对对数函数进行逼近，其优点是权值调节的收敛速度快，无局部极小值，分类能力优异且学习速度快；缺点是仍需要对象的模型已知。

在 RBF 神经网络混沌同步领域，张袅娜等将滑模和 RBF 神经网络相结合，将一类非匹配不确定混沌系统分解成两个子系统，设计控制律使其同步，并证明了其收敛误差收敛于原点的小邻域内。李华青等结合滑模控制技术和 RBF 神经网络设计出一种神经网络控制律，只与系统的输出状态有关，设计过程不需要抵消响应系统的非线性项。胡云安和李海燕[92]针对非匹配不确定交叉严反馈超混沌系统设计了 RBF NN 反演控制律。现有文献大多针对具有统一表达形式的简单混沌系统或超混沌系统，对多翼超混沌系统并没有研究，多翼超混沌系统的函数表达式中带有二次项、求和项、双曲函数、切换函数等，结构复杂，如何处理函数不确定项也是亟待解决的难点问题。

1.3 分数阶混沌系统的同步控制方法及发展现状

1.3.1 分数阶混沌系统

自 17 世纪开始，就有关于分数阶运算的相关记录，然而，至今它仍然是一个热门的研究课题。近 20 年来，分数阶微积分（Fractional Order Calculus，FOC）得到了广泛的关注和发展，它可以很好地描述一些复杂运动、不规则现象、记忆特征、中间过程。1983 年，Mandelbrot 发现了分数阶微分方程（Fractional Differential Equations，FDEs）和常微分方程（Ordinary Differential Equations，ODEs）在描述系统的动态时存在自相似性，并且他认为有大量的分数阶系统普遍存在于自然界和工程实际中，而事实也确实如此，无论是工程实际还是自然界，很多展现出分数阶动力学特性的系统被学者逐步观察到。在控制理论方面，Manbe 等在 1982 年才首次提出了对分数阶动力学系统设计控制律的想法。随后，Oustaloup 和 Mathieu 开创性地提出了 CRONE 控制在分数阶动力学系统中的应用。

1.3.2 分数阶微积分基础知识

分数阶微积分实际上是指任意阶次的微积分。在分数阶微积分的发展历程中，学者多次从不同角度对微积分进行了定义，下面简单介绍几种常用的定义。

定义 1-1 分数阶积分由 Riemann-Liouville（黎曼–刘维尔）积分定义。函数 $f(t)$ 的 n 阶积分（n 为正实数）表达式为

$$I^n(f(t))=\frac{1}{\Gamma(n)}\int_0^t (t-\tau)f(\tau)\mathrm{d}\tau \tag{1-2}$$

式中，$\Gamma(n)=\int_0^\infty t^{n-1}\mathrm{e}^{-t}\mathrm{d}t$ 为 Euler's Gamma 函数。

定义 1-2 单参数 Mittag-Leffler 函数的表达式为

$$E_\alpha(z)=\sum_{k=0}^{\infty}\frac{z^k}{\Gamma(k\alpha+1)} \tag{1-3}$$

当 $\alpha=1$ 时，式（1-3）就表示在常微分方程里有重要作用的指数函数 e^z，即

$$\mathrm{e}^z=\sum_{k=0}^{\infty}\frac{z^k}{\Gamma(k+1)} \tag{1-4}$$

双参数（广义）Mittag-Leffler 函数的表达式为

$$E_{\alpha,\beta}(z)=\sum_{k=0}^{\infty}\frac{z^k}{\Gamma(k\alpha+\beta)} \tag{1-5}$$

式中，$\alpha>0$；$\beta>0$；$z\in C$。当 $\beta=1$ 时，有 $E_\alpha(z)=E_{\alpha,1}(z)$，进一步有 $E_{1,1}(z)=\mathrm{e}^z$。

广义 Mittag-Leffler 函数经过拉普拉斯变换后，其在求解分数阶微分方程的过程中十分重要，其表达式为

$$L\{t^{\beta-1}E_{\alpha,\beta}(-\lambda t^\alpha)\}=\frac{s^{\alpha-\beta}}{s^\alpha+\lambda}(R(s)>|\lambda|^{\frac{1}{\alpha}}) \tag{1-6}$$

分数阶算子是非整数阶基本运算 ${}_aD_t^\alpha$ 的微分和积分运算，其中，a 和 t 分别是运算的起止边界。3 种常用的分数阶定义分别为 Grünwald-Letnikov 型定义、Riemann-Liouville 定义和 Caputo 型定义。

定义 1-3　Grünwald-Letnikov 型分数阶导数多用于数值计算，其定义为

$$ {}_aD_t^\alpha f(t) = \lim_{h\to 0}\frac{1}{h^\alpha}\sum_{j=0}^{\infty}(-1)^j\binom{\alpha}{j}f(t-jh) \tag{1-7}$$

定义 1-4　Riemann-Liouville 分数阶导数定义为

$$ {}_aD_t^\alpha f(t) = \frac{1}{\Gamma(n-\alpha)}\frac{\mathrm{d}^n}{\mathrm{d}t^n}\int_a^t\frac{f(\tau)\mathrm{d}\tau}{(t-\tau)^{\alpha-n+1}},\quad n-1<\alpha<n \tag{1-8}$$

Riemann-Liouville 分数阶导数有超奇异性。20 世纪 60 年代，意大利的 Caputo 提出了弱奇异的分数阶微分定义。

定义 1-5　Caputo 型分数阶导数定义为

$$ {}_aD_t^\alpha f(t) = \frac{1}{\Gamma(n-\alpha)}\int_a^t\frac{f(\tau)\mathrm{d}\tau}{(t-\tau)^{\alpha-n+1}},\quad n-1<\alpha<n \tag{1-9}$$

比较定义 1-4 和定义 1-5，二者的主要差别在于微积分顺序不同，即对函数 $f(t)$ 的要求不同，定义 1-5 要求 $f(t)$ 是 n 阶可微的。

由分数阶微积分的定义可以看出，输入函数的初始值以衰减的形式输出，零初始值下的分数阶微积分是卷积分的形式。因此，分数阶微积分实际上是一个积分，且随时间衰减记忆，这就是分数阶微分算子最大的特点。

1.3.3　分数阶混沌系统的稳定性分析及同步控制方法

近年来，越来越多的分数阶模型在数学、物理、化学、材料、工程、经济甚至社会科学中出现，基于分数阶微积分发展起来的分数阶控制理论引起了学者的广泛关注，其核心问题就是求解分数阶微分方程。目前，很多分数阶混沌系统已被发现，如分数阶 Chua 系统、分数阶 Van der Pol 系统。当阶次低于 2 时，非自治的 Duffing 系统也能观察到混沌吸引子的存在。之后，分数阶 Lorenz 系统、分数阶 Chen 系统、分数阶 Lü 系统等一系列分数阶混沌系统相继被发现，并得到研究。分数阶 Lü 系统的混沌吸引子如图 1-2 所示。

研究表明，分数阶混沌系统不仅具有整数阶混沌系统固有的混沌特性，还具有分数阶运算带来的分数阶系统描述记忆特性和全局相关特性等，并且分数阶混沌系统的混沌吸引子远比整数阶混沌系统的混沌吸引子复杂，这意味着其长期动力学行为更加难以预测。

稳定性是设计控制律时首先需要考虑的问题，是系统工作的前提。Lyapunov 技术不仅可以分析常微分方程的稳定性，还是分析非线性系统稳定性的基本工具。尽管建模方式日渐广泛、鲁棒控制律越来越系统，但是，分数阶微分方程的稳定性并没有得到足够的重视。Sabatier 等提出了关于分数阶微分方程稳定性的新方法，在线性情况下，假设系统具有相同阶次，则得到 Matignon's 稳定性理论和输入/输出稳定性理论；2009 年，一种不需要计算系统极点的频率方法在文献[116]中被提出。Lyapunov 方法在非线性系统稳定性证明领域至今还没有完整的理论体系。尽管如此，学者还是取得了一定的研究成果。文献[117]定义了非线性分数阶微分方程的 Mittag-Leffler 稳定性，Li 等又提出了 Lyapunov 第二方法。文献

[103-105]对几种方法进行了总结分析。以上结果都定义在分数阶微分方程的伪状态变量上，并不能真实地表达系统状态。2011 年，Trigeassou 等定义了一种频率分布模型，它是目前能够与伪状态变量完全等价的一种定义方式。本书对分数阶系统的研究就是以此理论为基础展开的。

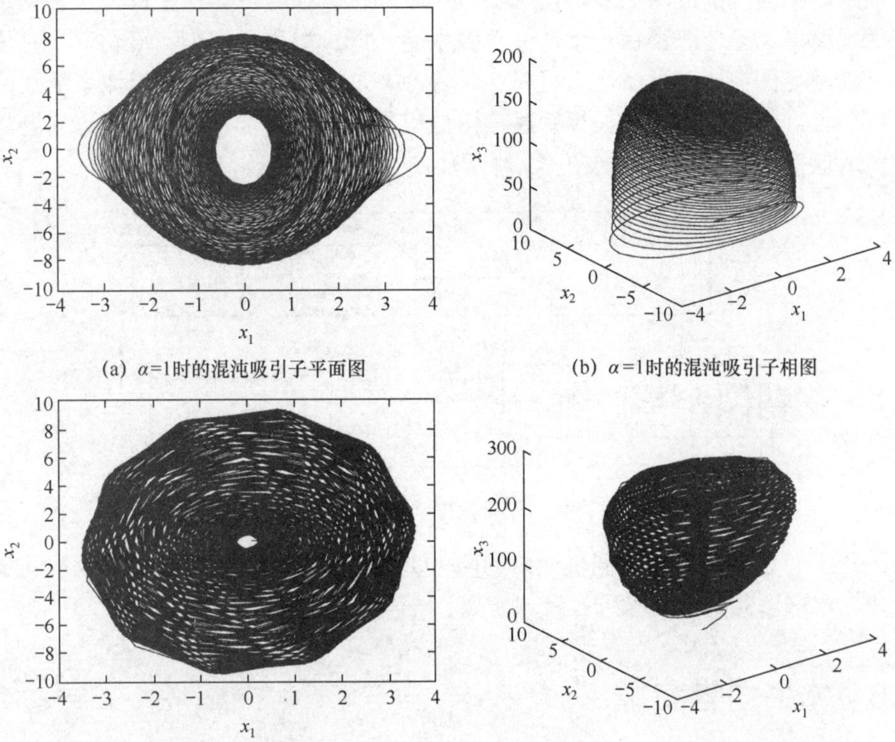

(a) α=1时的混沌吸引子平面图　(b) α=1时的混沌吸引子相图

(c) α=0.94时的混沌吸引子平面图　(d) α=0.94时的混沌吸引子相图

图 1-2　分数阶 Lü系统的混沌吸引子

在控制领域，对于整数阶混沌系统的控制技术已经相对成熟，分数阶混沌系统的同步控制也开始得到学者更多的关注。分数阶混沌系统与整数阶混沌系统相比，首先，如果要保持混沌吸引子的存在，阶次的选择及结构的改变就变得尤为重要，不同的阶次体现出来的系统动态特性是完全不同的；其次，由于分数阶系统的描述记忆特性，导致对系统稳定性的证明理论体系至今并不完善。这些都是同步控制研究中的难点问题。

对于分数阶混沌系统的同步控制的研究，目前仍然在摸索中前进着：Odibat 运用自适应反馈控制实现了异结构分数阶混沌系统的同步；Delavari 等基于滑模观测器，针对分数阶混沌系统设计了同步控制律；Lin 等将滑模控制、自适应控制和模糊控制相结合，解决了带有不确定性和外部扰动的分数阶混沌系统的同步问题；Gao 等设计了一类新的分数阶超混沌系统并进行了投影同步控制设计。从研究现状来看，现有的针对分数阶混沌系统的同步控制方法，对于系统存在不确定性及外部扰动等问题的处理，以及稳定性证明都是通过套用整数阶混沌系统的同步控制方法实现的，忽略了分数阶系统的描述记忆特性和全局相关特性这一根本问题，因此，分数阶混沌系统的同步问题也是目前研究的热点和难点问题。

1.4　混沌同步在保密通信中的应用研究

混沌同步控制理论的成熟为混沌在保密通信（Secure Communication，SC）中的应用打实了基础。虽然目前应用更多的是伪随机信号加密，但是混沌加密作为一种动态加密技术，在处理速度上不依赖密钥长度，计算效率高，既可以用于视频、语音等实时信号的处理，又可以满足图像、军事命令、资料文件等静态加密的需求。复杂混沌系统加密的信息破译难度很大，因此混沌加密在保密通信中的应用一直以来都是研究的热点问题。利用混沌同步实现保密通信的原理图如图 1-3 所示。

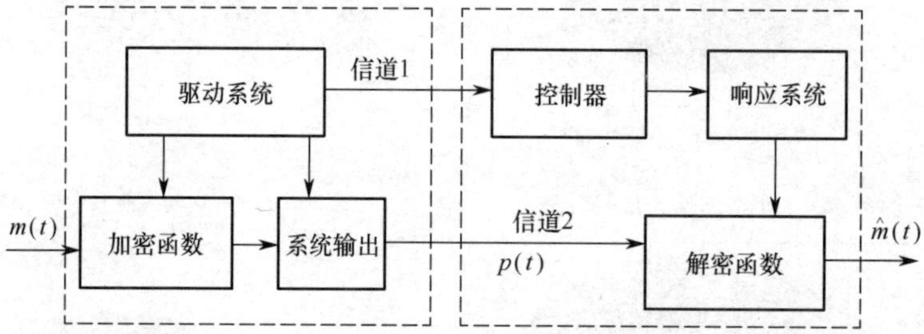

图 1-3　利用混沌同步实现保密通信的原理图

由图 1-3 可以看出，完成同步通信的两个重要方面分别是混沌源的选取和同步控制方法的设计，本书以此为出发点进行深入研究。

1.5　本书内容安排

第 1 章，简述了国内外混沌系统同步的研究现状，总结了现有文献使用的同步控制方法的思路及优/缺点，并指出了现有研究存在的不足与亟待深入研究的难点问题，引出了本书的研究方向。

第 2 章，首先对国内外基于反演技术的混沌系统同步控制进行了简要概括和分析；然后对非匹配多翼超混沌系统在具有系统不确定性的情况下的同步控制问题进行了深入研究，采用交叉严反馈技术，对两个具有不同初始值的不确定多翼超混沌系统设计了反演同步控制律（该控制律只需两个控制输入，比非欠驱动系统的同步控制更有难度），并首次给出了交叉严反馈多翼超混沌系统基于 Lyapunov 稳定性理论的系统稳定性证明；最后，由于反演过程中的虚拟控制律反复微分导致的“复杂性膨胀”问题，利用动态面的自适应反演控制技术设计了动态面控制律，使得匹配和非匹配不确定混沌系统的大多数同步误差在零的邻域内，且任意小。该方法仅需两种控制律就可以实现一大类多翼超混沌系统的同步，可推广应用于具有此类模型的混沌系统的同步控制。本章末对文献[133]提出的系统进行了数值仿真。

第 3 章，在第 2 章放松了系统只含有参数不确定性的条件的基础上，进一步研究了系统带有参数不确定性和有外部扰动的情况。利用滑模技术良好的鲁棒性，首先对不确定多翼超混沌系统进行滑模控制律设计，提出了一种改进的自适应律，避免了大多数文献中自适应律导数恒为正时有可能出现的参数估计无限增大的问题，并证明了最终系统同步误差和参数误差收敛于零附近的邻域；其次将自适应滑模同步控制方法推广至分数阶混沌系统。本章研究的分数阶混沌系统存在的不确定因素包括参数摄动、未知函数项及外部扰动等；设计了一类新型分数阶 PI 型滑模面，提出了一类新型分数阶非增长型自适应鲁棒同步控制律，并将等价频率分布模型引入分数阶滑模面，定义了基于频率分布模型的 Lyapunov 能量函数，证明了同步误差和参数估计误差收敛，并通过数值仿真验证了该方法的有效性和可行性。

第 4 章，考虑了系统具有不确定性和外部扰动时的同步问题，放松了第 3 章中需要系统的不确定项和外部扰动项有界的条件，对系统状态是否只有输出可测两种情况进行研究。对于系统具有显式函数型不确定性的情况，首先，针对多翼超混沌系统，将系统分为名义部分和不确定部分，充分利用已知条件；其次，设计基于 RBF 神经网络的同步控制律，将滑模技术、神经网络技术和自适应技术有机结合在一起，并通过神经网络技术估计系统的不确定性，运用滑模和自适应控制处理系统的不确定性与神经网络的逼近误差；再次，设计非增长型的自适应律，避免随着自适应律的增长引起控制律无界的问题；然后，假设系统状态仅输出可测，引入观测器技术，将观测器系统作为响应系统，结合神经网络方法、自适应方法对不确定项进行逼近、估计，构造 Lyapunov 函数，证明系统同步误差和参数估计误差收敛至零的邻域；最后，将控制方法推广应用到分数阶混沌同步控制，将等价频率分布模型和神经网络技术相结合，设计非增长型分数阶自适应律，定义 Lyapunov 能量函数，证明误差系统的稳定性，并通过数值仿真证明提出的控制方案的有效性。

第 5 章，针对控制方向（控制系数）未知的不确定混沌同步问题进行了研究，首先，介绍了 Nussbaum 增益的基础知识，概括了在控制方向未知的情况下，非线性系统控制研究的思路和特点，总结了现有文献的难点和不足；其次，针对不确定分数阶混沌系统设计了一种基于 Nussbaum 增益控制的滑模自适应同步控制律，定义了分数阶 PI 型滑模面，利用等价频率分布模型定义 Lyapunov 函数，证明了同步误差系统的稳定性；最后，针对控制方向未知且输入饱和情况下的不确定混沌系统设计了同步控制律，利用 Nussbaum 函数不仅处理了控制方向未知的问题，还处理了由输入饱和引起的非线性问题，结合反演技术、神经网络技术实现了不确定混沌系统的同步，并通过数值仿真验证了所设计方法的有效性和可行性。

第 6 章，首先提出了一种基于滞环函数的参数可调的多涡卷系统的产生方法（通过调节设计参数，就能产生不同个数的涡卷），又考虑了所设计系统具有参数未知时变、不确定性和外部扰动的情况，基于 Lyapunov 稳定性理论，结合神经网络方法，首次在多涡卷系统中应用自适应重复学习控制方法，提出了自适应学习控制律并通过仿真结果验证了其有效性；然后将整数阶滞环多涡卷混沌系统扩展为分数阶系统，设计了一种分数阶自适应重复学习同步控制律，利用神经网络逼近不确定部分，设计分数阶自适应律进行参数估计，无须已知系统不确定上界，且无须根据不同的混沌系统设计特殊的控制律，有较强的通用性。通过引入频率分布模型构造类 Lyapunov 复合能量函数，证明了同步误差学习的收敛性，并通过数值仿真证明了所提方法的有效性。

第 7 章，对本书的研究成果进行总结，并对下一步工作进行展望。

第 2 章　基于反演技术及动态面的不确定多翼超混沌系统同步控制

目前，在工程实践中利用混沌的优势逐渐显露出来：控制主要用于抑制能源系统中由电子元件引起的类噪声的混沌现象，因为这会对系统造成不可逆的影响，加速电子元件的损耗；而反控制则相反，它利用混沌在空间稠密的特点，主要用于卫星发射及生物医学，使混沌变量到达期望轨道；混沌同步在医疗（如利用混沌同步控制体内的心脏起搏器）、能源系统（用一个很小的信号进行驱动便能使系统能量呈指数级增长）、军事通信（混沌加密通信技术）等工程领域都表现出广阔的应用前景，近几十年来引起了学者的关注。

反演作为一种非线性系统的递推设计方法，其显著优点是对于系统中的不确定性和未知参数能够很好地处理应对。对严反馈非线性系统来说，反演技术不仅能保证快速地跟踪期望轨迹，还能保证系统的全局稳定性，并且表现出优异的瞬态性能。现已有很多关于混沌系统的反演设计，文献[131]针对一类超混沌 Chen 系统提出了一种改进的 Songtag 公式，并首次给出了同步误差收敛到原点的证明方法；文献[132]针对一类非匹配不确定交叉严反馈超混沌系统提出了一种不确定估计控制律。上述文献存在的主要不足是需要针对不同的混沌系统设计不同的反演控制律，控制律不具有通用性，且大多仅适用于欠驱动系统。本章对上述两个问题进行深入讨论和研究，设计了自适应反演控制律，并利用 Lyapunov 稳定性理论证明了同步误差收敛于零，解决了一大类不确定多翼超混沌系统的同步控制问题。

2.1　系统描述

本章考虑一类网格多翼超混沌系统，首先将系统模型写成如下形式：

$$\dot{\boldsymbol{x}} = \boldsymbol{A}(\boldsymbol{x})\boldsymbol{x} - \boldsymbol{A}(\boldsymbol{x})\boldsymbol{F}(\boldsymbol{x}) \tag{2-1}$$

式中，$\boldsymbol{x} = [x_1, x_2, x_3, x_4]^{\mathrm{T}}$ 为系统状态向量；$\boldsymbol{A}(\boldsymbol{x}) \in \mathbf{R}^{4\times4}$ 为系统矩阵；$\boldsymbol{F}(\boldsymbol{x}) \in \mathbf{R}^{4\times1}$ 为函数矩阵。$\boldsymbol{A}(\boldsymbol{x})$ 和 $\boldsymbol{F}(\boldsymbol{x})$ 分别如下：

$$\boldsymbol{A}(\boldsymbol{x}) = \begin{pmatrix} -a & a & 0 & 0 \\ -H & H & -T(x_1)G_0 & k \\ T(x_1)G_0 & T(x_1)G_0 & -b & 0 \\ k_1 & k_2 & k_3 & k_4 \end{pmatrix} \tag{2-2}$$

$$\boldsymbol{F}(\boldsymbol{x}) = (f_1(x_1, x_2, x_3), f_2(x_1, x_2, x_3), f_3(x_1, x_2, x_3), f_4(x_1, x_2, x_3))^{\mathrm{T}}$$

$$= \begin{pmatrix} x_{10}\tanh(Bx_1) + \sum_{i=1}^{M} x_{10}[\tanh(B(x_1 + 2ix_{10})) + \tanh(B(x_1 - 2ix_{10}))] \\ x_{20}\tanh(Bx_2) + \sum_{i=1}^{M} x_{20}[\tanh(B(x_2 + 2ix_{20})) + \tanh(B(x_2 - 2ix_{20}))] \\ x_{300} + x_{30}\tanh(Bx_3) + \sum_{j=1}^{N} x_{30}[\tanh(B(x_3 + 2jx_{30})) + \tanh(B(x_3 - 2jx_{30}))] \\ 0 \end{pmatrix} \quad (2\text{-}3)$$

式中，a、b、G_0和H为系统参数，$G_0 = \sqrt{b(c-1)}$（c为系统参数）；k、k_1、k_2、k_3和k_4为常数；B为产生超混沌多涡卷吸引子的设计参数；M和N为正整数；x_{10}、x_{20}、x_{30}分别为x_1、x_2、x_3的初始值；x_{300}为切换控制律设计参数，相应的切换函数表达式为

$$T(x_1) = \tanh(Bx_1) + \sum_{i=1}^{M} (-1)^i [\tanh(B(x_1 + 2ix_{10})) + \tanh(B(x_1 - 2ix_{10}))] \quad (2\text{-}4)$$

当以上参数取不同值（见表 2-1）时，系统呈现不同的混沌特性，如图 2-1 所示。

表 2-1　参数取值及系统状态

参数	a	b	c	H	k	k_1	k_2	k_3	k_4	x_{10}	x_{20}	x_{30}	x_{300}	M	N	系统状态
取值	10	2.4	40	−1	1	−40	0	0	0	1	0.8714	0	0	2		6 翼 Lorenz
	10	2.4	40	−1	1	−40	0	0	0	1	0.8714	2.1	− 0.33	2	1	6×4 翼 Lorenz
	40	3	28	28	1	−4	0.5	0	0.2	1	1.0221	0	0	2		6 翼 Chen
	40	3	28	28	1	−4	0.5	0	0.2	1	1.0221	0.8	0	2	1	6×4 翼 Chen

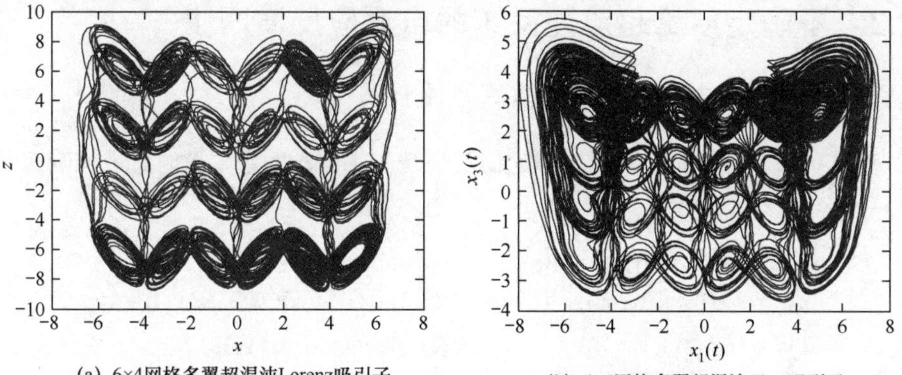

(a) 6×4网格多翼超混沌Lorenz吸引子　(b) 6×4网格多翼超混沌Chen吸引子

图 2-1　6×4 网格多涡卷超混沌吸引子

定义 2-1　非线性严反馈系统的一般形式如下：

$$\begin{cases} \dot{\xi}_1 = f_1(\xi_1) + g_1(\xi_1)\xi_2 \\ \dot{\xi}_2 = f_2(\xi_1,\xi_2) + g_2(\xi_1,\xi_2)\xi_3 \\ \quad\vdots \\ \dot{\xi}_{k-1} = f_{k-1}(\xi_1,\xi_2,\cdots,\xi_{k-1}) + g_{k-1}(\xi_1,\xi_2,\cdots,\xi_{k-1})\xi_k \\ \dot{\xi}_k = f_k(\xi_1,\xi_2,\cdots,\xi_k) + g_k(\xi_1,\xi_2,\cdots,\xi_k)u \end{cases} \quad (2\text{-}5)$$

式中，$\xi_1,\xi_2,\cdots,\xi_k$ 是标量。在 $\dot{\xi}_i(i=1,2,\cdots,k)$ 中，如果非线性函数 f_i 和 g_i 只是 $\xi_1,\xi_2,\cdots,\xi_i$ 的函数，或者说非线性函数 f_i 和 g_i 在状态变化上是反馈的，就称式（2-5）表示的系统是严反馈系统。式（2-1）所示的系统可写成如下形式：

$$\begin{cases}\dot{x}_1=-a(x_1-f_1(x_1))+a(x_2-f_2(x_1))\\ \dot{x}_2=-H(x_1-f_1(x_1))+H(x_2-f_2(x_1))-G_0T(x_1)(x_3-f_3(x_3))+kx_4\\ \dot{x}_3=G_0T(x_1)(x_1-f_1(x_1)+x_2-f_2(x_1))-b(x_3-f_3(x_3))\\ \dot{x}_4=k_1(x_1-f_1(x_1))+k_2(x_2-f_2(x_1))+k_3(x_3-f_3(x_3))+k_4x_4\end{cases} \tag{2-6}$$

对照定义 2-1，式（2-6）表示的超混沌系统显然与定义的表达方式不同，因此其并不是一般的严反馈系统。对于这一类问题的处理，可以利用文献[134]提出的交叉严反馈技术将系统分为两个耦合子系统，描述如下：

$$\begin{aligned}&\begin{cases}\dot{x}_1=-a(x_1-f_1(x_1))+a(x_2-f_2(x_1))\\ \dot{x}_2=-H(x_1-f_1(x_1))+H(x_2-f_2(x_1))-G_0T(x_1)(x_3-f_3(x_3))+kx_4\\ \dot{x}_4=k_1(x_1-f_1(x_1))+k_2(x_2-f_2(x_1))+k_3(x_3-f_3(x_3))+k_4x_4\end{cases}\\ &\dot{x}_3=G_0T(x_1)(x_1-f_1(x_1)+x_2-f_2(x_1))-b(x_3-f_3(x_3))\end{aligned} \tag{2-7}$$

式中，$f_i(x_1,x_2,x_3)$ 简单表示为 $f_i(x_1)$。显然，子系统 $\dot{x}_1$、$\dot{x}_2$、$\dot{x}_4$ 是严反馈的。如此，便可以将处理严反馈系统表现优异的反演技术分别应用到子系统中。本章基于此思想，研究两个具有不同初始状态的同结构混沌系统的同步。

2.2 不确定多翼超混沌系统的自适应反演同步

2.2.1 多翼超混沌系统的反演同步设计

将如式（2-6）所示的交叉严反馈超混沌系统作为驱动系统，此时，被控响应系统的形式如下：

$$\begin{cases}\dot{y}_1=-a(y_1-f_1(y_1))+a(y_2-f_2(y_1))\\ \dot{y}_2=-H(y_1-f_1(y_1))+H(y_2-f_2(y_1))-G_0T(y_1)(y_3-f_3(y_3))+ky_4\\ \dot{y}_3=G_0T(y_1)(y_1-f_1(y_1)+y_2-f_2(y_1))-b(y_3-f_3(y_3))+u_3\\ \dot{y}_4=k_1(y_1-f_1(y_1))+k_2(y_2-f_2(y_1))+k_3(y_3-f_3(y_3))+k_4y_4+u_4\end{cases} \tag{2-8}$$

式中，u_3、u_4 为要设计的控制律。令 $\boldsymbol{e}=[e_1,e_2,e_3,e_4]^{\mathrm{T}}=\boldsymbol{y}-\boldsymbol{x}$，目的是设计合适的 u_3 和 u_4，使得响应系统和驱动系统同步，即

$$\lim_{t\to\infty} e_i=0\text{，}\quad i=1,2,3,4 \tag{2-9}$$

用式（2-8）减去式（2-7）可以得到误差动态系统方程，即

$$\begin{cases}\dot{e}_1=-a(e_1+f_1(x_1)-f_1(y_1))+a(e_2+f_2(x_1)-f_2(y_1))\\ \dot{e}_2=-H(e_1+f_1(x_1)-f_1(y_1))+H(e_2+f_2(x_1)-f_2(y_1))-\\ \quad G_0[T(y_1)(y_3-f_3(y_3))-T(x_1)(x_3-f_3(x_3))]+ke_4\\ \dot{e}_3=G_0[T(y_1)(y_1-f_1(y_1)+y_2-f_2(y_1))-T(x_1)(x_1-f_1(x_1)+x_2-f_2(x_1))]-\\ \quad b(e_3+f_3(x_3)-f_3(y_3))+u_3\\ \dot{e}_4=k_1(e_1+f_1(x_1)-f_1(y_1))+k_2(e_2+f_2(x_1)-f_2(y_1))+\\ \quad k_3(e_3+f_3(x_3)-f_3(y_3))+k_4e_4+u_4\end{cases}\tag{2-10}$$

如式（2-7）所示，利用交叉严反馈技术，将式（2-10）表示的误差动态系统改写成如下两个联合严反馈子系统：

$$\begin{cases}\dot{e}_1=-a(e_1+f_1(x_1)-f_1(y_1))+a(e_2+f_2(x_1)-f_2(y_1))\\ \dot{e}_2=-H(e_1+f_1(x_1)-f_1(y_1))+H(e_2+f_2(x_1)-f_2(y_1))-\\ \quad G_0\left[T(y_1)(y_3-f_3(y_3))-T(x_1)(x_3-f_3(x_3))\right]+ke_4\\ \dot{e}_4=k_1(e_1+f_1(x_1)-f_1(y_1))+k_2(e_2+f_2(x_1)-f_2(y_1))+\\ \quad k_3(e_3+f_3(x_3)-f_3(y_3))+k_4e_4+u_4\end{cases}$$

$$\begin{aligned}\dot{e}_3=G_0[&T(y_1)(y_1-f_1(y_1)+y_2-f_2(y_1))-\\ &T(x_1)(x_1-f_1(x_1)+x_2-f_2(x_1))]-\\ &b(e_3+f_3(x_3)-f_3(y_3))+u_3\end{aligned}\tag{2-11}$$

2.2.1.1　反演设计及稳定性分析

下面开始设计控制律 u_3 和 u_4。

对式（2-11）表示的误差动态系统进行研究，对于此交叉严反馈超混沌系统，首先讨论系统所有参数均已知的情况，此时系统为确定系统。

步骤 1，令 $z_1=e_1$，它的导数为

$$\dot{z}_1=-a(e_1+f_1(x_1)-f_1(y_1))+a(e_2+f_2(x_1)-f_2(y_1))\tag{2-12}$$

令 $z_2=e_2-\alpha_1$，其中 α_1 为虚拟控制律。定义 Lyapunov 函数为

$$V_1=\frac{1}{2a}z_1^2\tag{2-13}$$

对式（2-13）求导，得

$$\dot{V}_1=z_1(z_2+\alpha_1+f_2(x_1)-f_2(y_1)-z_1-f_1(x_1)+f_1(y_1))\tag{2-14}$$

设计虚拟控制律为

$$\alpha_1=f_1(x_1)-f_1(y_1)-f_2(x_1)+f_2(y_1)-(c_1-1)z_1\tag{2-15}$$

式中，$c_1>1$ 为设计常数。将式（2-15）代入式（2-14）得

$$\dot{V}_1=-c_1z_1^2+z_1z_2\tag{2-16}$$

步骤 2，令 $z_4=e_4-\alpha_2$，其中 α_2 为虚拟控制律，则对 z_2 求导得

$$\begin{aligned}\dot{z}_2=&-H(e_1+f_1(x_1)-f_1(y_1))+H(e_2+f_2(x_1)-f_2(y_1))-\\ &G_0[T(y_1)(y_3-f_3(y_3))-T(x_1)(x_3-f_3(x_3))]+\\ &k(z_4+\alpha_2)-\dot{\alpha}_1\end{aligned}\tag{2-17}$$

定义 Lyapunov 函数为 $V_2 = V_1 + \frac{1}{2k} z_2^2$，并求导得

$$\begin{aligned}\dot{V}_2 = -c_1 z_1^2 + z_1 z_2 + z_2 \bigg[&\frac{H}{k}(e_2 + f_2(x_1) - f_2(y_1) - e_1 - f_1(x_1) + f_1(y_1)) - \\ &\frac{1}{k} G_0 [T(y_1)(y_3 - f_3(y_3)) - T(x_1)(x_3 - f_3(x_3))] + z_4 + \alpha_2 - \frac{1}{k}\dot{\alpha}_1 \bigg]\end{aligned} \tag{2-18}$$

设计虚拟控制律 α_2 为

$$\begin{aligned}\alpha_2 = &-\frac{H}{k}(e_2 + f_2(x_1) - f_2(y_1) - e_1 - f_1(x_1) + f_1(y_1)) + \\ &\frac{1}{k} G_0 [T(y_1)(y_3 - f_3(y_3)) - T(x_1)(x_3 - f_3(x_3))] + \\ &\frac{1}{k}\dot{\alpha}_1 - c_2 z_2 - z_1\end{aligned} \tag{2-19}$$

式中，$c_2 > 0$ 为设计常数。将式（2-19）代入式（2-18）得

$$\dot{V}_2 = -c_1 z_1^2 - c_2 z_2^2 + z_2 z_4 \tag{2-20}$$

步骤 3，对 z_4 求导得

$$\dot{z}_4 = k_1(e_1 + f_1(x_1) - f_1(y_1)) + k_2(e_2 + f_2(x_1) - f_2(y_1)) + k_4 e_4 + u_4 - \dot{\alpha}_2 \tag{2-21}$$

定义 Lyapunov 函数为

$$V_4 = V_2 + \frac{1}{2} z_4^2 \tag{2-22}$$

对式（2-22）求导得

$$\begin{aligned}\dot{V}_4 = &-c_1 z_1^2 - c_2 z_2^2 + z_2 z_4 + z_4 [k_1(e_1 + f_1(x_1) - f_1(y_1)) + \\ &k_2(e_2 + f_2(x_1) - f_2(y_1)) + k_4 e_4 + u_4 - \dot{\alpha}_2]\end{aligned} \tag{2-23}$$

设计实际控制律 u_4 为

$$\begin{aligned}u_4 = &-k_1(e_1 + f_1(x_1) - f_1(y_1)) - k_2(e_2 + f_2(x_1) - f_2(y_1)) - \\ &k_4 e_4 + \dot{\alpha}_2 - c_4 z_4 - z_2\end{aligned} \tag{2-24}$$

式中，$c_4 > 0$ 为设计常数。将式（2-24）代入式（2-23）得

$$\dot{V}_4 = -c_1 z_1^2 - c_2 z_2^2 - c_4 z_4^2 \tag{2-25}$$

根据 Lyapunov 稳定性理论，当 $t \to \infty$ 时，z_1、z_2 及 z_4 渐近收敛于零。

步骤 4，令 $z_3 = e_3$，其导数为

$$\begin{aligned}\dot{z}_3 = &G_0 [T(y_1)(y_1 - f_1(y_1) + y_2 - f_2(y_1)) - T(x_1)(x_1 - f_1(x_1) + x_2 - f_2(x_1))] - \\ &b(e_3 + f_3(x_3) - f_3(y_3)) + u_3\end{aligned} \tag{2-26}$$

设计实际控制律 u_3 为

$$\begin{aligned}u_3 = &-G_0 [T(y_1)(y_1 - f_1(y_1) + y_2 - f_2(y_1)) - T(x_1)(x_1 - f_1(x_1) + x_2 - f_2(x_1))] + \\ &b(f_3(x_3) - f_3(y_3)) - (c_3 - b) e_3\end{aligned} \tag{2-27}$$

式中，$c_3 > b$ 为设计常数。

定义 Lyapunov 函数为 $V_3 = \frac{1}{2} z_3^2$，求导并考虑式（2-27）得

$$\dot{V}_3 \leqslant -c_3 z_3^2 \tag{2-28}$$

通过以上推导，得到如下定理。

定理 2-1　对于参数已知的式（2-6）和式（2-8）表示的超混沌系统，如果虚拟控制律和实际控制律分别采用如式（2-15）、式（2-19）与式（2-24）、式（2-27）所示的形式，则 $z_i(i=1,2,3,4)$ 将渐近趋向于零。

根据定理 2-1，容易得到以下推论。

推论 2-1　在定理 2-1 的条件下，同步误差 $e_i(i=1,2,3,4)$ 将渐近趋于零，即式（2-6）和式（2-8）表示的系统是渐近同步的。

证明：由于 $z_1=e_1$，$z_3=e_3$，且由定理 2-1 可知，当 $t\to\infty$ 时，$z_1\to 0$，$z_3\to 0$，因此，当 $t\to\infty$ 时，$e_1\to 0$，$e_3\to 0$。由式（2-10）可知

$$\dot{e}_1=-a(e_1+f_1(x_1)-f_1(y_1))+a(e_2+f_2(x_1)-f_2(y_1)) \tag{2-29}$$

当 $t\to\infty$ 时，$e_1\to 0$ 意味着 $\dot{e}_1\to 0$，即

$$-a(e_1+f_1(x_1)-f_1(y_1))+a(e_2+f_2(x_1)-f_2(y_1))=0 \tag{2-30}$$

由于 $e_1=y_1-x_1\to 0$，因此 $f_1(x_1)-f_1(y_1)\to 0$。由式（2-30）可知，当 $t\to\infty$ 时，$e_2\to 0$。

同理，当 $t\to\infty$ 时，$e_2\to 0$ 意味着 $\dot{e}_2\to 0$。因此，当 $t\to\infty$ 时，有

$$\begin{aligned}&-H(e_1+f_1(x_1)-f_1(y_1))+H(e_2+f_2(x_1)-f_2(y_1))-\\&G_0[T(y_1)(y_3-f_3(y_3))-T(x_1)(x_3-f_3(x_3))]+ke_4=0\end{aligned} \tag{2-31}$$

同理可证，当 $t\to\infty$ 时，由 $e_1,e_2,e_3\to 0$ 可推导出 $e_4\to 0$。

2.2.1.2　自适应反演设计及稳定性分析

对于不确定混沌系统，2.2.1.1 节的方法无法运用。为实现此类多翼不确定超混沌系统的同步控制，本节提出一种自适应反演同步控制律。考虑到驱动系统［见式（2-6）］和响应系统［见式（2-8）］并假设系统参数 a、b、c、H 和 G_0 中存在未知参数。设计过程如下。

步骤 1，此步的原理同 2.2.1.1 节步骤 1 的原理。定义 Lyapunov 函数和虚拟控制律分别如下：

$$V_1=\frac{1}{2a}z_1^2 \tag{2-32}$$

$$\alpha_1=f_1(x_1)-f_1(y_1)-f_2(x_1)+f_2(y_1)-(c_1-1)z_1 \tag{2-33}$$

对 V_1 求导得

$$\dot{V}_1=-c_1z_1^2+z_1z_2 \tag{2-34}$$

步骤 2，对 z_2 求导得

$$\begin{aligned}\dot{z}_2=&-H(e_1+f_1(x_1)-f_1(y_1))+H(e_2+f_2(x_1)-f_2(y_1))-\\&G_0[T(y_1)(y_3-f_3(y_3))-T(x_1)(x_3-f_3(x_3))]+k(z_4+\alpha_2)-\dot{\alpha}_1\end{aligned} \tag{2-35}$$

为表达方便，记

$$F_1=e_2+f_2(x_1)-f_2(y_1)-e_1-f_1(x_1)+f_1(y_1)$$
$$F_2=T(y_1)(y_3-f_3(y_3))-T(x_1)(x_3-f_3(x_3))$$

设计虚拟控制律 α_2 为

$$\alpha_2=-\frac{\hat{H}}{k}F_1+\frac{1}{k}\hat{G}_0F_2+\frac{1}{k}\dot{\alpha}_1-c_2z_2-z_1 \tag{2-36}$$

式中，$c_2>0$为设计参数；$\hat{H}$和$\hat{G}_0$分别为H与G_0的估计值。设计$\hat{H}$的自适应律为

$$\dot{\hat{H}}=\frac{1}{k}\gamma_HF_1z_2 \tag{2-37}$$

式中，$\gamma_H>0$。

定义估计误差$\tilde{H}=\hat{H}-H$，$\tilde{G}_0=\hat{G}_0-G_0$。定义 Lyapunov 函数$V_2=V_1+\frac{1}{2k}z_2^2+\frac{1}{2\gamma_H}\tilde{H}^2+\frac{1}{2\gamma_G}\tilde{G}_0^2$。考虑式（2-36）和式（2-37），并对$V_2$求导得

$$\begin{aligned}\dot{V}_2&=-c_1z_1^2-c_2z_2^2+z_2\left(-\frac{\tilde{H}}{k}F_1+\frac{1}{k}\tilde{G}_0F_2\right)+z_2z_4+\frac{1}{\gamma_H}\tilde{H}\dot{\hat{H}}+\frac{1}{\gamma_G}\tilde{G}_0\dot{\hat{G}}_0\\&=-c_1z_1^2-c_2z_2^2+\frac{1}{\gamma_G}\tilde{G}_0\left(\dot{\hat{G}}_0+\frac{1}{k}\gamma_GF_2z_2\right)\end{aligned} \tag{2-38}$$

步骤 3，令$z_4=e_4-\alpha_2$，可以得到如下动态方程：

$$\dot{z}_4=k_1(e_1+f_1(x_1)-f_1(y_1))+k_2(e_2+f_2(x_1)-f_2(y_1))+k_4e_4+u_4-\dot{\alpha}_2 \tag{2-39}$$

定义 Lyapunov 函数为

$$V_4=V_2+\frac{1}{2}z_4^2 \tag{2-40}$$

对上式求导得

$$\begin{aligned}\dot{V}_4=&-c_1z_1^2-c_2z_2^2+z_2z_4+z_4[k_1(e_1+f_1(x_1)-f_1(y_1))+\\&k_2(e_2+f_2(x_1)-f_2(y_1))+k_4e_4+u_4-\dot{\alpha}_2]\end{aligned} \tag{2-41}$$

设计实际控制律u_4为

$$\begin{aligned}u_4=&-k_1(e_1+f_1(x_1)-f_1(y_1))-k_2(e_2+f_2(x_1)-f_2(y_1))-\\&k_4e_4+\dot{\alpha}_2-c_4z_4-z_2\end{aligned} \tag{2-42}$$

将式（2-42）代入式（2-41）得

$$\dot{V}_4=-c_1z_1^2-c_2z_2^2-c_4z_4^2+\frac{1}{\gamma_G}\tilde{G}_0\left(\dot{\hat{G}}_0+\frac{1}{k}\gamma_GF_2z_2\right) \tag{2-43}$$

步骤 4，为了方便表述，记$F_3=T(y_1)(y_1-f_1(y_1)+y_2-f_2(y_1))-T(x_1)(x_1-f_1(x_1)+x_2-f_2(x_1))$，$F_4=e_3+f_3(x_3)-f_3(y_3)$。令$z_3=e_3$，得

$$\dot{z}_3=G_0F_3-bF_4+u_3 \tag{2-44}$$

设计实际控制律u_3为

$$u_3=-\hat{G}_0F_3+\hat{b}F_4-c_3z_3 \tag{2-45}$$

式中，$c_3>0$；$\hat{b}$是b的估计值，定义估计误差$\tilde{b}=\hat{b}-b$。

定义 Lyapunov 函数$V_3=V_4+\frac{1}{2}z_3^2+\frac{1}{2\gamma_b}\tilde{b}^2$并求导得

$$
\begin{aligned}
\dot{V}_3 &= -c_1 z_1^2 - c_2 z_2^2 - c_4 z_4^2 - c_3 z_3^2 + \frac{1}{\gamma_G}\tilde{G}_0\left(\dot{\hat{G}}_0 + \frac{1}{k}\gamma_G F_2 z_2\right) + \\
&\quad z_3(-\tilde{G}_0 F_3 + \tilde{b} F_4) + \frac{1}{\gamma_b}\tilde{b}\dot{\hat{b}} \\
&= -c_1 z_1^2 - c_2 z_2^2 - c_4 z_4^2 - c_3 z_3^2 + \frac{1}{\gamma_G}\tilde{G}_0\left(\dot{\hat{G}}_0 + \frac{1}{k}\gamma_G F_2 z_2 - \gamma_G F_3 z_3\right) + \\
&\quad \frac{1}{\gamma_b}\tilde{b}(\dot{\hat{b}} + \gamma_b F_4 z_3)
\end{aligned} \tag{2-46}
$$

设计参数自适应律为

$$\dot{\hat{b}} = -\gamma_b F_4 z_3 \tag{2-47}$$

$$\dot{\hat{G}}_0 = -\frac{1}{k}\gamma_G F_2 z_2 + \gamma_G F_3 z_3 \tag{2-48}$$

式中，$\gamma_b > 0$ 和 $\gamma_G > 0$ 为自适应增益。将式（2-47）和式（2-48）代入式（2-46）得

$$\dot{V}_3 = -c_1 z_1^2 - c_2 z_2^2 - c_4 z_4^2 - c_3 z_3^2 \leqslant 0 \tag{2-49}$$

经过上述推导，得到如下定理。

定理 2-2　对于式（2-6）和式（2-8）表示的超混沌系统，当系统参数不确定时，如果按照式（2-33）和式（2-36）设计虚拟控制律，按照式（2-42）和式（2-45）设计实际控制律，按照式（2-37）、式（2-47）和式（2-48）设计参数自适应律，则 $z_i(i=1,2,3,4)$ 将渐近收敛于零。

推论 2-2　在定理 2-2 的条件下，同步误差 $e_i(i=1,2,3,4)$ 渐近收敛于零。

2.2.2　仿真分析

本节对所设计的同步控制律进行数值仿真。

首先针对 2.2.1.1 节给出的情况进行仿真验证。系统参数设置：$a=10$，$b=2.4$，$c=40$，$H=-1$，$G_0=\sqrt{b(c-1)}$，$k=1$，$k_2=k_3=k_4=0$。驱动系统初始条件设置：$x_{10}=1$，$x_{20}=0.8714$，$x_{30}=2.1$，$x_{40}=0.001$，$x_{300}=-0.33$。响应系统初始条件设置：$y_{10}=1$，$y_{20}=0.8714$，$y_{30}=2.1$，$y_{40}=0.002$，$y_{300}=-0.33$。图 2-2 给出了无控制时的误差曲线，图 2-3 给出了全局同步误差曲线。

显然，驱动系统和响应系统之间的跟踪误差一直存在。接下来给出确定系统的反演控制设计的仿真结果。式（2-6）和式（2-8）表示的系统的初始条件及系统参数同上。控制律参数设置：$c_1=1.1$，$c_2=5$，$c_3=6$，$c_4=5$。控制在 $t \geqslant 40$s 时激活。

由图 2-4～图 2-6 可知，同步误差渐近收敛于零，即式（2-6）和（2-8）表示的系统在控制律的作用下能够渐近同步。

接下来考虑系统参数未知的情况。自适应反演控制律设计如 2.2.1.2 节。系统初始条件同 2.2.1.1 节。控制律参数设置：$c_1=1.1$，$c_2=3$，$c_3=2$，$c_4=3.5$。自适应更新增益设置：$\gamma_H=0.03$，$\gamma_b=0.02$，$\gamma_G=0.04$。未知参数估计的初始值为 0。仿真结果如图 2-7～图 2-11 所示。

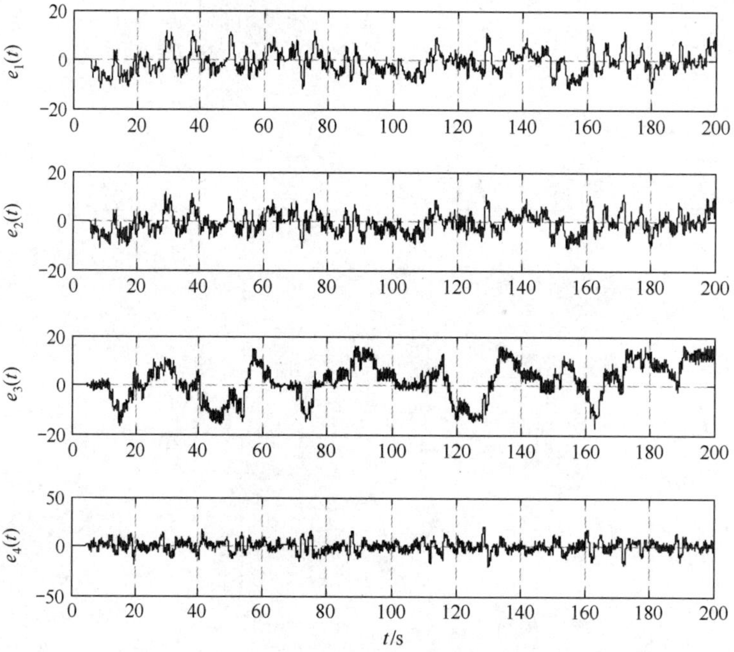

图 2-2　无控制时的误差曲线

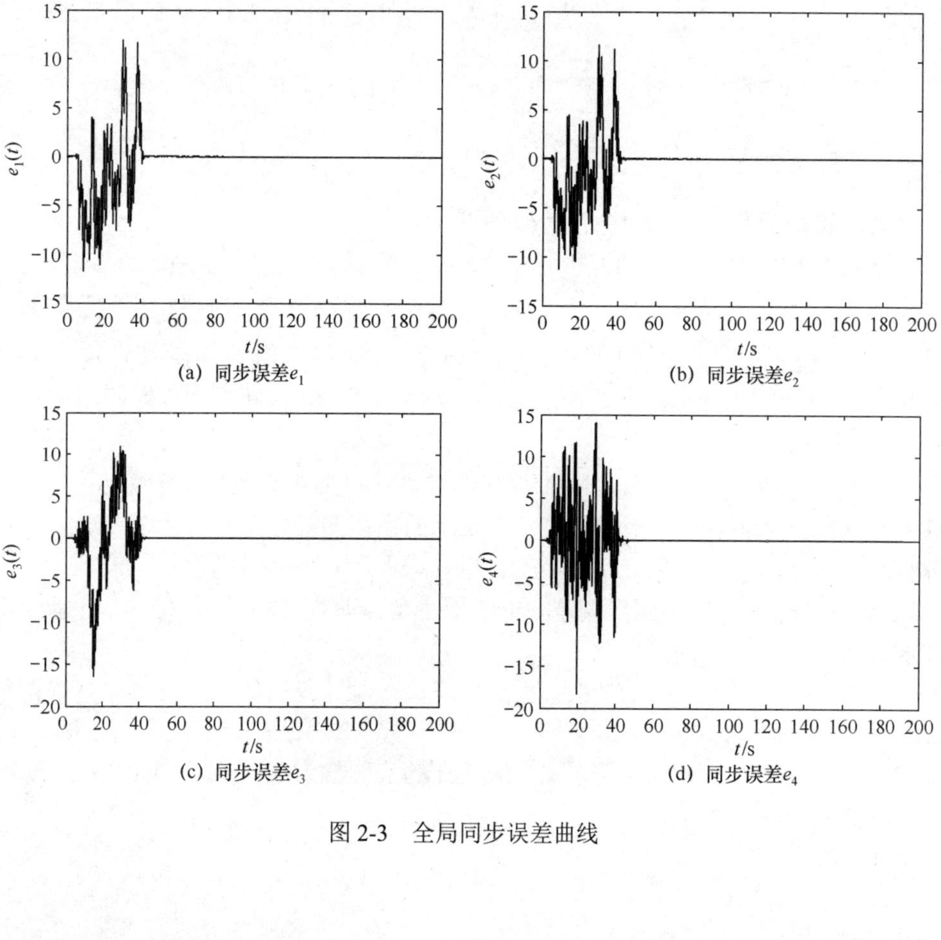

图 2-3　全局同步误差曲线

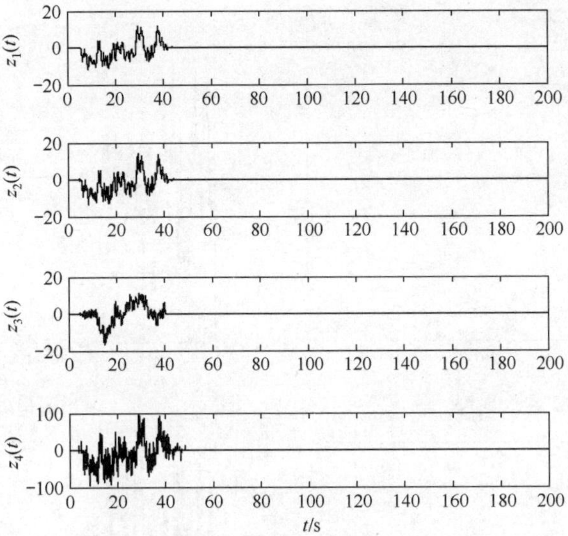

图 2-4　自适应反演控制的同步误差曲线

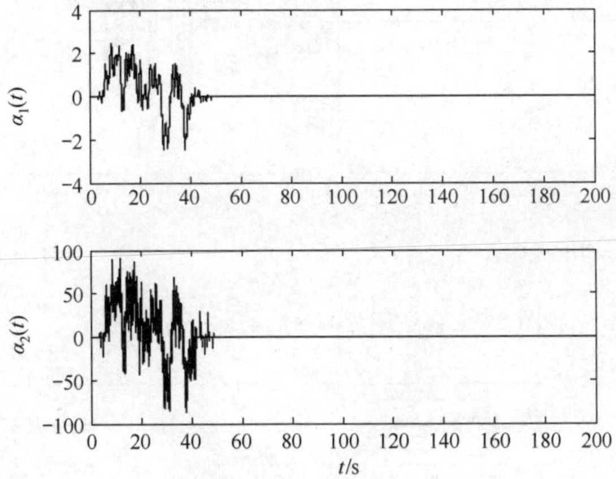

图 2-5　自适应反演控制的虚拟控制律曲线

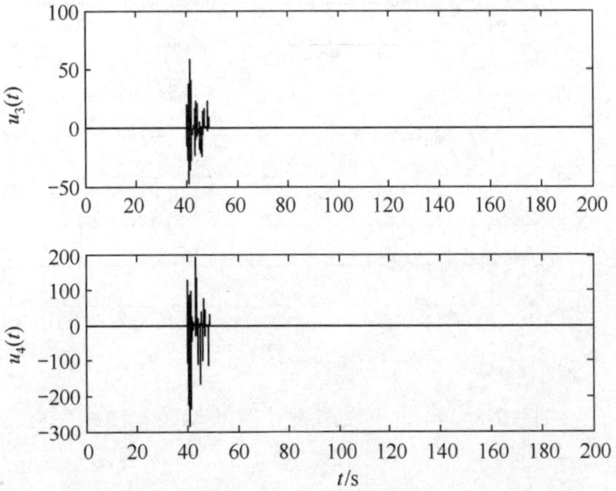

图 2-6　自适应反演控制的实际控制律曲线

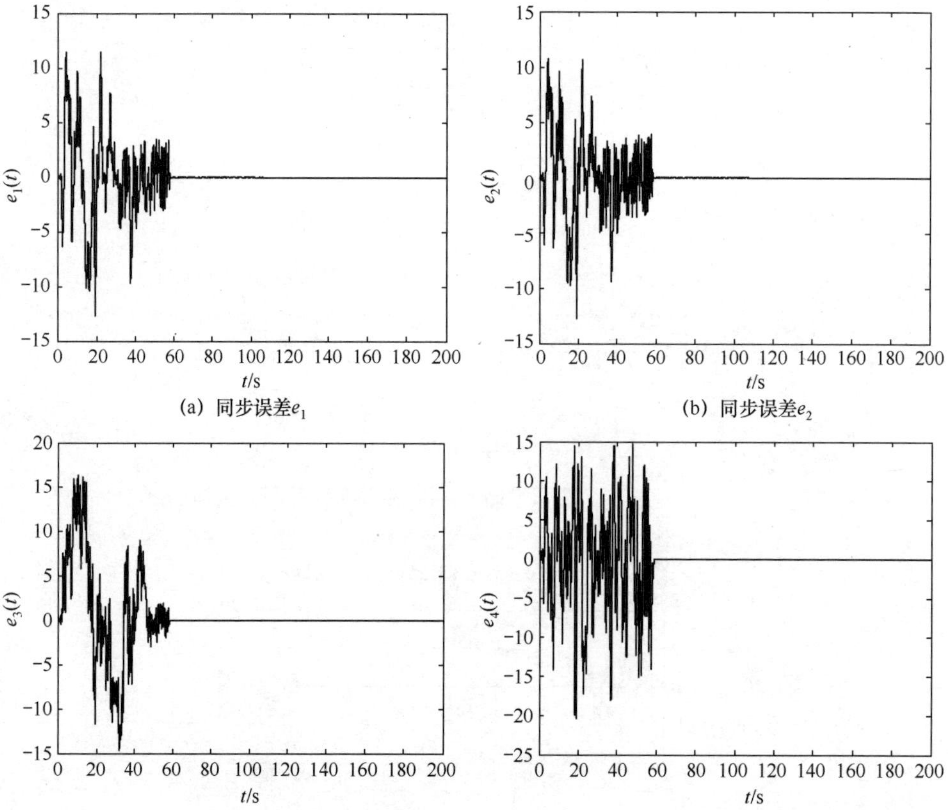

(a) 同步误差e_1　(b) 同步误差e_2

(c) 同步误差e_3　(d) 同步误差e_4

图 2-7　自适应反演控制的同步误差曲线

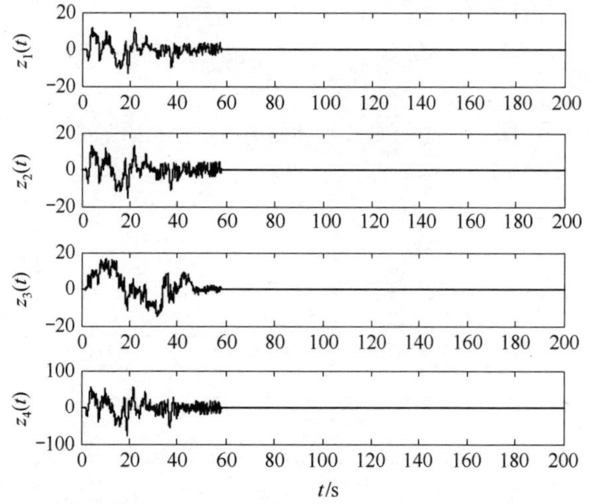

图 2-8　自适应反演设计的同步误差曲线

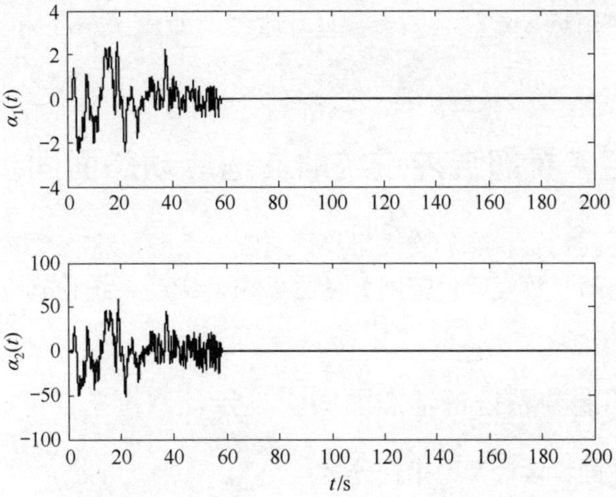

图 2-9　自适应反演控制的虚拟控制律曲线

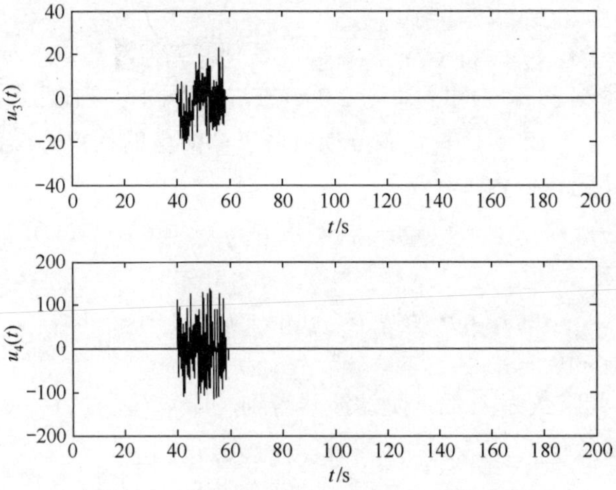

图 2-10　自适应反演控制的实际控制律曲线

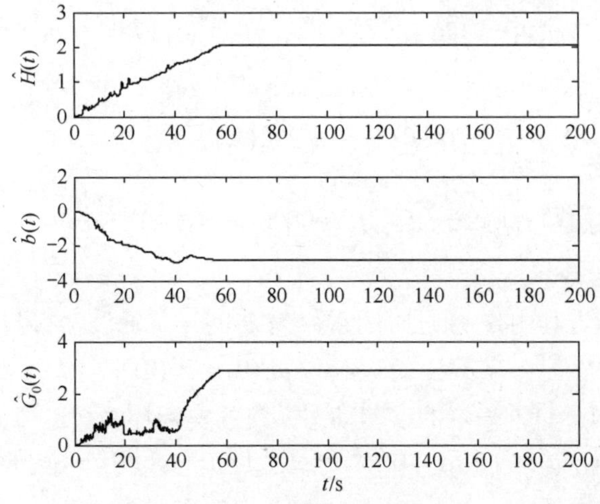

图 2-11　未知参数估计曲线

显然，误差系统渐近稳定，未知参数估计收敛，即式（2-6）和式（2-8）表示的系统渐近同步。

2.3　不确定多翼超混沌系统的自适应动态面同步

考虑两个具有不同初始状态的交叉严反馈超混沌系统，驱动系统如式（2-6）所示，函数矩阵表达式、系统的参数及取值范围参见 2.2 节。驱动系统和响应系统的交叉反演形式同 2.2.1 节。

2.3.1　多翼超混沌系统的动态面同步设计

2.3.1.1　动态面同步设计及稳定性分析

下面进行基于交叉反演的控制律 u_3 和 u_4 的设计。首先考虑参数确定的情况，即系统不具有不确定性。

步骤 1，令 $z_1 = e_1$，$z_2 = e_2 - \omega_2$，$z_3 = e_3$，$z_4 = e_4 - \omega_4$，其中，ω_2 和 ω_4 为一阶滤波器的输出，虚拟控制律 α_1 和 α_2 为输入。与 2.2 节方法的不同之处在于，在每个递归步骤中，用 $\dot{\omega}_2$ 和 $\dot{\omega}_4$ 分别代替 $\dot{\alpha}_1$ 与 $\dot{\alpha}_2$。因此，微分项就可以由简单的代数算法代替。考虑式（2-11）表示的误差系统，z_1 的导数为

$$\dot{z}_1 = -a(e_1 + f_1(x_1) - f_1(y_1)) + a(e_2 + f_2(x_1) - f_2(y_1)) \tag{2-50}$$

设计虚拟控制律 α_1 为

$$\alpha_1 = f_1(x_1) - f_1(y_1) - f_2(x_1) + f_2(y_1) - (c_1 - 1)z_1 \tag{2-51}$$

式中，$c_1 > 0$ 为设计参数。

ω_2 由 α_1 通过时间常数为 λ_2 的一阶滤波器得到，即

$$\lambda_2\dot{\omega}_2 + \omega_2 = \alpha_1，\ \omega_2(0) = \alpha_1(0) \tag{2-52}$$

步骤 2，根据 $z_2 = e_2 - \omega_2$，得 z_2 的动力学模型如下：

$$\begin{aligned}\dot{z}_2 = &-H(e_1 + f_1(x_1) - f_1(y_1)) + H(e_2 + f_2(x_1) - f_2(y_1)) - \\ &G_0[T(y_1)(y_3 - f_3(y_3)) - T(x_1)(x_3 - f_3(x_3))] + k(z_4 + \varepsilon_4 + \alpha_2) - \dot{\omega}_2\end{aligned} \tag{2-53}$$

设计虚拟控制律 α_2 为

$$\begin{aligned}\alpha_2 = &-\frac{H}{k}(e_2 + f_2(x_1) - f_2(y_1) - e_1 - f_1(x_1) + f_1(y_1)) + \\ &\frac{1}{k}G_0[T(y_1)(y_3 - f_3(y_3)) - T(x_1)(x_3 - f_3(x_3))] + \frac{1}{k}\dot{\omega}_2 - c_2z_2 - z_1\end{aligned} \tag{2-54}$$

式中，$c_2 > 0$ 为设计参数。

引入状态变量 ω_4，其由 α_2 通过时间常数为 λ_4 的一阶滤波器得到，即

$$\lambda_4\dot{\omega}_4 + \omega_4 = \alpha_2，\ \omega_4(0) = \alpha_2(0) \tag{2-55}$$

步骤 3，设计式（2-11）表示的误差动态系统的实际控制律。考虑

$$\dot{z}_4 = k_1(e_1 + f_1(x_1) - f_1(y_1)) + k_2(e_2 + f_2(x_1) - f_2(y_1)) + k_4e_4 + u_4 - \dot{\omega}_4 \tag{2-56}$$

设计实际控制律 u_4 为

$$u_4 = -k_1(e_1 + f_1(x_1) - f_1(y_1)) - k_2(e_2 + f_2(x_1) - f_2(y_1)) - k_4e_4 + \dot{\omega}_4 - c_4z_4 - z_2 \tag{2-57}$$

式中，$c_4 > 0$ 为设计参数。

步骤 4，考虑式（2-11）表示的误差系统，对 z_3 关于时间求导得

$$\begin{aligned}\dot{z}_3 = {} & G_0[T(y_1)(y_1 - f_1(y_1) + y_2 - f_2(y_1)) - T(x_1)(x_1 - f_1(x_1) + x_2 - f_2(x_1))] - \\ & b(e_3 + f_3(x_3) - f_3(y_3)) + u_3\end{aligned} \tag{2-58}$$

设计实际控制律 u_3 为

$$\begin{aligned}u_3 = {} & -G_0[T(y_1)(y_1 - f_1(y_1) + y_2 - f_2(y_1)) - T(x_1)(x_1 - f_1(x_1) + x_2 - f_2(x_1))] + \\ & b(f_3(x_3) - f_3(y_3)) - (c_3 - b)e_3\end{aligned} \tag{2-59}$$

式中，$c_3 > b$ 为设计参数。

下面进行确定系统采用所设计的控制律时的系统稳定性分析。

考虑以上，得到下述定理。

定理 2-3　对于式（2-11）表示的误差系统，当系统参数确定时，如果按照式（2-51）和式（2-54）设计虚拟控制律，选择如式（2-52）和式（2-55）所示的一阶滤波器，按照式（2-57）和式（2-59）设计实际控制律，则所有闭环信号最终将一致有界，通过调整参数，$z_i(i=1,2,3,4)$ 可以任意小，且 z_3 将渐近收敛于零。

证明：考虑式（2-11）表示的误差系统，定义 $\varepsilon_2 = \omega_2 - \alpha_1$，$\varepsilon_4 = \omega_4 - \alpha_2$。由式（2-52）和式（2-55）得

$$\dot{\omega}_2 = -\frac{\omega_2 - \alpha_1}{\lambda_2} = -\frac{\varepsilon_2}{\lambda_2} \tag{2-60}$$

$$\dot{\omega}_4 = -\frac{\omega_4 - \alpha_2}{\lambda_4} = -\frac{\varepsilon_4}{\lambda_4} \tag{2-61}$$

由于 $z_2 = e_2 - \omega_2$，$z_4 = e_4 - \omega_4$，因此得 $e_2 = z_2 + \omega_2 = z_2 + \varepsilon_2 + \alpha_1 = \varphi_2(z_1, z_2, \varepsilon_2, \lambda_2, x_1, x_2)$，$e_4 = z_4 + \omega_4 = z_4 + \varepsilon_4 + \alpha_2 = \varphi_4(z_1, z_2, z_4, \varepsilon_2, \varepsilon_4, \lambda_2, \lambda_4, x_i)$，$i = 1,2,3,4$。由 z_i 的定义可得

$$\dot{z}_1 = a(z_2 + \varepsilon_2 - c_1z_1) \tag{2-62}$$

$$\dot{z}_2 = k(z_4 + \varepsilon_4 - c_2z_2 - z_1) \tag{2-63}$$

$$\dot{z}_4 = -c_4z_4 - z_2 \tag{2-64}$$

故有

$$\begin{aligned}\dot{\varepsilon}_2 = \dot{\omega}_2 - \dot{\alpha}_1 &= -\frac{\varepsilon_2}{\lambda_2} - \frac{\partial \alpha_1}{\partial x_1}\dot{x}_1 - \frac{\partial \alpha_1}{\partial y_1}\dot{y}_1 - \frac{\partial \alpha_1}{\partial z_1}\dot{z}_1 \\ &= -\frac{\varepsilon_2}{\lambda_2} + B_2(z_1, z_2, \varepsilon_2, \lambda_2, x_1, x_2)\end{aligned} \tag{2-65}$$

$$\begin{aligned}\dot{\varepsilon}_4 &= \dot{\omega}_4 - \dot{\alpha}_2 \\ &= -\frac{\varepsilon_4}{\lambda_4} - \frac{\partial \alpha_2}{\partial x_1}\dot{x}_1 - \frac{\partial \alpha_2}{\partial y_1}\dot{y}_1 - \frac{\partial \alpha_2}{\partial z_1}\dot{z}_1 - \frac{\partial \alpha_2}{\partial z_2}\dot{z}_2 - \frac{\partial \alpha_2}{\partial \varepsilon_2}\dot{\varepsilon}_2 - \frac{\partial \alpha_2}{\partial x_3}\dot{x}_3 - \frac{\partial \alpha_2}{\partial y_3}\dot{y}_3 \\ &= -\frac{\varepsilon_4}{\lambda_4} + B_4(z_1, z_2, z_3, z_4, \varepsilon_2, \varepsilon_4, \lambda_2, \lambda_4, x_1, x_2, x_3, x_4)\end{aligned} \tag{2-66}$$

式中，B_2 和 B_4 为连续函数。

定义 Lyapunov 函数为$V_1=\frac{1}{2a}z_1^2+\frac{1}{2}\varepsilon_2^2+\frac{1}{2k}z_2^2+\frac{1}{2}\varepsilon_4^2+\frac{1}{2}z_4^2$，对$V_1$关于时间求导得

$$\begin{aligned}\dot{V}_1&=-c_1z_1^2-c_2z_2^2-c_4z_4^2-\frac{\varepsilon_2^2}{\lambda_2}-\frac{\varepsilon_4^2}{\lambda_4}+z_1\varepsilon_2+z_2\varepsilon_4+\varepsilon_2B_2+\varepsilon_4B_4\\&\leqslant-\left(c_1-\frac{v_2}{2}\right)z_1^2-\left(c_2-\frac{v_4}{2}\right)z_2^2-c_4z_4^2-\frac{\varepsilon_2^2}{\lambda_2}+\frac{1}{2v_2}\varepsilon_2^2-\\&\quad\frac{\varepsilon_4^2}{\lambda_4}+\frac{1}{2v_4}\varepsilon_4^2+|\varepsilon_2B_2|+|\varepsilon_4B_4|\end{aligned}\tag{2-67}$$

式中，$v_2,v_4>0$。

由图 2-1 可知x_i有界，因此，对于任意$B_0>0$，集合$\Omega_1=\{(x_1,x_2,x_3,x_4):x_1^2+x_2^2+x_3^2+x_4^2\leqslant B_0\}$都为$\mathbf{R}^4$中的紧集；对于任意$p>0$，集合$\Omega_2=\{z_1^2/a+z_2^2/k+\varepsilon_2^2\leqslant 2p\}$和集合$\Omega_4=\{z_1^2/a+z_2^2/k+z_4^2+\varepsilon_2^2+\varepsilon_4^2\leqslant 2p\}$分别为$\mathbf{R}^3$与$\mathbf{R}^5$中的紧集。于是，$B_i$在$\Omega_1\times\Omega_i$（$i=2,4$）中有最大值$M_i$。由此可得

$$\begin{aligned}\dot{V}_1&\leqslant-\left(c_1-\frac{v_2}{2}\right)z_1^2-\left(c_2-\frac{v_4}{2}\right)z_2^2-c_4z_4^2-\left(\frac{1}{\lambda_2}-\frac{1}{2v_2}-\frac{1}{4\varsigma_2}M_2^2\right)\varepsilon_2^2-\\&\quad\left(\frac{1}{\lambda_4}-\frac{1}{2v_4}-\frac{1}{4\varsigma_4}M_4^2\right)\varepsilon_4^2+\varsigma_2+\varsigma_4\end{aligned}\tag{2-68}$$

式中，$\varsigma_2,\varsigma_4>0$。选择设计参数的条件为$\frac{1}{\lambda_2}-\frac{1}{2v_2}-\frac{1}{4\varsigma_2}M_2^2>a_0$和$\frac{1}{\lambda_4}-\frac{1}{2v_4}-\frac{1}{4\varsigma_4}M_4^2>a_0$，其中$a_0$为任意正常数。$c_1$和$c_2$的选择条件为$c_1-\frac{v_2}{2}>0$，$c_2-\frac{v_4}{2}>0$。此时，式（2-68）可简化为

$$\begin{aligned}\dot{V}_1&\leqslant-\left(c_1-\frac{v_2}{2}\right)z_1^2-\left(c_2-\frac{v_4}{2}\right)z_2^2-c_4z_4^2-a_0\varepsilon_2^2-a_0\varepsilon_4^2+\varsigma_2+\varsigma_4\\&\leqslant-\rho V_1+\varsigma\end{aligned}\tag{2-69}$$

式中，$\rho=\min\left\{2a\left(c_1-\frac{v_2}{2}\right),2k\left(c_2-\frac{v_4}{2}\right),2c_4,2a_0\right\}$；$\varsigma=\varsigma_2+\varsigma_4$。令$\rho>\varsigma/p$，则$\dot{V}_1<0$且$V_1=p$，此时$V_1\leqslant p$为一个不变集。例如，当$V_1(0)\leqslant p$时，对所有$t\geqslant 0$，有$V_1(t)\leqslant p$。因此，对于所有$V_1(0)\leqslant p$和$t\geqslant 0$，式（2-69）均成立。

从式（2-69）中可以看出，对$\forall t\geqslant 0$，有$0\leqslant V_4(t)\leqslant\varsigma/\rho+(V(0)-\varsigma/\rho)\mathrm{e}^{-\rho t}$，即$V_1(t)$最终由$\varsigma/\rho$决定界限范围，因此，闭环系统的所有信号都最终一致有界。并且，通过增大c_1、c_2、c_4、v_2和v_4的值或减小ς_2、ς_4、λ_2和λ_4的值，误差z_1、z_2、z_4和ε_2、ε_4会任意小。

注 2-1 这里考虑在满足条件$z_1^2/a+z_2^2/k+z_4^2+\varepsilon_2^2+\varepsilon_4^2\leqslant 2p$的情况下的任意初始条件，从物理角度来说，就是所有相关变量都在半径为$\sqrt{2p}$的球体内。而实际上，p可以取到任意大，从这个角度来说，并不存在限制条件。

对式(2-11)中的$\dot{e}_3$进行分析，定义 Lyapunov 函数为$V_2=\frac{1}{2}z_3^2$，对其求导，并将式(2-59)

代入，得

$$\dot{V}_2 \leqslant -c_3 z_3^2 \tag{2-70}$$

因此 z_3 渐近收敛于零。

根据定理 2-3，容易得到以下推论。

推论 2-3　在定理 2-3 存在的条件下，同步误差 $e_i(i=1,2,4)$ 渐近收敛于零附近的小邻域，e_3 渐近收敛于零。

证明：考虑定理 2-3，假设 $|z_i| \leqslant \delta_1$，$i=1,2,4$，且当 $t \to \infty$ 时，ε 为一个小的正常数。因为 $z_1 = e_1$，所以可知 $|e_1| \leqslant \delta_1$；并且由 $z_3 = e_3$，当 $t \to \infty$ 时，$z_3 \to 0$ 可知，当 $t \to \infty$ 时，$e_3 \to 0$。此外，同样假设当 $t \to \infty$ 时，$|\varepsilon_2| \leqslant \delta_1$，$|\varepsilon_4| \leqslant \delta_1$。

由 z_i 可知，$e_2 = z_2 + \varepsilon_2 + \alpha_1$。考虑式（2-51），可得当 $t \to \infty$ 时，$|\alpha_1| \leqslant \delta_2$，$\delta_2$ 为一个小的正常数。因此，当 $t \to \infty$ 时，$|e_2| \leqslant 2\delta_1 + \delta_2$。注意到当 $t \to \infty$ 时，$\dot{\omega}_2 = -\dfrac{\varepsilon_2}{\lambda_2}$，$e_3 \to 0$，可得当 $t \to \infty$ 时，$|\alpha_2| \leqslant \delta_3$，其中 δ_3 同样为一个小的正常数。由 $e_4 = z_4 + \varepsilon_4 + \alpha_2$ 可得当 $t \to \infty$ 时，$|e_4| \leqslant 2\delta_1 + \delta_3$。

2.3.1.2　自适应动态面设计及稳定性分析

对于不确定系统，以上设计步骤并不能用于其控制律的设计。为了实现不确定多翼超混沌系统的同步，本书提出一种基于动态面的自适应反演同步控制律。考虑到驱动系统［见式（2-6）］和响应系统［见式（2-8）］并假设系统参数 a、b、c、H 和 G_0 中存在未知参数。设计过程如下。

步骤 1，同 2.3.1.1 节。虚拟控制律 α_1 和一阶滤波器的选择分别同式（2-51）与式（2-52）。

步骤 2，考虑式（2-53），为表达方便，记 $F_1 = e_2 + f_2(x_1) - f_2(y_1) - e_1 - f_1(x_1) + f_1(y_1)$，$F_2 = T(y_1)(y_3 - f_3(y_3)) - T(x_1)(x_3 - f_3(x_3))$。设计虚拟控制律为

$$\alpha_2 = -\frac{\hat{H}}{k}F_1 + \frac{1}{k}\hat{G}_0 F_2 + \frac{1}{k}\dot{\omega}_2 - c_2 z_2 - z_1 \tag{2-71}$$

式中，$c_2 > 0$ 为设计参数；$\hat{H}$ 和 $\hat{G}_0$ 分别为 H 与 G_0 的估计值。选择 $\hat{H}$ 的自适应律为

$$\dot{\hat{H}} = \gamma_H \left(\frac{1}{k} F_1 z_2 - \sigma_H \hat{H} \right) \tag{2-72}$$

式中，$\gamma_H, \sigma_H > 0$。

由式（2-55）表示的一阶滤波器得到 ω_4。

步骤 3，根据式（2-56），设计实际控制律 u_4 为

$$u_4 = -k_1(e_1 + f_1(x_1) - f_1(y_1)) - k_2(e_2 + f_2(x_1) - f_2(y_1)) - k_4 e_4 + \dot{\omega}_2 - c_4 z_4 - z_2 \tag{2-73}$$

步骤 4，考虑式（2-11）表示的误差系统，为表达方便，记 $F_3 = T(y_1)(y_1 - f_1(y_1) + y_2 - f_2(y_1)) - T(x_1)(x_1 - f_1(x_1) + x_2 - f_2(x_1))$，$F_4 = e_3 + f_3(x_3) - f_3(y_3)$。令 $z_3 = e_3$，可得

$$\dot{z}_3 = G_0 F_3 - bF_4 + u_3 \tag{2-74}$$

设计实际控制律为

$$u_3 = -\hat{G}_0 F_3 + \hat{b} F_4 - c_3 z_3 \tag{2-75}$$

式中，$c_3>0$；$\hat{b}$ 为参数 b 的估计值，且 $\tilde{b}=\hat{b}-b$。

选择参数自适应律为

$$\dot{\hat{b}}=-\gamma_b(F_4z_3+\sigma_b\hat{b}) \tag{2-76}$$

$$\dot{\hat{G}}_0=-\gamma_G\left(\frac{1}{k}F_2z_2+F_3z_3+\sigma_G\hat{G}\right) \tag{2-77}$$

式中，$\gamma_b,\sigma_b>0$ 且 $\gamma_G,\sigma_G>0$ 为更新律。

下面对采用所设计控制律的系统进行稳定性分析。

定理 2-4　对于式（2-11）表示的误差系统，当系统参数不确定时，如果按照式（2-51）和式（2-71）设计虚拟控制律，按照式（2-73）和式（2-75）设计实际控制律，按照式（2-72）、式（2-76）和式（2-77）设计参数自适应律，按照式（2-52）和式（2-55）选择一阶滤波器，则所有闭信号最终一致有界且通过调节设计参数可使 $z_i(i=1,2,3,4)$ 任意小。

证明：定义参数估计误差为 $\tilde{H}=\hat{H}-H$，$\tilde{G}_0=\hat{G}_0-G_0$，$\tilde{b}=\hat{b}-b$。

由 z_i 的定义和以上设计过程可知

$$\dot{z}_1=a(z_2+\varepsilon_2-c_1z_1) \tag{2-78}$$

$$\dot{z}_2=k(z_4+\varepsilon_4-c_2z_2-z_1)-\tilde{H}F_1+\tilde{G}_0F_2 \tag{2-79}$$

$$\dot{z}_4=-c_4z_4-z_2 \tag{2-80}$$

并且可以得到如下公式：

$$\dot{\varepsilon}_2=\dot{\omega}_2-\dot{\alpha}_1=-\frac{\varepsilon_2}{\lambda_2}+B_2(z_1,z_2,\varepsilon_2,\lambda_2,x_1,x_2) \tag{2-81}$$

$$\begin{aligned}\dot{\varepsilon}_4&=\dot{\omega}_4-\dot{\alpha}_2\\&=-\frac{\varepsilon_4}{\lambda_4}-\frac{\partial\alpha_2}{\partial x_1}\dot{x}_1-\frac{\partial\alpha_2}{\partial y_1}\dot{y}_1-\frac{\partial\alpha_2}{\partial z_1}\dot{z}_1-\frac{\partial\alpha_2}{\partial z_2}\dot{z}_2-\frac{\partial\alpha_2}{\partial\varepsilon_2}\dot{\varepsilon}_2\\&\quad-\frac{\partial\alpha_2}{\partial x_3}\dot{x}_3-\frac{\partial\alpha_2}{\partial y_3}\dot{y}_3+\frac{\partial\alpha_2}{\partial\hat{H}}\dot{\hat{H}}+\frac{\partial\alpha_2}{\partial\hat{G}_0}\hat{G}_0\\&=-\frac{\varepsilon_4}{\lambda_4}+B_4'(z_1,z_2,z_3,z_4,\varepsilon_2,\varepsilon_4,\lambda_2,\lambda_4,\hat{H},\hat{G}_0,x_1,x_2,x_3,x_4)\end{aligned} \tag{2-82}$$

式中，B_2 和 B_4' 为连续函数。

对于式（2-11）表示的系统的 $\dot{e}_1$、$\dot{e}_2$、$\dot{e}_4$，定义如下 Lyapunov 函数：

$$V_1=\frac{1}{2a}z_1^2+\frac{1}{2k}z_2^2+\frac{1}{2}z_4^2+\frac{1}{2}\varepsilon_2^2+\frac{1}{2}\varepsilon_4^2+\frac{1}{2\gamma_H}\tilde{H}^2+\frac{1}{2\gamma_G}\tilde{G}_0^2$$

对 V_1 关于时间求导，并考虑式（2-76）和式（2-77）得

$$\begin{aligned}\dot{V}_1\leqslant&-\left(c_1-\frac{\nu_2}{2}\right)z_1^2-\left(c_2-\frac{\nu_4}{2}\right)z_2^2-c_4z_4^2-\frac{\varepsilon_2^2}{\lambda_2}+\frac{1}{2\nu_2}\varepsilon_2^2-\frac{\varepsilon_4^2}{\lambda_4}+\\&\frac{1}{2\nu_4}\varepsilon_4^2+|\varepsilon_2B_2|+|\varepsilon_4B_4'|+\frac{1}{\gamma_G}\tilde{G}_0\left(\dot{\hat{G}}_0+\frac{1}{k}\gamma_GF_2z_2\right)-\sigma_H\tilde{H}\hat{H}\end{aligned} \tag{2-83}$$

由 2.3.1.1 节的讨论可知，B_2 在 $\Omega_1\times\Omega_2$ 中由 M_2 限定有界，而且，对于任意 $p>0$，集合 $\Omega_4'=\{z_1^2/a+z_2^2/k+z_4^2+\varepsilon_2^2+\varepsilon_4^2+\tilde{H}^2/\gamma_H+\tilde{G}_0^2/\gamma_G\leqslant 2p\}$ 为 $\mathbf{R}^7$ 中的紧集。因此，B_4' 在 $\Omega_1\times\Omega_4'$

中存在最大值M_4'，从而可得

$$\begin{aligned}\dot{V}_1 \leqslant &-\left(c_1-\frac{\nu_2}{2}\right)z_1^2-\left(c_2-\frac{\nu_4}{2}\right)z_2^2-c_4z_4^2-\left(\frac{1}{\lambda_2}-\frac{1}{2\nu_2}-\frac{1}{4\varsigma_2}M_2^2\right)\varepsilon_2^2-\\&\left(\frac{1}{\lambda_4}-\frac{1}{2\nu_4}-\frac{1}{4\varsigma_4}M_4'^2\right)\varepsilon_4^2+\varsigma_2+\varsigma_4+\frac{1}{\gamma_G}\tilde{G}_0\left(\dot{\hat{G}}_0+\frac{1}{k}\gamma_G F_2 z_2\right)-\sigma_H\tilde{H}\hat{H}\end{aligned} \tag{2-84}$$

选择设计参数，使得$c_1-\frac{\nu_2}{2}>0$，$c_2-\frac{\nu_4}{2}>0$，$\frac{1}{\lambda_2}-\frac{1}{2\nu_2}-\frac{1}{4\varsigma_2}M_2^2>a_0$，$\frac{1}{\lambda_4}-\frac{1}{2\nu_4}-\frac{1}{4\varsigma_4}M_4'^2>a_0$，其中$a_0$为任意正常数。同时，利用不等式$-\tilde{H}\hat{H}\leqslant-\frac{1}{2}\tilde{H}^2+\frac{1}{2}H^2$，式（2-84）化为

$$\begin{aligned}\dot{V}_1 \leqslant &-\left(c_1-\frac{\nu_2}{2}\right)z_1^2-\left(c_2-\frac{\nu_4}{2}\right)z_2^2-c_4z_4^2-a_0\varepsilon_2^2-a_0\varepsilon_4^2-\\&\frac{\sigma_H}{2}\tilde{H}^2+\frac{\sigma_H}{2}H^2+\varsigma_2+\varsigma_4+\frac{1}{\gamma_G}\tilde{G}_0\left(\dot{\hat{G}}_0+\frac{1}{k}\gamma_G F_2 z_2\right)\end{aligned} \tag{2-85}$$

对于式（2-11）表示的系统$\dot{e}_3$，定义 Lyapunov 函数为$V_2=\frac{1}{2}z_3^2+\frac{1}{2\gamma_b}\tilde{b}^2$。对$V_2$关于时间求导，并代入参数自适应更新律，得

$$\begin{aligned}\dot{V}_2 &= -c_3z_3^2+z_3(-\tilde{G}_0F_3+\tilde{b}F_4)+\frac{1}{\gamma_b}\tilde{b}\dot{\hat{b}}\\&\leqslant -c_3z_3^2+z_3(-\tilde{G}_0F_3+\tilde{b}F_4)-\tilde{b}(F_4z_3+\sigma_b\hat{b})\\&\leqslant -c_3z_3^2-z_3\tilde{G}_0F-\frac{\sigma_b}{2}\tilde{b}^2+\frac{\sigma_b}{2}b^2\end{aligned} \tag{2-86}$$

定义全局 Lyapunov 函数$V=V_1+V_2$，由式（2-85）和式（2-86）可得如下不等式：

$$\begin{aligned}\dot{V} \leqslant &-\left(c_1-\frac{\nu_2}{2}\right)z_1^2-\left(c_2-\frac{\nu_4}{2}\right)z_2^2-c_3z_3^2-c_4z_4^2-a_0\varepsilon_2^2-a_0\varepsilon_4^2-\frac{\sigma_H}{2}\tilde{H}^2-\\&\frac{\sigma_b}{2}\tilde{b}^2-\frac{\sigma_G}{2}\tilde{G}_0^2+\frac{\sigma_H}{2}H^2+\frac{\sigma_b}{2}b^2+\frac{\sigma_G}{2}G_0^2+\varsigma_2+\varsigma_4\\ \leqslant &-\eta V_3+\mu\end{aligned} \tag{2-87}$$

式中，$\eta=\min\left\{2a\left(c_1-\frac{\nu_2}{2}\right),2k\left(c_2-\frac{\nu_4}{2}\right),2c_3,2c_4,2a_0,\sigma_H,\sigma_b,\sigma_G\right\}$；$\mu=\frac{\sigma_H}{2}H^2+\frac{\sigma_b}{2}b^2+\frac{\sigma_G}{2}G_0^2+\varsigma_2+\varsigma_4$。

对于$p'>p$的情况，定义$\mathbf{R}^8$中的紧集$\Omega=\{z_1^2/a+z_2^2/k+z_3^2+z_4^2+\varepsilon_2^2+\varepsilon_4^2+\tilde{H}^2/\gamma_H+\tilde{G}_0^2/\gamma_G\leqslant 2p\}$。显然，$\Omega_4'\subset\Omega$，可以看出，紧集$\Omega_1\times\Omega$中的$B_2$、$B_4'$有界。令$\eta>\mu/p$，则$\dot{V}<0$，$V=p$。因此，$V\leqslant p$是一个不变集。假如$V(0)\leqslant p$，那么对于所有$t\geqslant 0$，均有$V(t)\leqslant p$。也就是说，对于所有$t\geqslant 0$和所有$V(0)\leqslant p$，式（2-87）都成立。

在定理 2-4 的条件下，很容易得到以下推论。

推论 2-4　在定理 2-4 的条件下，同步误差$e_i(i=1,2,3,4)$可以通过调整设计参数达到

任意小。

证明：由以上分析可知，存在一个正常数δ_1，使得当$t\to\infty$时，$|z_i|\leqslant\delta_1$（$i=1,2,3,4$），$|\varepsilon_2|\leqslant\delta_1$，$|\varepsilon_4|\leqslant\delta_1$。由于$z_1=e_1$，$z_3=e_3$，因此当$t\to\infty$时，$|e_1|\leqslant\delta_1$，$|e_3|\leqslant\delta_1$。与推论 2-3 的证明过程一样，可以推出当$t\to\infty$时，$|\alpha_1|\leqslant\delta_2$，$|\alpha_2|\leqslant\delta_3$。因此，考虑等式$e_2=z_2+\varepsilon_2+\alpha_1$和$e_4=z_4+\varepsilon_4+\alpha_2$，可以得出结论：当$t\to\infty$时，$|e_2|\leqslant 2\delta_1+\delta_2$，$|e_4|\leqslant 2\delta_1+\delta_3$。证毕。

2.3.2　仿真分析

本节给出所提的动态面控制方法的数值仿真分析。驱动系统参数如表 2-1 的第 1 行，响应系统的初始条件为$y_{10}=1$，$y_{20}=0.8714$，$y_{30}=2.1$，$y_{40}=0.002$。显然，在驱动系统和响应系统的初始值中，只有第 4 个初始值有微小差别。为了显示混沌系统对初始值的极度敏感性，首先给出未加控制时的系统同步误差曲线，如图 2-12 所示。

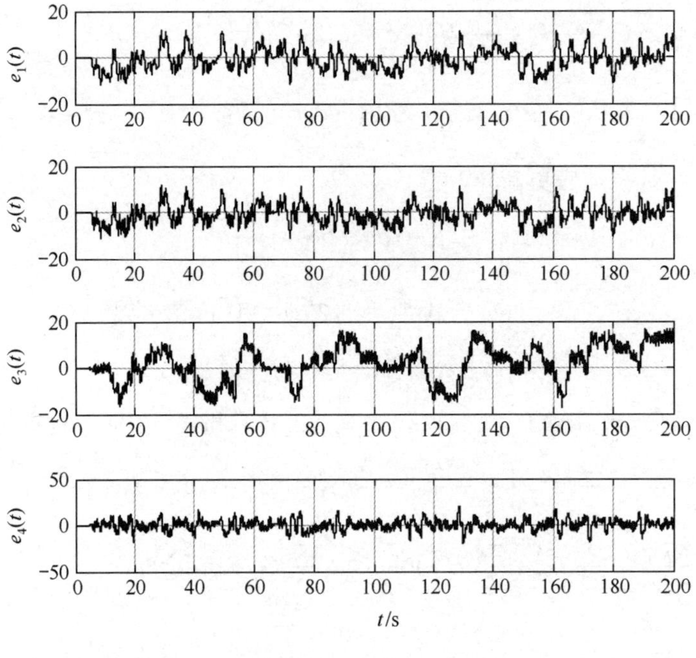

图 2-12　未加控制时的系统同步误差曲线

显然，在系统未加控制时，驱动系统和响应系统一直存在较大的误差，两个系统不同步。接下来给出施加反演控制时的系统仿真曲线，如图 2-13、图 2-14 所示。控制律曲线如图 2-15 表示，反演控制时的系统同步误差如图 2-16 所示。

显然，此时驱动系统和响应系统可以渐近同步。接下来考虑系统参数不确定的情况。控制律设计同 2.3.1.2 节。设驱动系统和响应系统的初始状态一样，控制律参数设置：$c_1=1.6$，$c_2=3$，$c_3=2$，$c_4=3.5$。自适应律增益设置：$\lambda_2=0.03$，$\lambda_4=0.08$，$\gamma_H=0.1$，$\gamma_b=0.14$，$\gamma_G=0.16$，$\sigma_H=1.1$，$\sigma_b=1.3$，$\sigma_G=1.2$。未知参数的初始值估计设为零。由此所得的仿真曲线如图 2-17～图 2-21 所示。

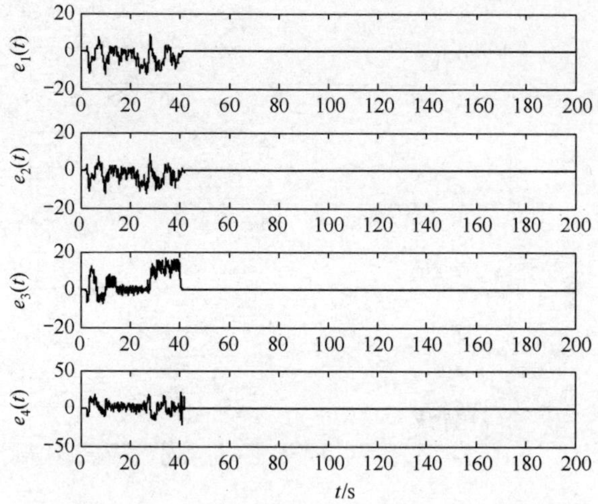

图 2-13　施加反演控制时的系统同步误差曲线

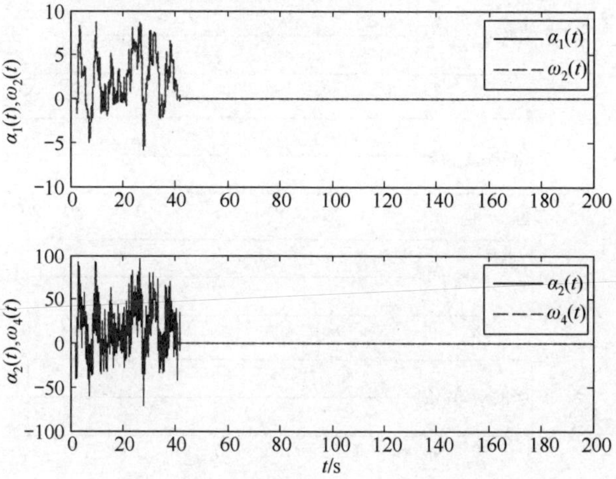

图 2-14　虚拟控制律及一阶滤波器输出曲线

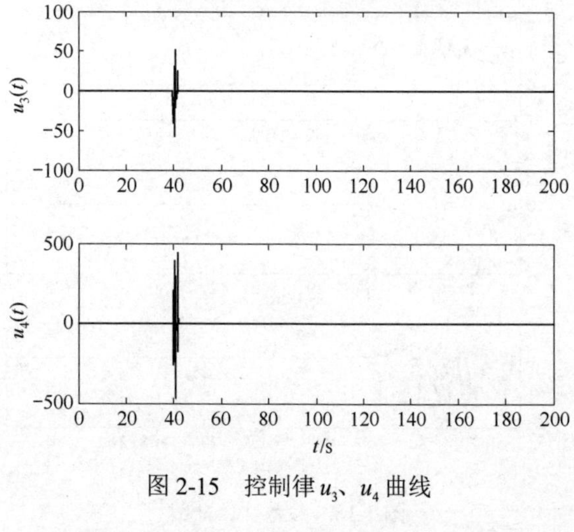

图 2-15　控制律 u_3、u_4 曲线

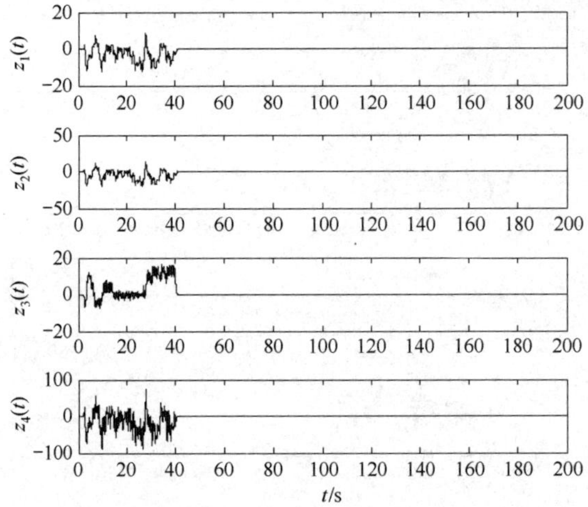

图 2-16　反演控制时的系统同步误差曲线

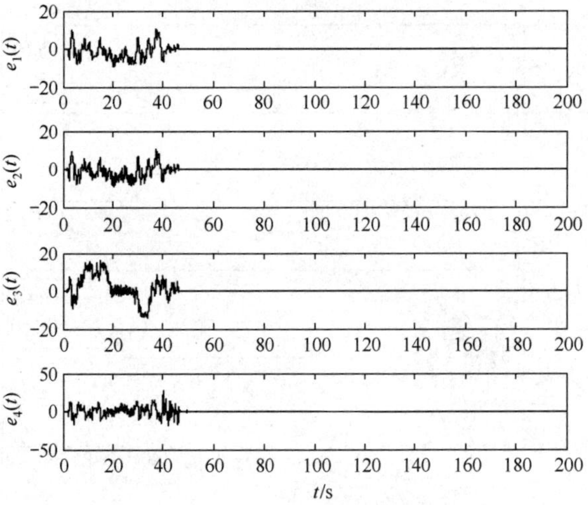

图 2-17　同步误差曲线

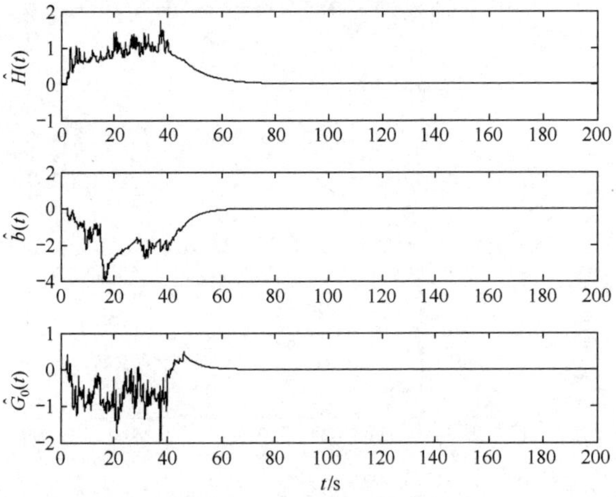

图 2-18　参数估计曲线

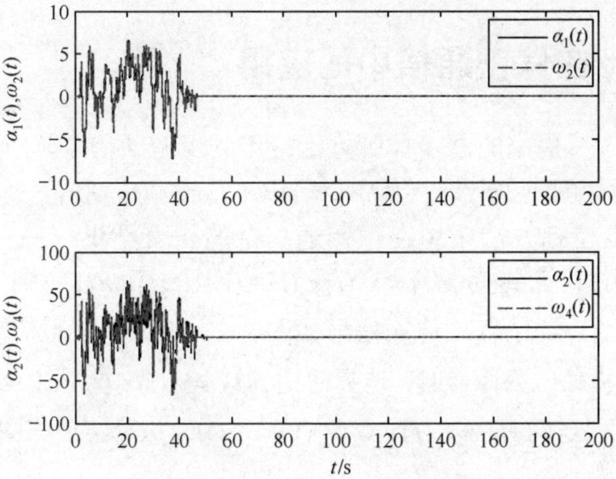

图 2-19　虚拟控制律及一阶滤波器输出曲线

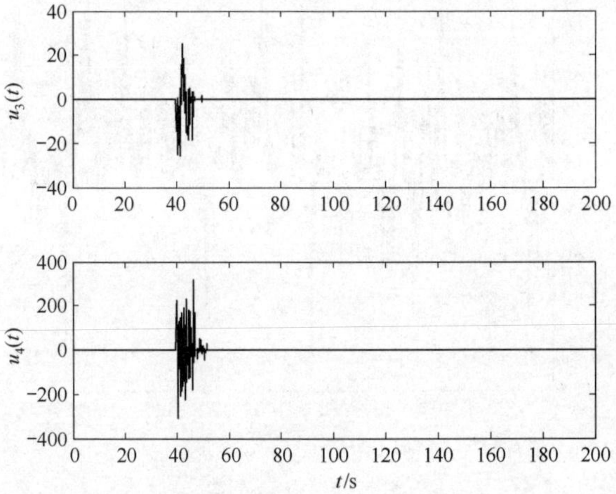

图 2-20　控制律 u_3、u_4 曲线

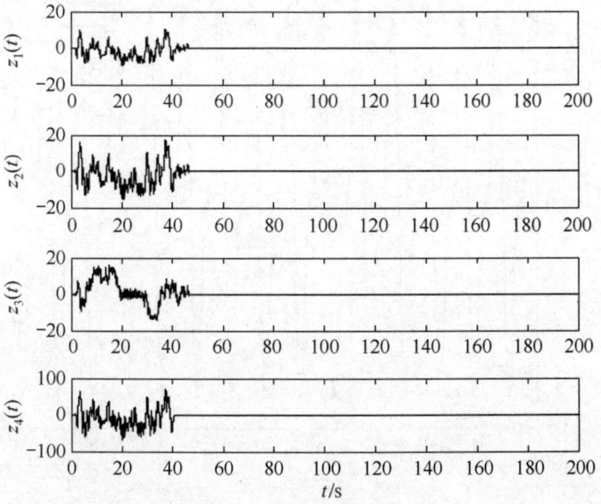

图 2-21　自适应动态面控制同步误差曲线

2.4　混沌同步在保密通信中的应用

本节将 2.2 节和 2.3 节提出的同步控制方法应用到保密通信中，并给出仿真结果。双信道混沌保密通信原理图如图 1-3 所示。其中，信道 1 传输同步信号，信道 2 传输加密信号。下面首先给出反演同步控制方法应用在保密通信中的仿真结果，选择传输的有用信号为 $m(t)=\sin(0.5t)+0.5\sin(t)$，密钥为 $p(t)=x_2(t)x_3(t)+(1+x_1^2(t))m(t)$，则解密后的有用信号为 $\hat{m}(t)=(p(t)-y_2(t)y_3(t))/(1+y_1^2(t))$。传输信号如图 2-22 所示，有用信号和解密后的有用信号如图 2-23 所示。当传输信号为图像时，选择密钥 $p(t)=x_2(t)x_3(t)+(1+x_1^2(t))m(t)/200$，则解密后的有用信号为 $\hat{m}(t)=200(p(t)-y_2(t)y_3(t))/\ (1+y_1^2(t))$。仿真结果如图 2-24～图 2-26 所示。

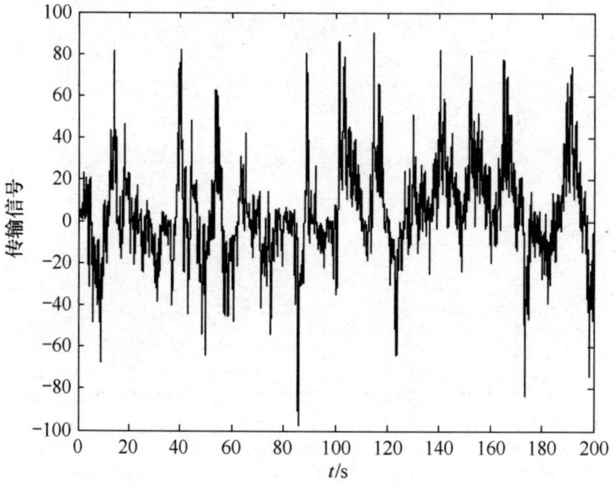

图 2-22　传输信号

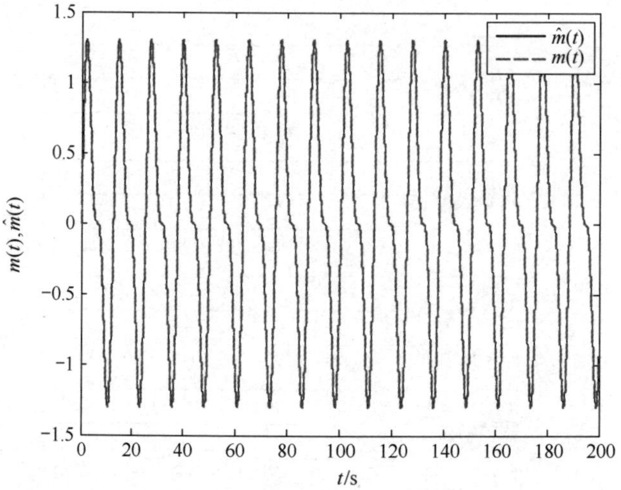

图 2-23　有用信号和解密后的有用信号

图 2-24　原始图像

图 2-25　解密图像

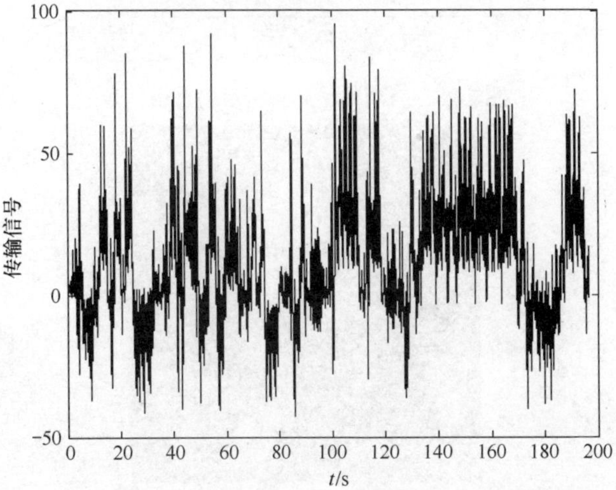

图 2-26　传输信号

其次，给出基于 DSC 同步控制的混沌保密通信应用的仿真结果。传输的有用信号同上，如图 2-27 和图 2-28 所示。当传输信号为图像时，选择的密钥同上，仿真结果如图 2-29～图 2-31 所示。

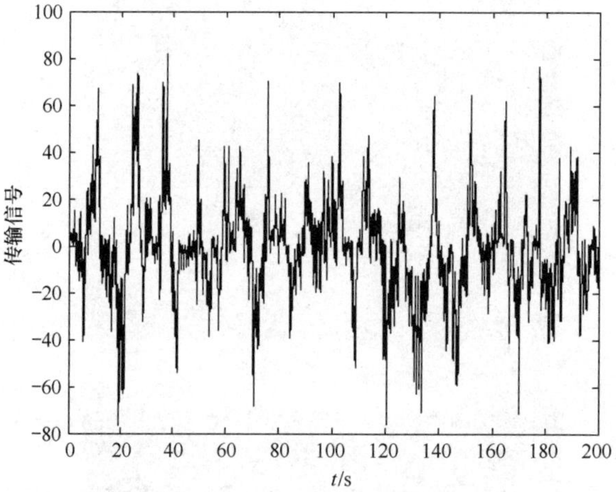

图 2-27　传输信号（确定信息）

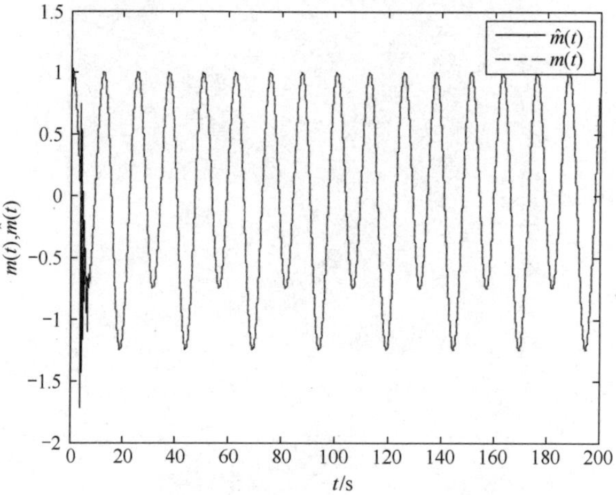

图 2-28　有用信号和解密后的有用信号

图 2-29　原始图像

图 2-30　解密图像

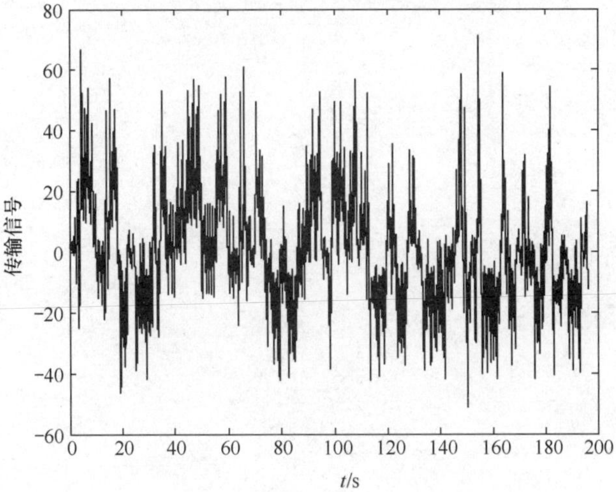

图 2-31　传输信号（图像）

由图 2-24、图 2-25 和图 2-29、图 2-30 可以看出，无论是反演同步控制方法，还是动态面同步控制方法，均能有效还原有用信息。

2.5　本章小结

本章首先简要介绍了混沌控制领域的研究现状，对反演控制在混沌同步控制中的研究现状进行了总结和分析，概括了其存在的问题和不足。针对存在的问题，选取了一类不确定非匹配交叉严反馈多翼超混沌系统，对其进行研究，在 2.2 节提出了一种反演同步控制律，结合自适应方法，解决了参数不确定情况下多翼超混沌系统的同步控制问题，并根据 Lyapunov 稳定性理论证明了系统同步误差最终收敛于零。本章提出的控制律具有非线性反馈项，能够在复制系统中重现原系统的状态，有利于工程实践，特别是保密通信中的应用；且仅需两个控制输入，这比 n 阶控制输入难度要小得多。

在 2.3 节中，针对反演方法中复杂性激增的缺点，对 2.2 节提出的控制律加以改进，首次将动态面控制引入多翼超混沌同步控制中，用 $\dot{\omega}$ 代替 $\dot{\alpha}$，用简单的代数算法代替微分项，ω 由 α 通过时间常数为 λ 的一阶滤波器得到，避免了对一些非线性项的重复求导。这样不仅可以处理系统的不确定性，还仅需两个控制输入。2.4 节将所提方法应用到基于混沌遮掩的保密通信中，数值仿真结果验证了所提方法的有效性。

本章考虑了系统参数不确定的情况，但是在实际工程应用中，控制律面对的不仅仅是系统参数不确定的情况，对于更多情况下的不确定性，后面依次进行研究和分析。

第 3 章　基于自适应滑模的不确定多翼超混沌系统及分数阶混沌系统同步控制

由于实际工程应用的需要，考虑不确定混沌系统的同步控制成为研究热点。滑模控制具有瞬态反应快、对不确定性有鲁棒性等特点，因而适用于非线性系统，在混沌系统的同步控制设计中得到了广泛应用。整数阶混沌控制领域已经有了比较多的研究成果：Aghababa 和 Akbari 针对系统具有不确定性与外部扰动的情况，研究了异结构混沌系统滑模同步控制问题，利用了鲁棒项并消除了抖振，且无须已知不确定上界；Dadras 和 Momeni 研究了一类不确定离散混沌系统；Li 等设计了一种具有微分项的新型动态滑模面，将不连续的符号函数（sign）项转换成控制输入的一阶微分项，消除了抖振。3.2 节针对含有函数型的多翼混沌系统进行滑模控制律设计，充分利用系统中确定部分的信息，避免了滑模控制律设计过程完全依赖集总不确定项的问题，解决了系统具有不确定性和外部扰动情况下的同步控制问题。

基于滑模控制的分数阶混沌系统同步控制成为 3.2 节的研究内容，首要问题就是对系统稳定性的证明。分数阶系统的描述记忆特性和全局相关特性必然导致对分数阶系统的稳定性证明与整数阶系统的稳定性证明不同，不能简单套用整数阶系统的处理方法。目前比较常用的分数阶系统的稳定性证明方法有分数阶稳定性理论、Mittag-Leffler 定理、分数阶拓展稳定性理论、基于 K 类函数的分数阶 Lyapunov 直接法。文献[143]介绍了阶次小于 1 的分数阶系统的稳定性理论，文献[146]介绍了一种基于 Lyapunov 第二定理的稳定性证明方法，文献[103-105]对几种方法进行了总结分析。大多稳定性理论的思路都基于系统表达式中的伪状态变量，不能真实反映系统状态。前面提到，Trigeassou 等定义了一种频率分布模型，这是与伪状态变量完全等价的一种定义方式，能够真实反映系统状态。同样，对于分数阶系统不确定性的处理也有特殊之处，如文献[147]的控制方法就不能解决除参数未知以外的系统不确定情况。文献[148]选择了一类分数阶 PI 型滑模面，将分数阶系统的稳定性问题转化为整数阶系统的稳定性问题，为解决存在各种不确定性的分数阶系统控制开辟了一条新的道路。

分数阶稳定性理论的研究还在继续深入，在分数阶混沌系统同步控制领域，近几年也取得了一定的研究成果：Aghababa 设计了一种形如 $s = D^{\alpha-1}e + \int_0^t ce(\tau)\mathrm{d}\tau$ 的分数阶滑模面，开辟了一条分数阶混沌系统滑模控制的新道路，并用分数阶 Lyapunov 稳定性理论证明了系统渐近收敛，已成为目前最常用的分数阶系统滑模控制方法；文献[150]提出了一种无须消除同步误差动态系统动态性能的线性反馈控制方法，同时可以处理系统参数未知的情况；文献[151]将滑模控制和主动观测器结合起来，提出了一种有限时间同步控制律，利用观测器能明显增大滑模面的吸引力；文献[152]设计了滑模控制律，实现了两个相同结构的分数阶混沌系统的完全同步并进行了电路实现；文献[153]针对分数阶混沌系统存在未知参数和外部扰动的情况提出了一种分数阶自适应更新律，通过 Mittag-Leffler 稳定性理论证明了同步误差系统收敛。本章所述研究的目的就是在分数阶混沌系统具有不确定性，且不确定项有上界的情况下，针对文献[149-153]各自存在的不足设计一种抖振更小、收敛速度更快的分数阶滑模面，实现了两个分数阶混沌系统的同步控制，通过引入频率分布模型，并对相应状态空间的表达定义了单频 Lyapunov 函数 $v(\omega,t)$，将 $v(\omega,t)$ 在整个频谱区间上进行积分，得到 FED Lyapunov 能量函数 $V(t)$。仿真结果证明所设计的方法具有较好的鲁棒性。

3.1 不确定多翼超混沌系统滑模同步

3.1.1 系统描述

考虑式（2-1）表示的多翼超混沌系统的同步控制问题，将该系统作为驱动系统，设被控响应系统模型为

$$\dot{\boldsymbol{y}}=(\boldsymbol{A}_0(\boldsymbol{y})+\Delta\boldsymbol{A}(\boldsymbol{y}))\boldsymbol{y}-(\boldsymbol{A}_0(\boldsymbol{y})+\Delta\boldsymbol{A}(\boldsymbol{y}))\boldsymbol{G}(\boldsymbol{y})+\boldsymbol{d}+\boldsymbol{u} \tag{3-1}$$

式中，$\boldsymbol{y}=[y_1,y_2,y_3,y_4]^{\mathrm{T}}$ 为响应系统状态向量；$\boldsymbol{d}=[d_1,d_2,d_3,d_4]^{\mathrm{T}}\in\mathbf{R}^{4\times1}$ 为系统的外部扰动项；$\boldsymbol{u}=[u_1,u_2,u_3,u_4]^{\mathrm{T}}\in\mathbf{R}^{4\times1}$ 为需要设计的同步控制律；$\boldsymbol{A}_0(\boldsymbol{y})$ 为响应系统矩阵的名义部分；$\Delta\boldsymbol{A}(\boldsymbol{y})$ 为系统的不确定项。$\boldsymbol{A}_0(\boldsymbol{y})$ 与 $\boldsymbol{A}(\boldsymbol{x})$ 具有相同的形式：

$$\boldsymbol{A}_0(\boldsymbol{y})=\begin{pmatrix} -a & a & 0 & 0 \\ -H & H & -T(y_1)G_0 & k \\ T(y_1)G_0 & T(y_1)G_0 & -b & 0 \\ k_1 & k_2 & k_3 & k_4 \end{pmatrix} \tag{3-2}$$

切换控制律 $\boldsymbol{G}(\cdot)$ 的形式与 $\boldsymbol{F}(\cdot)$ 的形式相同，只需将其中相应的变量 $\boldsymbol{x}$ 变为 $\boldsymbol{y}$，这里不再给出其具体形式，对应的切换函数为

$$T(y_1)=\tanh(By_1)+\sum_{i=1}^{M}(-1)^i[\tanh(B(y_1+2iy_{10}))+\tanh(B(y_1-2iy_{10}))] \tag{3-3}$$

定义系统的同步误差为 $\boldsymbol{e}=[e_1,e_2,e_3,e_4]^{\mathrm{T}}=\boldsymbol{y}-\boldsymbol{x}$，则控制目标是设计合适的 $\boldsymbol{u}$，实现驱动系统与响应系统的同步。为了进行同步控制律设计，对不确定项和外部扰动项做如下假设。

假设 3-1 不确定项和外部扰动项有界，即 $\|\Delta\boldsymbol{A}(\boldsymbol{y})\|_{\mathrm{F}}\leqslant\theta_1$，$\|\boldsymbol{d}\|_1\leqslant\theta_2$。其中，$\theta_1$ 和 θ_2 是未知的正常数，$\|\bullet\|$ 表示矩阵的 Frobenius 范数，$\|\boldsymbol{d}\|_1$ 表示向量 $\boldsymbol{d}$ 的 1-范数，即 $\|\boldsymbol{d}\|_1=\sum_{i=1}^{4}|d_i|$。

3.1.2 滑模同步控制律设计

根据式（2-1）表示的驱动系统和式（3-1）表示的响应系统得到同步误差的动态方程：

$$\begin{aligned}\dot{\boldsymbol{e}}&=\dot{\boldsymbol{y}}-\dot{\boldsymbol{x}}\\&=(\boldsymbol{A}_0(\boldsymbol{y})+\Delta\boldsymbol{A}(\boldsymbol{y}))\boldsymbol{y}-(\boldsymbol{A}_0(\boldsymbol{y})+\Delta\boldsymbol{A}(\boldsymbol{y}))\boldsymbol{G}(\boldsymbol{y})+\boldsymbol{d}+\boldsymbol{u}-(\boldsymbol{A}(\boldsymbol{x})\boldsymbol{x}-\boldsymbol{A}(\boldsymbol{x})\boldsymbol{F}(\boldsymbol{x}))\\&=\boldsymbol{A}_0(\boldsymbol{y})\boldsymbol{y}-\boldsymbol{A}_0(\boldsymbol{y})\boldsymbol{G}(\boldsymbol{y})-\boldsymbol{A}(\boldsymbol{x})\boldsymbol{x}+\boldsymbol{A}(\boldsymbol{x})\boldsymbol{F}(\boldsymbol{x})+\Delta\boldsymbol{A}(\boldsymbol{y})\boldsymbol{y}+\boldsymbol{d}-\Delta\boldsymbol{A}(\boldsymbol{y})\boldsymbol{G}(\boldsymbol{y})+\boldsymbol{u}\end{aligned} \tag{3-4}$$

显然，由切换同步控制律的形式可以看出它是有界的，进一步考虑假设 3-1，可知 $\boldsymbol{d}-\Delta\boldsymbol{A}(\boldsymbol{y})\boldsymbol{G}(\boldsymbol{y})$ 是有界的，因此可设 $\|\boldsymbol{d}-\Delta\boldsymbol{A}(\boldsymbol{y})\boldsymbol{G}(\boldsymbol{y})\|_1 \leqslant \theta_3$，其中 θ_3 为一未知的正常数。

定义 PI 型滑模面为 $\boldsymbol{s}=[s_1,s_2,s_3,s_4]^{\mathrm{T}}=\boldsymbol{e}+c_1\int_0^t \boldsymbol{e}\,\mathrm{d}\tau$，其中 $c_1>0$ 为设计参数。设计滑模控制律为

$$\begin{aligned}\boldsymbol{u}=&-\boldsymbol{A}_0(\boldsymbol{y})\boldsymbol{y}+\boldsymbol{A}_0(\boldsymbol{y})\boldsymbol{G}(\boldsymbol{y})+\boldsymbol{A}(\boldsymbol{x})\boldsymbol{x}-\boldsymbol{A}(\boldsymbol{x})\boldsymbol{F}(\boldsymbol{x})-\\&\hat{\theta}_1\|\boldsymbol{y}\|_2\operatorname{sgn}(\boldsymbol{s})-\hat{\theta}_3\operatorname{sgn}(\boldsymbol{s})-\varepsilon\operatorname{sgn}(\boldsymbol{s})-k_u\boldsymbol{s}-c_1\boldsymbol{e}\end{aligned}\tag{3-5}$$

式中，$\varepsilon, k_u>0$ 为设计参数；$\hat{\theta}_1$ 和 $\hat{\theta}_3$ 分别为 θ_1 与 θ_3 的估计值；$\operatorname{sgn}(\boldsymbol{s})$ 为一向量符号函数，即 $\operatorname{sgn}(\boldsymbol{s})=[\operatorname{sgn}(s_1),\operatorname{sgn}(s_2),\operatorname{sgn}(s_3),\operatorname{sgn}(s_4)]^{\mathrm{T}}$。

设计参数自适应律为

$$\begin{cases}\dot{\hat{\theta}}_1=\mu_1\|\boldsymbol{s}\|_1\|\boldsymbol{y}\|_2-\alpha_1\hat{\theta}_1\\\dot{\hat{\theta}}_3=\mu_3\|\boldsymbol{s}\|_1-\alpha_3\hat{\theta}_3\end{cases}\tag{3-6}$$

式中，$\mu_1,\mu_3,\alpha_1,\alpha_3>0$ 为设计参数。

定义参数估计误差为 $\tilde{\theta}_1=\hat{\theta}_1-\theta_1$，$\tilde{\theta}_3=\hat{\theta}_3-\theta_3$。定义 Lyapunov 函数为

$$V=\frac{1}{2}\boldsymbol{s}^{\mathrm{T}}\boldsymbol{s}+\frac{1}{2\mu_1}\tilde{\theta}_1^2+\frac{1}{2\mu_3}\tilde{\theta}_3^2\tag{3-7}$$

考虑式（3-4）～式（3-7），对 Lyapunov 函数求导可得

$$\begin{aligned}\dot{V}=&\boldsymbol{s}^{\mathrm{T}}(\boldsymbol{A}_0(\boldsymbol{y})\boldsymbol{y}-\boldsymbol{A}_0(\boldsymbol{y})\boldsymbol{G}(\boldsymbol{y})-\boldsymbol{A}(\boldsymbol{x})\boldsymbol{x}+\boldsymbol{A}(\boldsymbol{x})\boldsymbol{F}(\boldsymbol{x})+\Delta\boldsymbol{A}(\boldsymbol{y})\boldsymbol{y}+\\&\boldsymbol{d}-\Delta\boldsymbol{A}(\boldsymbol{y})\boldsymbol{G}(\boldsymbol{y})+\boldsymbol{u}+c_1\boldsymbol{e})+\frac{1}{\mu_1}\tilde{\theta}_1\dot{\hat{\theta}}_1+\frac{1}{\mu_3}\tilde{\theta}_3\dot{\hat{\theta}}_3\\=&\boldsymbol{s}^{\mathrm{T}}(\Delta\boldsymbol{A}(\boldsymbol{y})\boldsymbol{y}+\boldsymbol{d}-\Delta\boldsymbol{A}(\boldsymbol{y})\boldsymbol{G}(\boldsymbol{y})-\hat{\theta}_1\|\boldsymbol{y}\|_2\operatorname{sgn}(\boldsymbol{s})-\hat{\theta}_3\operatorname{sgn}(\boldsymbol{s})-\varepsilon\operatorname{sgn}(\boldsymbol{s})-k_u\boldsymbol{s})+\\&\frac{1}{\mu_1}\tilde{\theta}_1(\mu_1\|\boldsymbol{s}\|_1\|\boldsymbol{y}\|_2-\alpha_1\hat{\theta}_1)+\frac{1}{\mu_3}\tilde{\theta}_3(\mu_3\|\boldsymbol{s}\|_1-\alpha_3\hat{\theta}_3)\end{aligned}\tag{3-8}$$

由矩阵与向量的相容性可知 $\|\Delta\boldsymbol{A}(\boldsymbol{y})\boldsymbol{y}\|_2\leqslant\|\Delta\boldsymbol{A}(\boldsymbol{y})\|_{\mathrm{F}}\cdot\|\boldsymbol{y}\|_2$。为进一步进行分析，首先推导关于向量的一个性质。假设两个向量分别为 $\boldsymbol{a}=[a_1,a_2,\cdots,a_n]^{\mathrm{T}}$，$\boldsymbol{b}=[b_1,b_2,\cdots,b_n]^{\mathrm{T}}$，则有

$$\begin{aligned}\|\boldsymbol{a}\|_2\cdot\|\boldsymbol{b}\|_2&=\sqrt{a_1^2+a_2^2+\cdots+a_n^2}\cdot\sqrt{b_1^2+b_2^2+\cdots+b_n^2}\\&\leqslant\sqrt{(|a_1|+|a_2|+\cdots+|a_n|)^2}\cdot\sqrt{b_1^2+b_2^2+\cdots+b_n^2}\\&=(|a_1|+|a_2|+\cdots+|a_n|)\cdot\sqrt{b_1^2+b_2^2+\cdots+b_n^2}\\&=\|\boldsymbol{a}\|_1\cdot\|\boldsymbol{b}\|_2\end{aligned}\tag{3-9}$$

可知

$$\begin{aligned}\boldsymbol{s}^{\mathrm{T}}(\Delta\boldsymbol{A}(\boldsymbol{y})\boldsymbol{y})&\leqslant\|\boldsymbol{s}\|_2\cdot\|\Delta\boldsymbol{A}(\boldsymbol{y})\boldsymbol{y}\|_2\leqslant\|\boldsymbol{s}\|_1\cdot\|\Delta\boldsymbol{A}(\boldsymbol{y})\boldsymbol{y}\|_2\\&\leqslant\|\boldsymbol{s}\|_1\cdot\|\Delta\boldsymbol{A}(\boldsymbol{y})\|_{\mathrm{F}}\cdot\|\boldsymbol{y}\|_2\leqslant\theta_1\|\boldsymbol{s}\|_1\cdot\|\boldsymbol{y}\|_2\end{aligned}\tag{3-10}$$

$$\boldsymbol{s}^{\mathrm{T}}(\boldsymbol{d}-\Delta\boldsymbol{A}(\boldsymbol{y})\boldsymbol{G}(\boldsymbol{y}))\leqslant\|\boldsymbol{s}\|_1\cdot\|\boldsymbol{d}-\Delta\boldsymbol{A}(\boldsymbol{y})\boldsymbol{G}(\boldsymbol{y})\|_1\leqslant\theta_3\|\boldsymbol{s}\|_1 \tag{3-11}$$

将式（3-10）和式（3-11）代入式（3-8），并考虑不等式$2\tilde{\boldsymbol{\theta}}^{\mathrm{T}}\hat{\boldsymbol{\theta}}\geqslant\tilde{\boldsymbol{\theta}}^2-\boldsymbol{\theta}^2$，可得

$$\begin{aligned}\dot{V}&\leqslant-\tilde{\theta}_1\|\boldsymbol{s}\|_1\|\boldsymbol{y}\|_2-\tilde{\theta}_3\|\boldsymbol{s}\|_1-\varepsilon\|\boldsymbol{s}\|_1-k_u\boldsymbol{s}^{\mathrm{T}}\boldsymbol{s}+\\&\quad\frac{1}{\mu_1}\tilde{\theta}_1(\mu_1\|\boldsymbol{s}\|_1\|\boldsymbol{y}\|_2-\alpha_1\hat{\theta}_1)+\frac{1}{\mu_3}\tilde{\theta}_3(\mu_3\|\boldsymbol{s}\|_1-\alpha_3\hat{\theta}_3)\\&\leqslant-k_u\boldsymbol{s}^{\mathrm{T}}\boldsymbol{s}-\frac{\alpha_1}{2\mu_1}\tilde{\theta}_1^2-\frac{\alpha_3}{2\mu_3}\tilde{\theta}_3^2+\frac{\alpha_1}{2\mu_1}\theta_1^2+\frac{\alpha_3}{2\mu_3}\theta_3^2\\&\leqslant-\rho V+Q\end{aligned} \tag{3-12}$$

式中，$\rho=\min\{2k_u,\alpha_1,\alpha_3\}$；$Q=\frac{\alpha_1}{2\mu_1}\theta_1^2+\frac{\alpha_3}{2\mu_3}\theta_3^2$为一有界常数。

对式（3-12）在$[0,t]$上进行积分可得

$$V(t)\leqslant V(0)\mathrm{e}^{-\rho t}+\frac{Q}{\rho}(1-\mathrm{e}^{-\rho t}) \tag{3-13}$$

当时间趋向于无穷时，$V(t)\leqslant Q/\rho$，系统同步误差和参数估计误差收敛到原点的邻域$\varOmega=\{\boldsymbol{s},\tilde{\theta}_1,\tilde{\theta}_3\,|\,V\leqslant Q/\rho\}$，系统渐近稳定。

注 3-1 由式（3-12）可以看出，通过调整k_u、α_1、α_3、μ_1和μ_3的值可以调节收敛速度与收敛域的大小。因此，可以通过调节参数，使同步误差和参数估计误差收敛到任意小的邻域内。特别地，当取$\alpha_1=\alpha_3=0$时，虽然系统同步误差和参数估计误差收敛到原点，但此时参数自适应律为增长型，易导致参数估计值不断变大，控制输入无界，最终导致系统不稳定。

由式（3-13）进一步可得

$$V(t)\leqslant V(0)+Q/\rho \tag{3-14}$$

考虑式（3-7），容易得到

$$\tilde{\theta}_1^2\leqslant2\mu_1V(t)\text{，}\tilde{\theta}_3^2\leqslant2\mu_3V(t)\text{，}\|\boldsymbol{s}\|^2\leqslant2V(t)$$

由于式（3-5）表示的滑模控制律有界，因此闭环系统的所有信号均有界。

综上所述，可得如下结论。

定理 3-1 当假设 3-1 成立时，将式（2-1）表示的多翼超混沌系统作为驱动系统，式（3-1）表示的系统作响应系统，自适应滑模控制律选择式（3-5）所示的形式，参数自适应律选择式（3-6）所示的形式，则系统同步误差和参数估计误差均有界，且渐近收敛至系统原点的一个邻域，即

$$\varOmega=\left\{\boldsymbol{s},\tilde{\theta}_1,\tilde{\theta}_3\,|\,\|\boldsymbol{s}\|^2\leqslant2\left(V(0)+\frac{Q}{\rho}\right),\tilde{\theta}_1^2\leqslant2\mu_1\left(V(0)+\frac{Q}{\rho}\right),\tilde{\theta}_3^2\leqslant2\mu_3\left(V(0)+\frac{Q}{\rho}\right)\right\}$$

抖振是滑模控制的一个固有缺点，可以采用饱和函数法、边界函数法、连续函数法等来减弱。在这里，为了减小控制中的抖振，将符号函数连续化，如图 3-1 所示，用连续函数$\theta(\boldsymbol{s})=\boldsymbol{s}/(|\boldsymbol{s}|+\delta)$代替$\mathrm{sgn}(\boldsymbol{s})$，其中，$\delta$为一个小的正常数。

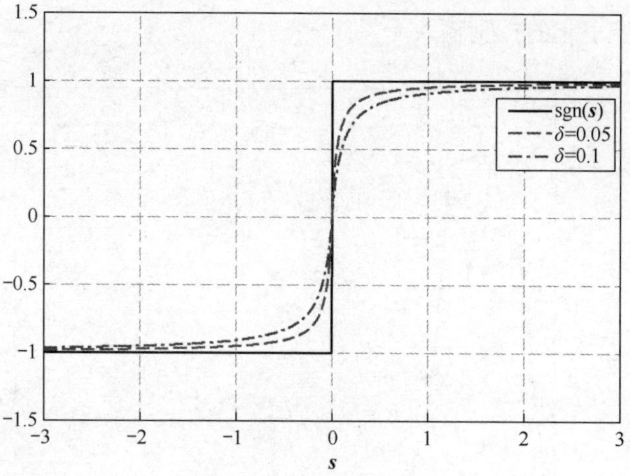

图 3-1　符号函数连续化

3.1.3　仿真分析

为了验证所提方法的有效性，对系统进行仿真。取系统为多涡卷超混沌 Lorenz 系统，驱动系统参数取值见表 2-1；设计控制律参数为 $c_1 = 0.01$，$k_u = 0.01$，$\varepsilon = 0.001$，$\mu_1 = 0.02$，$\alpha_1 = 0.15$，$\mu_3 = 0.02$，$\alpha_3 = 0.2$；将符号函数连续化，用连续函数 $\theta(\boldsymbol{s}) = \boldsymbol{s}/(|\boldsymbol{s}| + \delta)$ 代替 $\mathrm{sgn}(\boldsymbol{s})$，取 $\delta = 0.05$；响应系统的初始值取为 $y_{10} = 1$，$y_{20} = 0.8714$，$y_{30} = 2.1$，$y_{40} = 0.002$，$y_{300} = -0.33$，$d_1 = 0.5\sin(t)$，$d_2 = 0.5\cos t$，$d_3 = -0.5\sin t$，$d_4 = -0.5\cos t$。为了看出初始值差异及不确定性和外部扰动对同步误差系统的影响，在 $t = 40\mathrm{s}$ 时施加控制。仿真结果如图 3-2～图 3-4 所示。

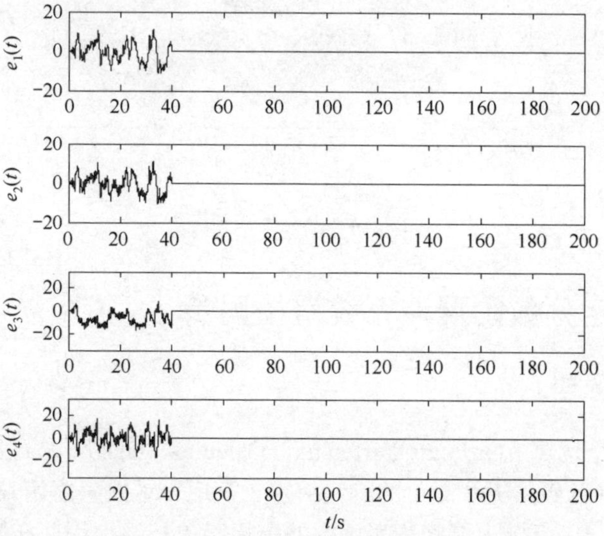

图 3-2　系统同步误差

可以看出，系统同步误差趋于零，响应系统与驱动系统实现了同步；参数估计误差收敛于零，证明了所提的非增长型参数自适应律的有效性，避免了随着时间的增长，参数估计误差无限增长可能引起的控制输入无界问题。

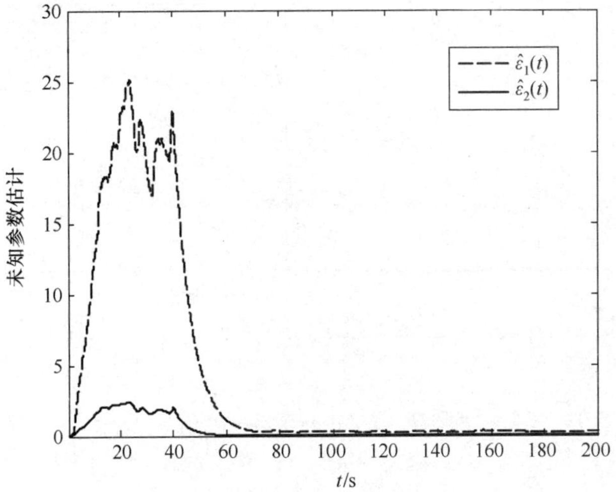

图 3-3　系统参数估计

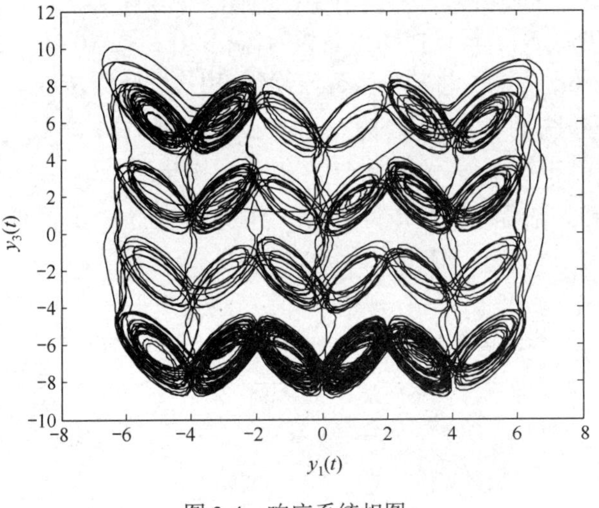

图 3-4　响应系统相图

3.2　不确定分数阶混沌系统滑模同步

3.2.1　基本原理

对函数的常微分运算（Ordinary Differential Calculus，ODC）是建立在函数的局部特性基础之上的，FOC（分数阶微积分）的特性决定了其运算是要考虑函数的全局相关特性的。分数阶微分由于在一定范围内能够积累函数的全局相关特性，因此在整数阶滑模控制的基础上引入 FOC 成为一个很好的研究方向。

下面以简单的分数阶线性滑模面为例，简要说明分数阶滑模控制相比于传统整数阶滑模控制的优势。分数阶滑模面的表达式如下：

$$D^{\alpha}\boldsymbol{x}=-k\boldsymbol{x} \tag{3-15}$$

当$\alpha=1$时，式（3-15）为整数阶滑模面，收敛速度为e^{-kt}；当$\alpha\neq1$时，式（3-15）为分数阶滑模面，收敛速度为$t^{-\alpha}$。图 3-5 给出了整数阶和分数阶滑模面削弱抖振的基本原理对比。

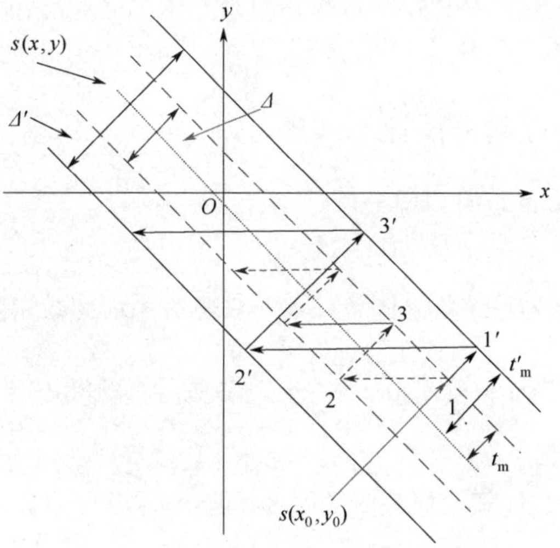

图 3-5　整数阶和分数阶滑模面削弱抖振的基本原理对比

从图 3-5 中可以看出，假设系统初始状态为$s(x_0,y_0)$，系统在趋近律的作用下到达滑模面$s(x,y)=0$。在实际工作过程中，由于执行器的时间延迟或空间滞后等因素的影响，滑模响应也会产生相应时间(t_{m})的滞后。也就是说，分数阶滑模面上的运动是在$\varDelta$区域内的往复抖振；整数阶滑模面上的运动是在$\varDelta'$区域内速率为e^{-kt}的往复抖振。显然，$\varDelta'>\varDelta$，即分数阶滑模运动产生的抖振较小，且能取得较高的控制精度。

本节以此为方向，针对一类分数阶混沌系统进行分数阶滑模同步控制研究。

3.2.2　系统描述

考虑如下分数阶混沌系统：

$$D^{\alpha}\boldsymbol{x}(t)=\boldsymbol{A}\boldsymbol{x}(t)+\boldsymbol{f}(\boldsymbol{x},t) \tag{3-16}$$

式中，$D^{\alpha}\boldsymbol{x}(t)=\dfrac{1}{\Gamma(\alpha)}\int_0^t(t-\tau)^{\alpha-1}\boldsymbol{x}(\tau)\mathrm{d}\tau$表示 Riemann-Liouville 分数阶导数；为表达方便，本书用D^{α}代替${}_aD_t^{\alpha}$，阶次$\boldsymbol{\alpha}=(\alpha_1,\alpha_2,\cdots,\alpha_n)^{\mathrm{T}}$，$\alpha_i\in(0,1)$；$\boldsymbol{x}(t)$为系统的 n 维状态向量；$\boldsymbol{f}(\boldsymbol{x},t)\in\mathbf{R}^n$为已知的光滑非线性函数；$\boldsymbol{A}\in\mathbf{R}^{n\times n}$为系统的已知参数矩阵。

将式（3-16）表示的系统作为驱动系统，则响应系统的表达式为

$$D^{\alpha}\boldsymbol{y}(t)=(\boldsymbol{A}+\Delta\boldsymbol{A})\boldsymbol{y}(t)+\boldsymbol{g}(\boldsymbol{y},t)+\Delta\boldsymbol{g}(\boldsymbol{y},t)+\boldsymbol{d}(t)+\boldsymbol{u}(t) \tag{3-17}$$

式中，$\boldsymbol{y}(t)\in\mathbf{R}^n$为响应系统的状态向量；$\boldsymbol{g}(\boldsymbol{y},t)\in\mathbf{R}^n$为响应系统的光滑非线性函数；$\boldsymbol{u}(t)$为需要设计的控制律。

定义同步误差$\boldsymbol{e}=\boldsymbol{y}-\boldsymbol{x}$，控制目标就是设计合适的控制律$\boldsymbol{u}(t)$，使得$\lim\limits_{t\to\infty}\|\boldsymbol{e}(t)\|\to0$，实

现驱动系统与响应系统的同步。

由式（3-16）和式（3-17）可得分数阶混沌系统同步误差系统方程为

$$D^{\alpha}\boldsymbol{e}(t)=\boldsymbol{A}\boldsymbol{e}+\Delta\boldsymbol{A}\boldsymbol{y}(t)+\boldsymbol{g}(\boldsymbol{y},t)-\boldsymbol{f}(\boldsymbol{x},t)+\Delta\boldsymbol{g}(\boldsymbol{y},t)+\boldsymbol{d}(t)+\boldsymbol{u}(t) \tag{3-18}$$

假设 3-2　不确定项 $\Delta\boldsymbol{A}\in\mathbf{R}^{n\times n}$、$\Delta\boldsymbol{g}(\boldsymbol{y})\in\mathbf{R}^{n}$ 和外部扰动 $\boldsymbol{d}(t)\in\mathbf{R}^{n}$ 均有界，且满足

$$\|\Delta\boldsymbol{A}\|_{\infty}\leqslant\varepsilon_1\,,\quad \|\Delta\boldsymbol{g}(\boldsymbol{y})+\boldsymbol{d}\|_{\infty}\leqslant\varepsilon_2 \tag{3-19}$$

式中，ε_1 和 ε_2 为正常数。

3.2.3　滑模同步控制律设计

引理 3-1　考虑如下分数阶自治系统：

$$D^{\alpha}\boldsymbol{x}(t)=\boldsymbol{A}_D\boldsymbol{x}(t)\,,\quad \boldsymbol{x}(0)=x_0 \tag{3-20}$$

式中，$0<\alpha<1$；$\boldsymbol{x}\in\mathbf{R}^{n}$ 为系统状态向量；$\boldsymbol{A}_D\in\mathbf{R}^{n\times n}$ 为系统参数矩阵。当 $|\arg(\lambda(\boldsymbol{A}_D))|\geqslant\alpha\dfrac{\pi}{2}$ 时，分数阶系统稳定；当 $|\arg(\lambda(\boldsymbol{A}_D))|>\alpha\dfrac{\pi}{2}$ 时，分数阶系统渐近稳定，状态向量以 $t^{-\alpha}$ 的速度收敛至零。

分数阶线性系统稳定性理论原理图如图 3-6 所示。

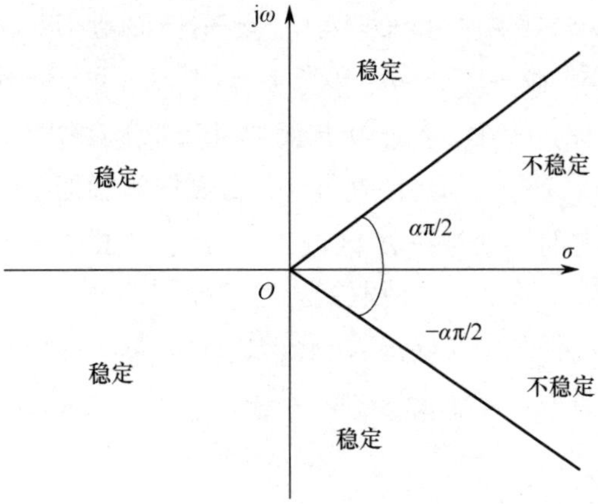

图 3-6　分数阶线性系统稳定性理论原理图

引理 3-2　分数阶系统 $D^{\alpha}\boldsymbol{y}(t)=\boldsymbol{\upsilon}(t)$（$0<\alpha<1$，$\boldsymbol{y}(t)\in\mathbf{R}$，$\boldsymbol{\upsilon}(t)\in\mathbf{R}$）可以被看作如下线性频率分布模型：

$$\begin{cases}\dfrac{\partial z(\omega,t)}{\partial t}=-\omega z(\omega,t)+\boldsymbol{\upsilon}(t)\\[2mm] \boldsymbol{y}(t)=\displaystyle\int_0^{\infty}\mu_{\alpha}(\omega)z(\omega,t)\mathrm{d}\omega\end{cases} \tag{3-21}$$

式中，权值函数 $\mu_{\alpha}(\omega)=\sin(\alpha\pi)/\pi\omega^{\alpha}$；系统状态 $z(\omega,t)\in\mathbf{R}^{n}$。

引理 3-3　定积分中值定理　若 f 在 $[a,b]$ 上连续，g 在 $[a,b]$ 上可积，且 g 在 $[a,b]$ 上不变号，则存在 $\xi\in[a,b]$，使

$$\int_a^b f(x)g(x)\mathrm{d}x = f(\xi)\int_a^b g(x)\mathrm{d}x$$

定义滑模面

$$\boldsymbol{s} = \boldsymbol{e}(t) + \boldsymbol{C}\boldsymbol{I}^{\alpha}\boldsymbol{e}(t) \tag{3-22}$$

式中，$\boldsymbol{C} = \mathrm{diag}[c_1, c_2, \cdots, c_n] \in \mathbf{R}^{n\times n}$；$\boldsymbol{s} \in \mathbf{R}^n$；$\boldsymbol{e}(t) \in \mathbf{R}^n$。

对式（3-22）两边关于时间求 α 阶导数得

$$D^{\alpha}\boldsymbol{s} = D^{\alpha}\boldsymbol{e}(t) + \boldsymbol{C}\boldsymbol{e}(t) \tag{3-23}$$

当系统发生滑模运动时，必须满足 $\boldsymbol{s} = 0$ 和 $D^{\alpha}\boldsymbol{s} = 0$，因此有

$$D^{\alpha}\boldsymbol{e}(t) = -\boldsymbol{C}\boldsymbol{e}(t) \tag{3-24}$$

由图 3-5 可知，矩阵 $\boldsymbol{C}$ 的所有特征值的实部均大于零是保证分数阶同步误差系统稳定的充分条件。本节选取 $\boldsymbol{C} = \mathrm{diag}[c_1, c_2, \cdots, c_n]$，当 $c_i > 0 (i = 1, 2, \cdots, n)$ 时，即可满足当 $\|\boldsymbol{s}\|_1 \to 0$ 时，$\|\boldsymbol{e}\|_1 \to 0$，并且 $\boldsymbol{C}$ 将决定 $\|\boldsymbol{e}\|_1 \to 0$ 的速度。由引理 3-1 可知，只要选择合适的系数矩阵 $\boldsymbol{C}$，就可以使式（3-24）表示的系统渐近稳定。

根据引理 3-2，可以得到滑模面的等价频率分布模型：

$$\begin{cases} \dfrac{\partial \boldsymbol{z}(\omega,t)}{\partial t} = -\omega \boldsymbol{z}(\omega,t) + D^{\alpha}\boldsymbol{s} \\ \boldsymbol{s} = \displaystyle\int_0^{\infty} \mu_{\alpha}(\omega)\boldsymbol{z}(\omega,t)\mathrm{d}\omega \end{cases} \tag{3-25}$$

式中，权值函数 $\mu_{\alpha}(\omega) = \sin(\alpha\pi)/\pi\omega^{\alpha}$；$\boldsymbol{z}(\omega,t) \in \mathbf{R}^n$ 为实际误差变量。

定义 Lyapunov 函数为 $V_s(t) = \dfrac{1}{2}\displaystyle\int_0^{\infty} \mu(\omega)\boldsymbol{z}^{\mathrm{T}}(\omega,t)\boldsymbol{z}(\omega,t)\mathrm{d}\omega$，对其求导得

$$\begin{aligned} \dot{V}_s(t) &= \int_0^{\infty} \mu(\omega)\boldsymbol{z}^{\mathrm{T}}(\omega,t)\frac{\partial \boldsymbol{z}(\omega,t)}{\partial t}\mathrm{d}\omega \\ &= \int_0^{\infty} \mu(\omega)\boldsymbol{z}^{\mathrm{T}}(\omega,t)(-\omega\boldsymbol{z}(\omega,t) + D^{\alpha}\boldsymbol{s})\mathrm{d}\omega \\ &= -\int_0^{\infty} \mu(\omega)\omega\boldsymbol{z}^{\mathrm{T}}(\omega,t)\boldsymbol{z}(\omega,t)\mathrm{d}\omega + \boldsymbol{s}^{\mathrm{T}}D^{\alpha}\boldsymbol{s} \\ &= -\int_0^{\infty} \mu(\omega)\omega\boldsymbol{z}^{\mathrm{T}}(\omega,t)\boldsymbol{z}(\omega,t)\mathrm{d}\omega + \boldsymbol{s}^{\mathrm{T}}(D^{\alpha}\boldsymbol{e} + \boldsymbol{C}\boldsymbol{e}) \\ &= -\int_0^{\infty} \mu(\omega)\omega\boldsymbol{z}^{\mathrm{T}}(\omega,t)\boldsymbol{z}(\omega,t)\mathrm{d}\omega + \\ &\quad\ \boldsymbol{s}^{\mathrm{T}}(\boldsymbol{A}\boldsymbol{e} + \Delta\boldsymbol{A}\boldsymbol{y}(t) + \boldsymbol{g}(\boldsymbol{y},t) - \boldsymbol{f}(\boldsymbol{x},t) + \Delta\boldsymbol{g}(\boldsymbol{y},t) + \boldsymbol{d}(t) + \boldsymbol{u}(t) + \boldsymbol{C}\boldsymbol{e}) \end{aligned} \tag{3-26}$$

设计控制律如下：

$$\boldsymbol{u} = -\boldsymbol{A}\boldsymbol{e} - \hat{\varepsilon}_1\,\mathrm{sgn}(\boldsymbol{s})\|\boldsymbol{y}(t)\| - \hat{\varepsilon}_2\,\mathrm{sgn}(\boldsymbol{s}) - \boldsymbol{g}(\boldsymbol{y},t) + \boldsymbol{f}(\boldsymbol{x},t) - \boldsymbol{C}\boldsymbol{e} - K\boldsymbol{s} \tag{3-27}$$

式中，$\hat{\varepsilon}_1$ 和 $\hat{\varepsilon}_2$ 分别是 ε_1 与 ε_2 的估计值。将式（3-27）代入式（3-26）可得

$$\begin{aligned} \dot{V}_s(t) &\leqslant -\int_0^{\infty} \mu(\omega)\omega\boldsymbol{z}^{\mathrm{T}}(\omega,t)\boldsymbol{z}(\omega,t)\mathrm{d}\omega + \\ &\quad\ \boldsymbol{s}^{\mathrm{T}}(\Delta\boldsymbol{A}\boldsymbol{y}(t) + \Delta\boldsymbol{g}(\boldsymbol{y},t) - \hat{\varepsilon}_1\,\mathrm{sgn}(\boldsymbol{s})\|\boldsymbol{y}(t)\| - \hat{\varepsilon}_2\,\mathrm{sgn}(\boldsymbol{s})) - K\boldsymbol{s}^{\mathrm{T}}\boldsymbol{s} \\ &\leqslant -\int_0^{\infty} \mu(\omega)\omega\boldsymbol{z}^{\mathrm{T}}(\omega,t)\boldsymbol{z}(\omega,t)\mathrm{d}\omega + \end{aligned}$$

$$\begin{aligned}&\|\boldsymbol{s}\|\varepsilon_1\|\boldsymbol{y}(t)\|+\|\boldsymbol{s}\|\varepsilon_2-\hat{\varepsilon}_1\|\boldsymbol{s}\|\|\boldsymbol{y}(t)\|-\hat{\varepsilon}_2\|\boldsymbol{s}\|-K\boldsymbol{s}^{\mathrm{T}}\boldsymbol{s}\\&=-\int_0^{\infty}\mu(\omega)\omega\boldsymbol{z}^{\mathrm{T}}(\omega,t)\boldsymbol{z}(\omega,t)\mathrm{d}\omega-\tilde{\varepsilon}_1\|\boldsymbol{s}\|\|\boldsymbol{y}(t)\|-\tilde{\varepsilon}_2\|\boldsymbol{s}\|-K\boldsymbol{s}^{\mathrm{T}}\boldsymbol{s}\end{aligned} \tag{3-28}$$

式中，$\tilde{\varepsilon}_1$ 和 $\tilde{\varepsilon}_2$ 为估计误差。设计非单增长型分数阶自适应律为

$$D^{\alpha}\hat{\varepsilon}_1=q_1(\|\boldsymbol{s}\|\|\boldsymbol{y}(t)\|-\gamma_1\hat{\varepsilon}_1) \tag{3-29}$$

$$D^{\alpha}\hat{\varepsilon}_2=q_2(\|\boldsymbol{s}\|-\gamma_2\hat{\varepsilon}_2) \tag{3-30}$$

式中，$q_1,q_2,\gamma_1,\gamma_2>0$ 为调节参数。

由此可得

$$\begin{cases}D^{\alpha}\tilde{\varepsilon}_1=D^{\alpha}\hat{\varepsilon}_1-D^{\alpha}\varepsilon_1=D^{\alpha}\hat{\varepsilon}_1\\D^{\alpha}\tilde{\varepsilon}_2=D^{\alpha}\hat{\varepsilon}_2-D^{\alpha}\varepsilon_2=D^{\alpha}\hat{\varepsilon}_2\end{cases} \tag{3-31}$$

根据引理 3-2，可得如下频率分布模型：

$$\begin{cases}\dfrac{\partial z_{\varepsilon_1}(\omega,t)}{\partial t}=-\omega z_{\varepsilon_1}(\omega,t)+D^{\alpha}\tilde{\varepsilon}_1\\\tilde{\varepsilon}_1=\displaystyle\int_0^{\infty}\mu(\omega)z_{\varepsilon_1}(\omega,t)\mathrm{d}\omega\end{cases} \tag{3-32}$$

$$\begin{cases}\dfrac{\partial z_{\varepsilon_2}(\omega,t)}{\partial t}=-\omega z_{\varepsilon_2}(\omega,t)+D^{\alpha}\tilde{\varepsilon}_2\\\tilde{\varepsilon}_2=\displaystyle\int_0^{\infty}\mu(\omega)z_{\varepsilon_2}(\omega,t)\mathrm{d}\omega\end{cases} \tag{3-33}$$

定义 Lyapunov 函数为

$$V_{\varepsilon}(t)=\frac{1}{2q_1}\int_0^{\infty}\mu(\omega)z_{\varepsilon_1}^2(\omega,t)\mathrm{d}\omega+\frac{1}{2q_2}\int_0^{\infty}\mu(\omega)z_{\varepsilon_2}^2(\omega,t)\mathrm{d}\omega \tag{3-34}$$

对其求导得

$$\begin{aligned}\dot{V}_{\varepsilon}(t)=&-\frac{1}{q_1}\int_0^{\infty}\mu(\omega)\omega z_{\varepsilon_1}^2(\omega,t)\mathrm{d}\omega+\frac{1}{q_1}\tilde{\varepsilon}_1D^{\alpha}\tilde{\varepsilon}_1-\\&\frac{1}{q_2}\int_0^{\infty}\mu(\omega)\omega z_{\varepsilon_2}^2(\omega,t)\mathrm{d}\omega+\frac{1}{q_2}\tilde{\varepsilon}_2D^{\alpha}\tilde{\varepsilon}_2\\\leqslant&\frac{1}{q_1}\tilde{\varepsilon}_1q_1\|\boldsymbol{s}\|\|\boldsymbol{y}(t)\|+\frac{1}{q_2}\tilde{\varepsilon}_2q_2\|\boldsymbol{s}\|\end{aligned} \tag{3-35}$$

定义全局 Lyapunov 函数为

$$V(t)=V_s(t)+V_{\varepsilon}(t) \tag{3-36}$$

对其关于时间 t 求导，并利用不等式 $2\tilde{\boldsymbol{\theta}}^{\mathrm{T}}\hat{\boldsymbol{\theta}}\geqslant\tilde{\boldsymbol{\theta}}^2-\boldsymbol{\theta}^2$ 可得

$$\begin{aligned}\dot{V}(t)=&\dot{V}_s(t)+\dot{V}_{\varepsilon}(t)\\\leqslant&-\int_0^{\infty}\mu(\omega)\omega\boldsymbol{z}^{\mathrm{T}}(\omega,t)\boldsymbol{z}(\omega,t)\mathrm{d}\omega-\frac{1}{q_1}\int_0^{\infty}\mu(\omega)\omega z_{\varepsilon_1}^2(\omega,t)\mathrm{d}\omega-\\&\frac{1}{q_2}\int_0^{\infty}\mu(\omega)\omega z_{\varepsilon_2}^2(\omega,t)\mathrm{d}\omega-\frac{\gamma_1}{2}\tilde{\varepsilon}_1^2+\frac{\gamma_1}{2}\varepsilon_1^2-\frac{\gamma_2}{2}\tilde{\varepsilon}_2^2+\frac{\gamma_2}{2}\varepsilon_2^2-K\boldsymbol{s}^{\mathrm{T}}\boldsymbol{s}\end{aligned}$$

$$\leqslant -\int_0^\infty \mu(\omega)\omega \boldsymbol{z}^{\mathrm{T}}(\omega,t)\boldsymbol{z}(\omega,t)\mathrm{d}\omega - \frac{1}{q_1}\int_0^\infty \mu(\omega)\omega z_{\varepsilon_1}^2(\omega,t)\mathrm{d}\omega - \frac{1}{q_2}\int_0^\infty \mu(\omega)\omega z_{\varepsilon_2}^2(\omega,t)\mathrm{d}\omega + \frac{\gamma_1}{2}\varepsilon_1^2 + \frac{\gamma_2}{2}\varepsilon_2^2 \tag{3-37}$$

将 $\mu(\omega)$ 代入式（3-37），由引理 3-3 可知存在 $\xi \in [0,\infty)$，使得

$$\begin{aligned} V_s(t) &= \frac{1}{2}\frac{\sin(\alpha\pi)}{\pi}\int_0^\infty \omega^{-\alpha}\boldsymbol{z}^{\mathrm{T}}(\omega,t)\boldsymbol{z}(\omega,t)\mathrm{d}\omega \\ &= \frac{1}{2}\frac{\sin(\alpha\pi)}{\pi}\xi^{-\alpha}\int_0^\infty \boldsymbol{z}^{\mathrm{T}}(\omega,t)\boldsymbol{z}(\omega,t)\mathrm{d}\omega \end{aligned}$$

类似地，存在 $\zeta \in [0,\infty)$，使得

$$\begin{aligned} &\int_0^\infty \mu(\omega)\omega \boldsymbol{z}^{\mathrm{T}}(\omega,t)\boldsymbol{z}(\omega,t)\mathrm{d}\omega \\ &= \frac{\sin(\alpha\pi)}{\pi}\int_0^\infty \omega^{1-\alpha}\boldsymbol{z}^{\mathrm{T}}(\omega,t)\boldsymbol{z}(\omega,t)\mathrm{d}\omega \\ &= \frac{\sin(\alpha\pi)}{\pi}\zeta^{1-\alpha}\int_0^\infty \boldsymbol{z}^{\mathrm{T}}(\omega,t)\boldsymbol{z}(\omega,t)\mathrm{d}\omega \\ &= 2\frac{\zeta^{1-\alpha}}{\xi^{-\alpha}}V_s = \mu_1 V_s \end{aligned}$$

式中，$\mu_1 = 2\zeta^{1-\alpha}/\xi^{-\alpha}$ 为正常数。同理可知，存在常数 $\mu_2,\mu_3>0$，使得

$$\frac{1}{q_1}\int_0^\infty \mu(\omega)\omega z_{\varepsilon_1}^2(\omega,t)\mathrm{d}\omega = \mu_2\frac{1}{2q_1}\int_0^\infty \mu(\omega)z_{\varepsilon_1}^2(\omega,t)\mathrm{d}\omega$$

$$\frac{1}{q_2}\int_0^\infty \mu(\omega)\omega z_{\varepsilon_2}^2(\omega,t)\mathrm{d}\omega = \mu_3\frac{1}{2q_2}\int_0^\infty \mu(\omega)z_{\varepsilon_2}^2(\omega,t)\mathrm{d}\omega$$

因此，由式（3-37）可知

$$\dot{V}(t) \leqslant -\rho V + Q \tag{3-38}$$

式中，$\rho = \min\{\mu_1,\mu_2,\mu_3\}$；$Q = \frac{\gamma_1}{2}\varepsilon_1^2 + \frac{\gamma_2}{2}\varepsilon_2^2$ 为一有界的常数。对式（3-38）求积分得

$$V(t) \leqslant V(0)\mathrm{e}^{-\rho t} + \frac{Q}{\rho}(1-\mathrm{e}^{-\rho t}) \tag{3-39}$$

因此，当 $t\to\infty$ 时，$V(t)\leqslant Q/\rho$，系统同步误差和参数估计误差收敛到原点的邻域 $\Omega = \{V \leqslant Q/\rho\}$ 内，系统渐近稳定。

3.2.4　仿真分析

选取分数阶超混沌 Chen 系统进行仿真验证。驱动系统为

$$D^\alpha \boldsymbol{x} = \begin{bmatrix} -35 & 35 & 0 & 1 \\ 7 & 12 & 0 & 0 \\ 0 & 0 & -8 & 0 \\ 0 & 0 & 0 & 0.3 \end{bmatrix}\boldsymbol{x} + \begin{bmatrix} 0 \\ -x_1x_3 \\ x_1x_2 \\ x_2x_3 \end{bmatrix}$$

初始值选取为 $\boldsymbol{x}(0) = (3,2,1,-1)^{\mathrm{T}}$，驱动系统出现混沌吸引子，如图 3-7 所示。

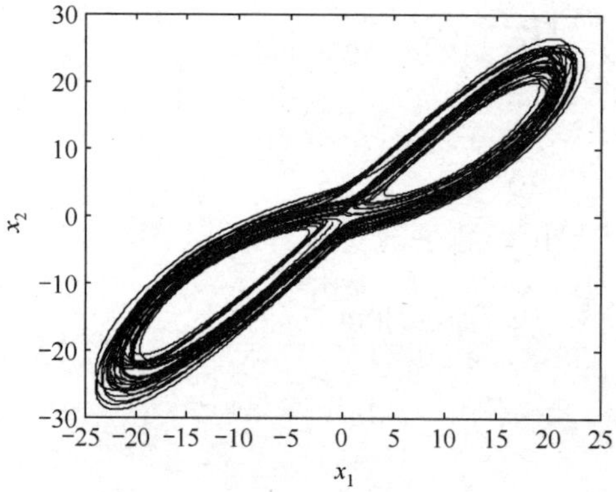

(a) x_1-x_2相图　　(b) x_1-x_3相图

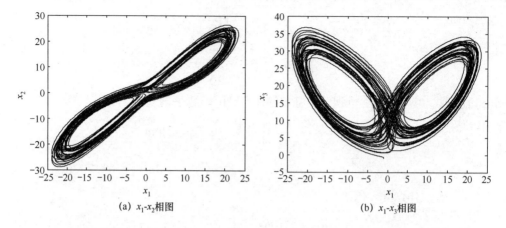

图 3-7　分数阶超混沌 Chen 系统的混沌吸引子（$\alpha = 0.98$）

响应系统模型为

$$D^{\alpha}\boldsymbol{y} = \begin{bmatrix} -35 & 35 & 0 & 1 \\ 7 & 12 & 0 & 0 \\ 0 & 0 & -8 & 0 \\ 0 & 0 & 0 & 0.3 \end{bmatrix}\boldsymbol{y} + \begin{bmatrix} 0 \\ -y_1y_3 \\ y_1y_2 \\ y_2y_3 \end{bmatrix} + \Delta\boldsymbol{f}(\boldsymbol{y}) + \boldsymbol{d}$$

式中，函数不确定项和外部扰动项分别如下：

$$\begin{cases} \Delta f_1(\boldsymbol{y}) = 0.2\sin(4t)y_1 \\ \Delta f_2(\boldsymbol{y}) = -0.25\cos(5t)y_2 \\ \Delta f_3(\boldsymbol{y}) = 0.15\cos(2t)y_3 \\ \Delta f_4(\boldsymbol{y}) = -0.2\sin(3t)y_4 \end{cases} \quad \begin{cases} d_1 = 0.12\cos(2t) \\ d_2 = -0.2\sin(3t) \\ d_3 = 0.1\cos(5t) \\ d_4 = -0.15\sin(t) \end{cases}$$

自适应律增益选择 $q_1 = 0.01$，$q_2 = 0.01$，响应系统阶次选择 $\alpha = 0.98$，$\boldsymbol{C} = \text{diag}\{2, 2.15, 3, 1.5\}$，$\boldsymbol{K} = \text{diag}\{2, 3, 3, 2\}$。仿真结果如图 3-8 和图 3-9 所示。

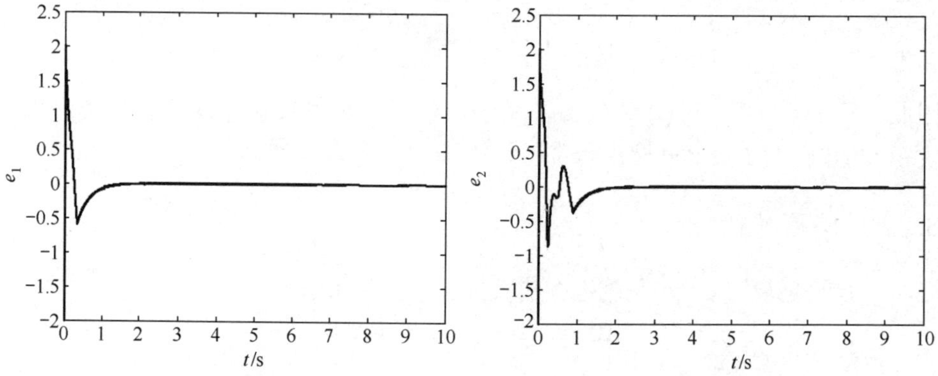

(a) 同步误差e_1　　(b) 同步误差e_2

图 3-8　同步误差曲线

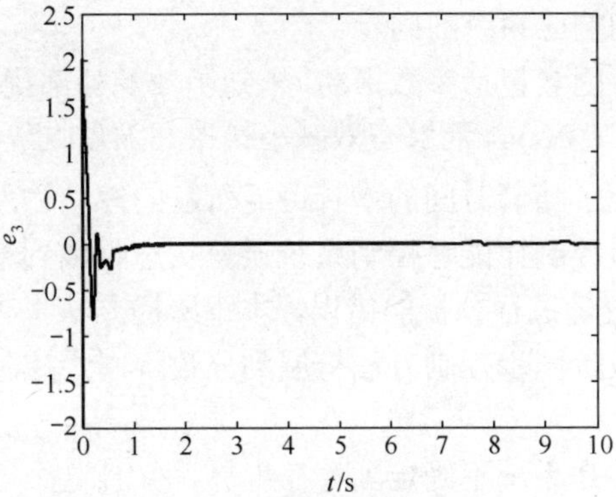

(c) 同步误差e_3

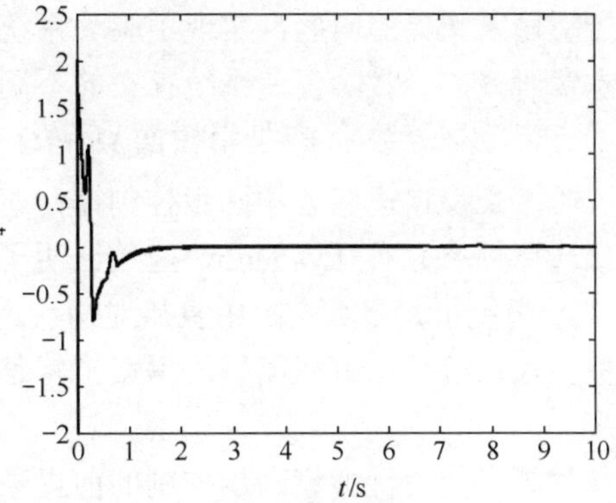

(d) 同步误差e_4

图 3-8　同步误差曲线（续）

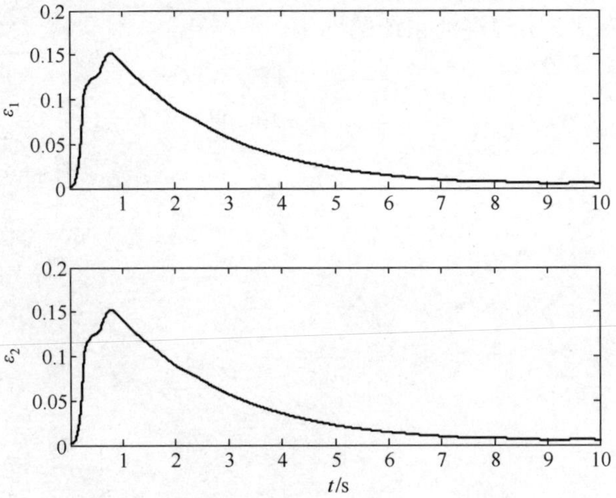

图 3-9　参数估计曲线

可以看出，不确定分数阶超混沌 Lorenz 系统和分数阶超混沌 Chen 系统的同步误差渐近收敛于零，意味着两个系统实现了同步；使用分数阶非增长型自适应律会避免参数估计随时间无限增大的问题，避免了在时间足够长的情况下可能引起的控制输入无界问题。

3.3　本章小结

本章分别对整数阶混沌系统和分数阶混沌系统滑模控制的研究现状进行了简要介绍，分析了目前研究存在的不足和难点，并研究了一类带有不确定性和外部扰动的多翼超混沌系统和一类不确定分数阶系统的滑模同步问题，将系统的不确定性分为系统名义矩阵部分和不确定部分，充分利用已知条件。另外，本章还对多翼超混沌系统定义了一种分数阶 PI 型滑模面，针对系统的不确定上界和外部扰动上界，利用自适应技术进行处理，设计了一种鲁棒滑模控制律，首次在此类系统中使用非增长型自适应律，有效避免了随着时间的增长，控制输入无界的问题，实现了驱动系统和响应系统的同步。

本章研究的分数阶混沌系统存在的不确定因素包括参数摄动、未知函数及外部扰动等，设计了一类新型分数阶 PI 型滑模面 $\boldsymbol{s}=\boldsymbol{e}(t)+\boldsymbol{C}\boldsymbol{I}^{\alpha}\boldsymbol{e}(t)$ ，能够有效减小抖振并缩短收敛时间；设计了非增长型自适应鲁棒同步控制律，避免了随着时间的增长可能引起的控制输入无界问题；选择频率分布 Lyapunov 函数证明了该控制律能够控制系统误差状态收敛到滑模面 $\boldsymbol{s}=0$ 上，避免了大多数文献中直接对伪状态变量进行分析的错误。本章所提方法将频率分布模型引入系统动态方程模型，探索了将整数阶同步控制方法扩展到分数阶同步控制中的新道路。

本章研究的两种滑模同步控制的前提条件是系统不确定项存在上界，并且这个已知条件应用在了同步控制律的设计中。事实上，在实际工程中进行控制设计时，在绝大多数情况下，不确定项上界信息是不太可能为设计者所掌握的，即便已知也只是一个大致的范围，获取的上界可能比实际的上界大很多，这也会造成控制增益过大。下一步的工作就是在不确定项上界未知的情况下实现混沌系统的同步。

第 4 章　基于 RBF NN 及观测器的多翼超混沌系统及分数阶混沌系统同步控制

在进行实际控制时，系统的不确定项上下界信息在绝大多数情况下是未知的，相较于不确项上界已知的情况，其控制难度更大。因而，如何在不确定项上界未知的情况下设计同步控制律以抑制不确定因素的影响成为迫切需要解决的问题。第 3 章针对不确定项上界已知的情况，对多翼超混沌系统和分数阶混沌系统设计了同步控制律，本章进一步考虑不确定项上界未知的情况。由于工程实际的限制，系统状态变量并不是完全可测的，当系统状态变量不完全可测甚至只有输出可测时，如何进行同步控制律的设计也是应该考虑的问题。

1996 年，Morgül 和 Solak 首先将观测器引入混沌控制，给出了严格的理论证明，并成功同步了 Lorenz 系统和 Chua 系统。关新平等也对观测器混沌控制进行了深入的研究，主要针对带有干扰的弱混沌系统，且系统方程中不含函数项。Raoufi 和 Zinober 针对放松匹配条件的不确定混沌系统设计了一种自适应滑模观测器。Guo 等研究了 Lorenz 混沌系统，设计了 RBF 滑模控制律，虽解决了系统参数不确定和外部扰动问题，但只针对 Lorenz 系统且同步时间较长。Chen 等考虑了带有非线性不确定性和外部扰动的混沌系统的同步。

在分数阶混沌系统同步领域，Delacari 等提出了一种基于观测器的同步方案，运用滑模理论，实现了参数未知的两个分数阶混沌系统的同步；严胜利和张昭晗针对一类参数未知且状态不完全可测的分数阶混沌系统设计了基于状态观测器的控制律和自适应律；张友安等对异构同步问题进行了研究，利用神经网络方法与干扰观测器解决了系统的不确定性和外部扰动问题；Liu 等针对分数阶超混沌系统设计了观测器，使系统达到投影同步；N'Doye 等针对混沌系统提出了观测同步控制律；Lan 和 Zhou 设计了一种观测同步鲁棒控制律；Dadras 和 Momeni 设计了基于观测器的动态输出反馈滑模控制律。总体来说，目前大多数混沌同步研究对不确定项和外部扰动采用的都是集总处理，并没有充分利用已知信息，对不确定项的估计完全依赖神经网络技术。本章针对这一不足，研究了在系统状态变量仅输出可测的情况下，多翼超混沌系统和分数阶混沌系统的同步问题。

4.1　预备知识及系统描述

引理 4-1　对于一个连续标量函数 $h:\Omega\mapsto\mathbf{R}$，其中，$\Omega\in\mathbf{R}^n$ 是一个紧集，对任意 $\varepsilon_{\mathrm{a}}>0$，总存在一个最优权值 $\boldsymbol{W}^*\in\mathbf{R}^l$ 和一个高斯基函数 $\sigma(\cdot):\mathbf{R}^n\mapsto\mathbf{R}^l$，使得

$$h(\boldsymbol{x})=\boldsymbol{W}^{*\mathrm{T}}\boldsymbol{\phi}(\boldsymbol{x})+\boldsymbol{\varepsilon}(\boldsymbol{x})\tag{4-1}$$

式中，$\boldsymbol{x}\in\mathbf{R}^n$ 为NN的输入向量；$\boldsymbol{\phi}(\boldsymbol{x})=\mathrm{e}^{-[(\boldsymbol{x}-\mu)^{\mathrm{T}}(\boldsymbol{x}-\mu)]/\sigma^2}$ 为高斯基函数，其中，$\mu\in\mathbf{R}^n$ 为神经网络的中心，$\sigma\in\mathbf{R}$ 为神经网络的宽度；$\boldsymbol{\varepsilon}(\boldsymbol{x})$ 为NN的重建误差，边界条件满足 $|\varepsilon(\boldsymbol{x})|<\varepsilon_{\mathrm{a}}$，$\forall x\in\Omega$。权值向量误差定义为 $\tilde{\boldsymbol{W}}=\hat{\boldsymbol{W}}-\boldsymbol{W}^*$，$\|\boldsymbol{W}^*\|\leqslant\varepsilon_W$。最优权值 $\boldsymbol{W}^*$ 定义为

$$\boldsymbol{W}^*=\arg\min_{\hat{\boldsymbol{W}}}\left\{\sup_{x\in\Omega}\left|\boldsymbol{W}^{\mathrm{T}}\sigma(\boldsymbol{x})-h(\boldsymbol{x})\right|\right\} \tag{4-2}$$

为了充分利用已知信息，本节将式（2-1）表示的多翼超混沌系统写成如下形式：

$$\dot{\boldsymbol{x}}=\boldsymbol{A}_0\boldsymbol{x}+\boldsymbol{f}_0(\boldsymbol{x})+\Delta\boldsymbol{A}\boldsymbol{x}+\Delta\boldsymbol{f}(\boldsymbol{x}) \tag{4-3}$$

式中，$\boldsymbol{A}_0$ 和 $\boldsymbol{f}_0$ 分别为系统的线性部分与非线性部分的名义部分；$\Delta\boldsymbol{A}$ 和 $\Delta\boldsymbol{f}$ 为它们的不确定部分。

针对式（4-3）表示的系统设计控制律，并将其作为驱动系统，此时响应系统为

$$\dot{\boldsymbol{y}}=\boldsymbol{A}_0\boldsymbol{y}+\boldsymbol{f}_0(\boldsymbol{y})+\Delta\boldsymbol{A}\boldsymbol{y}+\Delta\boldsymbol{f}(\boldsymbol{y})+\boldsymbol{u} \tag{4-4}$$

式中，$\boldsymbol{y}\subseteq\mathbf{R}^n$ 为状态变量；$\boldsymbol{u}$ 为要设计的同步观测器；$\boldsymbol{f}_0(\cdot)$ 为满足Lipschitz条件的光滑非线性向量函数，即 $\|\boldsymbol{f}_0(\cdot)-\boldsymbol{f}_0(\because)\|\leqslant L\|\cdot-\because\|$，其中，$L$ 为Lipschitz常数。

注 4-1 Lipschitz条件在观测器同步中是很常见的，它可以保证系统全局稳定，可以适当放松Lipschitz连续条件为以下形式：

$$\lim_{\boldsymbol{x}\to\infty}\|\boldsymbol{D}\boldsymbol{f}(\boldsymbol{x})\|=0$$

式中，$\boldsymbol{D}\boldsymbol{f}(\boldsymbol{x})$ 为 $\boldsymbol{f}(\boldsymbol{x})$ 的Jacobian矩阵形式。将 L 由以下形式代替：

$$L=\sup\{\|\boldsymbol{D}\boldsymbol{f}(\boldsymbol{x})\|\,|\,\|\boldsymbol{x}\|\leqslant\mathbf{R}\}$$

具体推导可见文献[157,171]，但此条件只能保证系统局部渐近稳定。

令 $\boldsymbol{e}=[e_1\quad e_2\quad e_3\quad e_4]^{\mathrm{T}}=\boldsymbol{y}-\boldsymbol{x}$ 为驱动系统和响应系统的估计误差，则由式（4-3）和式（4-4）得系统的同步误差为

$$\begin{aligned}\dot{\boldsymbol{e}}&=\dot{\boldsymbol{y}}-\dot{\boldsymbol{x}}\\&=\boldsymbol{A}_0\boldsymbol{y}-\boldsymbol{A}\boldsymbol{x}+\boldsymbol{f}_0(\boldsymbol{y})-\boldsymbol{f}(\boldsymbol{x})+\Delta\boldsymbol{A}\boldsymbol{y}+\Delta\boldsymbol{f}(\boldsymbol{y})+\boldsymbol{u}\end{aligned} \tag{4-5}$$

4.2 不确定多翼超混沌系统的RBF NN滑模同步

4.2.1 RBF NN滑模设计

为了方便表达，记 $\boldsymbol{g}(\boldsymbol{y})=[g_1(\boldsymbol{y}),g_2(\boldsymbol{y}),g_3(\boldsymbol{y}),g_4(\boldsymbol{y})]^{\mathrm{T}}=\Delta\boldsymbol{A}\boldsymbol{y}+\Delta\boldsymbol{f}(\boldsymbol{y})$，根据引理4-1，$g_i(\boldsymbol{y})$ 可写为

$$g_i(\boldsymbol{y})=\boldsymbol{W}_i^{*\mathrm{T}}\phi_i(\boldsymbol{y})+\varepsilon_i(\boldsymbol{y})\,,\quad i=1,2,\cdots,n$$

在本节中，假设 n 个神经网络具有相同的神经元个数，则 $\boldsymbol{g}(\boldsymbol{y})$ 可写为

$$\boldsymbol{g}(\boldsymbol{y})=\boldsymbol{W}^{*\mathrm{T}}\boldsymbol{\phi}(\boldsymbol{y})+\boldsymbol{\varepsilon}(\boldsymbol{y}) \tag{4-6}$$

式中，$\boldsymbol{W}^*=[\boldsymbol{W}_1^*,\boldsymbol{W}_2^*,\cdots,\boldsymbol{W}_n^*]\in\mathbf{R}^{l\times n}$，$\boldsymbol{W}_i^*\in\mathbf{R}^l$，$i=1,2,\cdots,n$；$\boldsymbol{\phi}(\boldsymbol{x})=[\boldsymbol{\phi}_1(x),\boldsymbol{\phi}_2(x),\cdots,\boldsymbol{\phi}_l(x)]\in\mathbf{R}^l$；$\boldsymbol{\varepsilon}(\boldsymbol{y})=[\varepsilon_1(\boldsymbol{y}),\varepsilon_2(\boldsymbol{y}),\cdots,\varepsilon_n(\boldsymbol{y})]^{\mathrm{T}}\in\mathbf{R}^n$，边界条件 $\|\boldsymbol{\varepsilon}(\boldsymbol{y})\|\leqslant\theta$。选择滑模面为

$$\boldsymbol{s}=[s_1,s_2,\cdots,s_n]^{\mathrm{T}}=\boldsymbol{e}+c_1\int_0^t\boldsymbol{e}\,\mathrm{d}\tau \tag{4-7}$$

式中，$c_1>0$ 为要设计的滑模面参数。

设计连续控制律如下：

$$\boldsymbol{u}=\boldsymbol{A}\boldsymbol{x}-\boldsymbol{A}_0\boldsymbol{y}+\boldsymbol{f}(\boldsymbol{x})-\boldsymbol{f}_0(\boldsymbol{y})-\hat{\boldsymbol{W}}^{\mathrm{T}}\boldsymbol{\phi}(\boldsymbol{y})-\hat{\theta}\tanh(\boldsymbol{s}/\varepsilon_s)-k_u\boldsymbol{s}-c_1\boldsymbol{e} \tag{4-8}$$

设计自适应律为

$$\begin{aligned}\dot{\hat{\boldsymbol{W}}}&=\boldsymbol{\Gamma}_W(\boldsymbol{\phi}(\boldsymbol{y})\boldsymbol{s}^{\mathrm{T}}-\lambda_W\hat{\boldsymbol{W}})\\ \dot{\hat{\theta}}&=\boldsymbol{\Gamma}_\theta(\boldsymbol{s}^{\mathrm{T}}\tanh(\boldsymbol{s}/\varepsilon_s)-\lambda_\theta\hat{\theta})\end{aligned} \tag{4-9}$$

式中，$\tanh(\boldsymbol{s}/\varepsilon_s)=[\tanh(s_1/\varepsilon_s),\tanh(s_2/\varepsilon_s),\cdots,\tanh(s_n/\varepsilon_s)]^{\mathrm{T}}$；$\boldsymbol{\Gamma}_W=\boldsymbol{\Gamma}_W^{\mathrm{T}}>0$ 为正定矩阵；$\lambda_W,\Gamma_{\theta1},\Gamma_{\theta2},\lambda_{\theta1},\lambda_{\theta2}>0$ 为常数。

定理 4-1　考虑具有如式（4-5）所示的同步误差的系统，假如控制律设计成如式（4-8）所示的形式，自适应律设计成如式（4-9）所示的形式，那么系统的轨迹将渐近趋于滑模面 $\boldsymbol{s}(t)=0$。

证明：定义 Lyapunov 函数为

$$V=\frac{1}{2}\boldsymbol{s}^{\mathrm{T}}\boldsymbol{s}+\frac{1}{2}\mathrm{tr}\{\tilde{\boldsymbol{W}}^{\mathrm{T}}\boldsymbol{\Gamma}_W^{-1}\tilde{\boldsymbol{W}}\}+\frac{1}{2\boldsymbol{\Gamma}_\theta}\tilde{\theta}^2 \tag{4-10}$$

引理 4-2　对于双曲正切函数 $\tanh(\cdot)$，其有如下性质：

$$0\leqslant|\chi|-\chi\tanh\left(\frac{\chi}{\varepsilon}\right)\leqslant 0.2785\varepsilon\text{，}\ \varepsilon\leqslant 0\text{，}\ \chi\in\mathbf{R} \tag{4-11}$$

对式（4-10）关于时间 t 求导，并考虑式（4-11），得

$$\begin{aligned}\dot{V}&=\boldsymbol{s}^{\mathrm{T}}\dot{\boldsymbol{s}}+\mathrm{tr}\{\tilde{\boldsymbol{W}}^{\mathrm{T}}\boldsymbol{\Gamma}_W^{-1}\dot{\hat{\boldsymbol{W}}}\}+\frac{1}{\boldsymbol{\Gamma}_\theta}\tilde{\theta}\dot{\hat{\theta}}\\ &=-k_u\|\boldsymbol{s}\|^2-\boldsymbol{s}^{\mathrm{T}}\tilde{\boldsymbol{W}}^{\mathrm{T}}\boldsymbol{\phi}(\boldsymbol{y})+\|\boldsymbol{s}\|\theta-\boldsymbol{s}^{\mathrm{T}}\hat{\theta}\tanh(\boldsymbol{s}/\varepsilon_s)+\\ &\quad\ \mathrm{tr}\{\tilde{\boldsymbol{W}}^{\mathrm{T}}(\boldsymbol{\phi}(\boldsymbol{y})\boldsymbol{s}^{\mathrm{T}}-\lambda_W\hat{\boldsymbol{W}})\}+\tilde{\theta}(\boldsymbol{s}^{\mathrm{T}}\tanh(\boldsymbol{s}/\varepsilon_s)-\lambda_\theta\hat{\theta})\\ &=-k_u\|\boldsymbol{s}\|^2-\lambda_W\mathrm{tr}\{\tilde{\boldsymbol{W}}^{\mathrm{T}}\hat{\boldsymbol{W}}\}+\|\boldsymbol{s}\|\theta-\theta\boldsymbol{s}^{\mathrm{T}}\tanh(\boldsymbol{s}/\varepsilon_s)-\lambda_\theta\tilde{\theta}\hat{\theta}\\ &=-k_u\|\boldsymbol{s}\|^2-\lambda_W\mathrm{tr}\{\tilde{\boldsymbol{W}}^{\mathrm{T}}\hat{\boldsymbol{W}}\}+\|\boldsymbol{s}\|\theta-\theta\tanh(\|\boldsymbol{s}\|/\varepsilon_s)-\lambda_\theta\tilde{\theta}\hat{\theta}\\ &\leqslant-k_u\|\boldsymbol{s}\|^2-\lambda_W\mathrm{tr}\{\tilde{\boldsymbol{W}}^{\mathrm{T}}\hat{\boldsymbol{W}}\}-\lambda_\theta\tilde{\theta}\hat{\theta}+0.2785\theta\varepsilon_s\end{aligned} \tag{4-12}$$

在式（4-12）中，利用到关系式 $\mathrm{tr}\{\tilde{\boldsymbol{W}}^{\mathrm{T}}\boldsymbol{\phi}(\boldsymbol{y})\boldsymbol{s}^{\mathrm{T}}\}=\boldsymbol{s}^{\mathrm{T}}\tilde{\boldsymbol{W}}^{\mathrm{T}}\boldsymbol{\phi}(\boldsymbol{y})$。注意到

$$2\mathrm{tr}\{\tilde{\boldsymbol{W}}^{\mathrm{T}}\hat{\boldsymbol{W}}\}\geqslant\|\tilde{\boldsymbol{W}}\|_{\mathrm{F}}^2-\|\boldsymbol{W}^*\|_{\mathrm{F}}^2 \tag{4-13}$$

$$2\tilde{\theta}_1\hat{\theta}_1\geqslant\tilde{\theta}_1^2-\theta_1^2 \tag{4-14}$$

因此有

$$\begin{aligned}\dot{V}&\leqslant-k_u\|\boldsymbol{s}\|^2-\lambda_W\|\tilde{\boldsymbol{W}}\|_{\mathrm{F}}^2-\lambda_\theta\tilde{\theta}^2+\lambda_W\|\boldsymbol{W}^*\|_{\mathrm{F}}^2+\lambda_\theta\theta^2+0.2785\theta\varepsilon_s\\ &\leqslant-\lambda V+\mu\end{aligned} \tag{4-15}$$

式中，$\mu=\lambda_W\|\boldsymbol{W}^*\|_{\mathrm{F}}^2+\lambda_\theta\theta^2+0.2785\theta\varepsilon_s$；$\lambda=\min\left\{2k_u,\dfrac{2\lambda_W}{\lambda_{\max}(\boldsymbol{\Gamma}_W^{-1})},\dfrac{2\lambda_\theta}{\boldsymbol{\Gamma}_\theta}\right\}$

根据引理 4-1 解式（4-12），得

$$\begin{aligned} V(t) &\leqslant \mathrm{e}^{-\lambda t}V(0)+\mu\int_0^t \mathrm{e}^{-\mu(t-\tau)}\mathrm{d}\tau \\ &\leqslant \mathrm{e}^{-\lambda t}V(0)+\mu/\lambda,\ \forall t\geqslant 0 \end{aligned} \tag{4-16}$$

由于$V(0)$有界，因此，由式(4-16)可以看出，$\boldsymbol{s}$、$\hat{\boldsymbol{W}}$ 和 $\hat{\theta}$ 有界，即有$\|\tilde{\boldsymbol{W}}\|_{\mathrm{F}} \leqslant \sqrt{2V\lambda_{\max}(\boldsymbol{\Gamma}_W)}$，$|\tilde{\theta}| \leqslant \sqrt{2V\boldsymbol{\Gamma}_\theta}$。

可以看出，当$t\to\infty$时，$V\leqslant \mu/\lambda$。同步误差和参数估计误差渐近收敛于零的一个小邻域内，$\Omega=\{\boldsymbol{\Gamma}_W,\boldsymbol{\Gamma}_\theta,\lambda_W,\lambda_\theta | V\leqslant \mu/\lambda\}$，控制律渐近稳定。

注 4-2　观察式（4-16），可以看出，同步误差系统收敛邻域的大小可以通过调节设计参数$\boldsymbol{\Gamma}_W$、$\boldsymbol{\Gamma}_\theta$、$\lambda_W$、$\lambda_\theta$来调节。

4.2.2　仿真分析

本节给出所提方法的仿真结果。取系统为多涡卷超混沌 Lorenz 系统，驱动系统参数取值如表 2-1 的第一行所示，控制律参数选取为$\boldsymbol{\Gamma}_W=0.2\mathrm{diag}\underbrace{\{1,1,\cdots,1\}}_{l}$，$\Gamma_\theta=0.2$，$\lambda_W=0.4$，$\lambda_\theta=0.4$，$l=10$，$\sigma_j=1.5$，$\boldsymbol{\mu}_j=1/l(2j-l)[16,16,20,30]^{\mathrm{T}}$（$j=1,2,\cdots,l$），$k_u=1$，$\varepsilon_s=0.01$，$\Delta\boldsymbol{A}=0.1\boldsymbol{A}_0$，$\Delta\boldsymbol{f}(\boldsymbol{y})=0.1\boldsymbol{f}_0(\boldsymbol{y})$，$c_1=1.1$；驱动系统的初始值取$x_{10}=1$，$x_{20}=0.8714$，$x_{30}=2.1$，$x_{40}=0.001$，$x_{300}=-0.33$；响应系统的初始值取$y_{10}=1$，$y_{20}=0.8714$，$y_{30}=2.1$，$y_{40}=0.002$，$y_{300}=-0.33$。控制律在 t = 40s 时起作用。

仿真结果如图 4-1～图 4-4 所示。

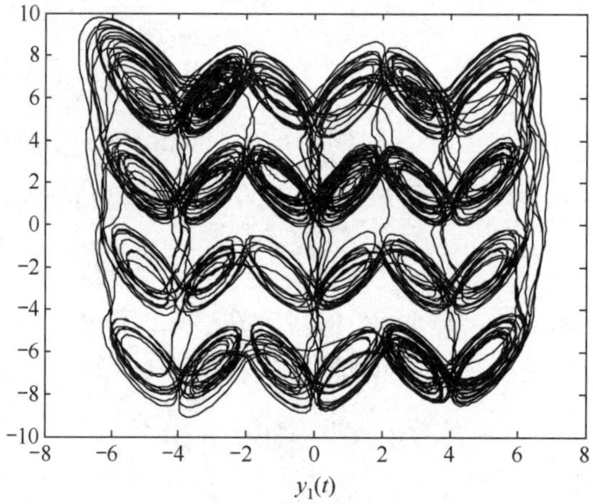

图 4-1　同步误差曲线

可以看出，在给出参数摄动和函数不确定项的情况下，式（4-3）表示的驱动系统和式（4-4）表示的响应系统能够同步，利用 tanh 函数避免了抖振，选择的非增长型自适应律使参数估计误差收敛于零，有效避免了随参数估计误差增大引起的控制输入无界的问题。

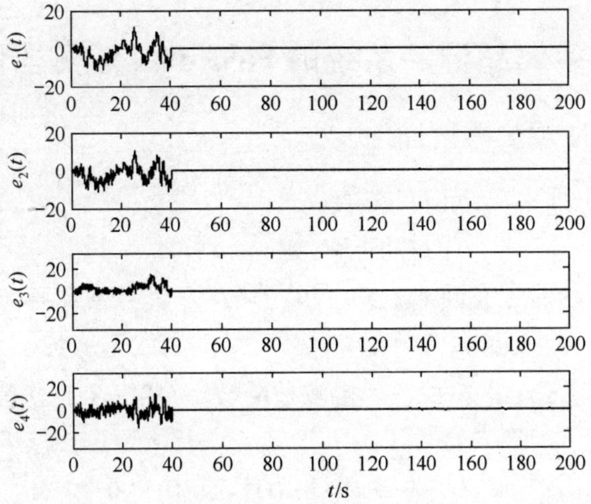

图 4-2　系统参数估计曲线

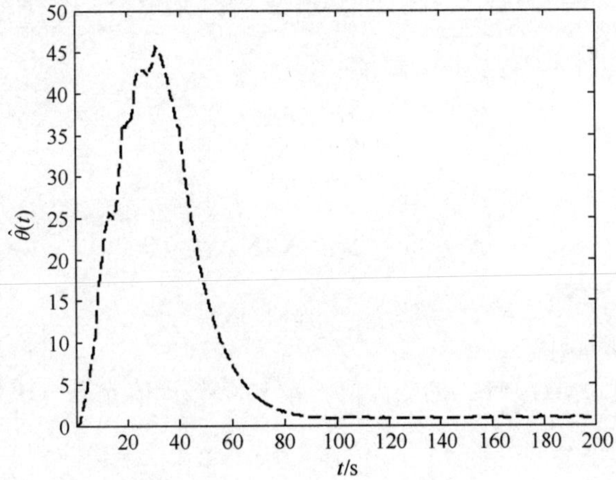

图 4-3　系统参数 θ 估计误差曲线

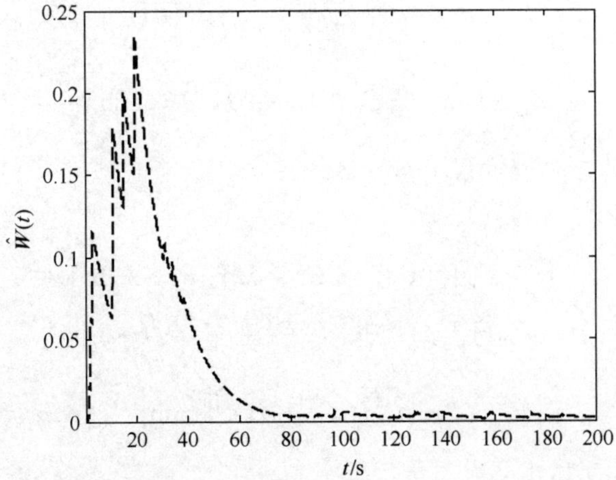

图 4-4　系统参数 $\boldsymbol{W}$ 估计误差曲线

4.3　不确定多翼超混沌系统的 RBF NN 观测器同步

4.3.1　RBF NN 观测器设计

同 4.2 节，根据引理 4-1，$\boldsymbol{g}(\cdot)$ 可写为

$$\boldsymbol{g}(\boldsymbol{y})=\boldsymbol{W}^{*\mathrm{T}}\boldsymbol{\phi}(\boldsymbol{y})+\boldsymbol{\varepsilon}(\boldsymbol{y}) \tag{4-17}$$

式中，各状态变量表示的含义同 4.2 节，$\left\|\boldsymbol{W}^*\right\|\leqslant\theta_1$，边界条件$\left\|\boldsymbol{\varepsilon}(\boldsymbol{y})\right\|\leqslant\theta_2$，$\theta_1$和$\theta_2$为未知常数。

引理 4-3　令υ和ρ为定义在$\mathbf{R}^+$上的真值函数，b和c为正常数，若其满足以下微分不等式：

$$\dot{\upsilon}(t)\leqslant-c\upsilon(t)+b\rho(t)^2，\ \upsilon(0)\geqslant 0 \tag{4-18}$$

则如下积分不等式成立：

$$\upsilon(t)\leqslant\upsilon(0)\mathrm{e}^{-ct}+b\int_0^t\mathrm{e}^{-c(t-\tau)}\rho(\tau)^2\mathrm{d}\tau \tag{4-19}$$

引理 4-4　线性矩阵不等式

$$\boldsymbol{S}=\begin{bmatrix}\boldsymbol{S}_{11} & \boldsymbol{S}_{12}\\ \boldsymbol{S}_{21} & \boldsymbol{S}_{22}\end{bmatrix}<0 \tag{4-20}$$

等价于

$$\boldsymbol{S}_{22}<0，\ \boldsymbol{S}_{11}-\boldsymbol{S}_{12}\boldsymbol{S}_{22}^{-1}\boldsymbol{S}_{12}^{\mathrm{T}}<0 \tag{4-21}$$

式中，$\boldsymbol{S}_{11}=\boldsymbol{S}_{11}^{\mathrm{T}}$；$\boldsymbol{S}_{22}=\boldsymbol{S}_{22}^{\mathrm{T}}$。

下面进行观测器的设计。

记$\hat{\boldsymbol{x}}(t)$和$\hat{\boldsymbol{W}}$分别为$\boldsymbol{x}(t)$与$\boldsymbol{W}^*$的估计值。$\boldsymbol{g}(\boldsymbol{x})$的估计值$\hat{\boldsymbol{g}}(\hat{\boldsymbol{x}})=\hat{\boldsymbol{W}}^{\mathrm{T}}\boldsymbol{\phi}(\hat{\boldsymbol{x}})$。针对式（4-3）表示的系统设计观测器：

$$\dot{\hat{\boldsymbol{x}}}=\boldsymbol{A}_0\hat{\boldsymbol{x}}+\boldsymbol{f}_0(\hat{\boldsymbol{x}})+\hat{\boldsymbol{g}}(\hat{\boldsymbol{x}})+K(\boldsymbol{y}-\boldsymbol{C}^{\mathrm{T}}\hat{\boldsymbol{x}})+\boldsymbol{u} \tag{4-22}$$

式中，$K\in\mathbf{R}^n$为设计的正常数；$\boldsymbol{u}$为控制律；$\tilde{\boldsymbol{x}}=\boldsymbol{x}-\hat{\boldsymbol{x}}$为观测误差。设计控制律为

$$\begin{aligned}\boldsymbol{u}=&\lambda_{\max}(\boldsymbol{P})\boldsymbol{P}^{-1}\boldsymbol{C}\left\|\boldsymbol{C}^{\mathrm{T}}(\boldsymbol{C}\boldsymbol{C}^{\mathrm{T}}+\delta\boldsymbol{I})^{-1}\right\|\hat{\theta}_1\sqrt{l}+\\&\lambda_{\max}(\boldsymbol{P})\boldsymbol{P}^{-1}\boldsymbol{C}\left\|\boldsymbol{C}^{\mathrm{T}}(\boldsymbol{C}\boldsymbol{C}^{\mathrm{T}}+\delta\boldsymbol{I})^{-1}\right\|\hat{\theta}_2\tanh\left(\frac{\tilde{\boldsymbol{y}}}{\varepsilon_s}\right)\end{aligned} \tag{4-23}$$

式中，$\lambda_{\max}(\boldsymbol{P})$为对称矩阵$\boldsymbol{P}$的最大特征根。

设计自适应律为

$$\dot{\hat{\boldsymbol{W}}}=\boldsymbol{\Gamma}_W[\boldsymbol{\phi}(\hat{\boldsymbol{x}})\boldsymbol{C}^{\mathrm{T}}(\boldsymbol{C}\boldsymbol{C}^{\mathrm{T}}+\delta\boldsymbol{I})^{-1}\boldsymbol{P}\tilde{\boldsymbol{y}}-\lambda_W\hat{\boldsymbol{W}}] \tag{4-24}$$

$$\dot{\hat{\theta}}_1=\Gamma_{\theta 1}(\tilde{\boldsymbol{y}}\lambda_{\max}(\boldsymbol{P})\left\|\boldsymbol{C}^{\mathrm{T}}(\boldsymbol{C}\boldsymbol{C}^{\mathrm{T}}+\delta\boldsymbol{I})^{-1}\sqrt{l}-\lambda_{\theta 1}\hat{\theta}_1\right\|) \tag{4-25}$$

$$\dot{\hat{\theta}}_2=\Gamma_{\theta 2}\left(\lambda_{\max}(\boldsymbol{P})\tilde{\boldsymbol{y}}\left\|\boldsymbol{C}^{\mathrm{T}}(\boldsymbol{C}\boldsymbol{C}^{\mathrm{T}}+\delta\boldsymbol{I})^{-1}\right\|\tanh\left(\frac{\tilde{\boldsymbol{y}}}{\varepsilon_s}\right)-\lambda_{\theta 2}\hat{\theta}_2\right) \tag{4-26}$$

式中，$\boldsymbol{\Gamma}_W=\boldsymbol{\Gamma}_W^{\mathrm{T}}>0$为正定矩阵；$\lambda_W$、$\Gamma_{\theta 1}$、$\Gamma_{\theta 2}$、$\lambda_{\theta 1}$及$\lambda_{\theta 2}$为正数。

由式（4-3）和式（4-22）可得观测误差模型为

$$\dot{\tilde{\boldsymbol{x}}}=\dot{\boldsymbol{x}}-\dot{\hat{\boldsymbol{x}}}=(\boldsymbol{A}_0-\boldsymbol{K}\boldsymbol{C}^{\mathrm{T}})\tilde{\boldsymbol{x}}+\boldsymbol{f}_0(\boldsymbol{x})-\boldsymbol{f}_0(\hat{\boldsymbol{x}})+\boldsymbol{g}(\boldsymbol{x})-\hat{\boldsymbol{g}}(\hat{\boldsymbol{x}})-\boldsymbol{u} \tag{4-27}$$

为了表述方便，定义矩阵 $\boldsymbol{A}_{\mathrm{c}}=\boldsymbol{A}_0-\boldsymbol{K}\boldsymbol{C}^{\mathrm{T}}$。选取合适的 K，使得 $\boldsymbol{A}_{\mathrm{c}}$ 是一个 Hurwitz 矩阵，则对于给定的正定对称矩阵 $\boldsymbol{Q}$，存在矩阵 $\boldsymbol{P}$，使得下面的不等式成立：

$$\boldsymbol{A}_{\mathrm{c}}^{\mathrm{T}}\boldsymbol{P}+\boldsymbol{P}\boldsymbol{A}_{\mathrm{c}}+2\boldsymbol{L}\boldsymbol{P}+\frac{3\boldsymbol{P}\boldsymbol{P}^{\mathrm{T}}}{\left\|\boldsymbol{C}^{\mathrm{T}}(\boldsymbol{C}\boldsymbol{C}^{\mathrm{T}}+\delta\boldsymbol{I})^{-1}\right\|^2}<-\boldsymbol{Q} \tag{4-28}$$

式中，δ 为一个小的正常数。

下面将本节的结果总结如下。

定理 4-2　考虑式（4-3）表示的系统，当 $\boldsymbol{f}_0(\boldsymbol{x})$ 为满足 Lipschitz 条件的非线性向量函数（或满足注 4-1 的放松条件）时，RBF NN 权值及参数估计按照式（4-24）～式（4-26）进行调节，设计观测器，如式（4-22）所示，系统同步误差和估计参数误差有界，并且渐近收敛至原点的一个小邻域内。

证明：定义估计误差为 $\tilde{\boldsymbol{W}}=\hat{\boldsymbol{W}}-\boldsymbol{W}^*$，$\tilde{\theta}_1=\hat{\theta}_1-\theta_1$，$\tilde{\theta}_2=\hat{\theta}_2-\theta_2$。定义 Lyapunov 函数为

$$V=\frac{1}{2}\tilde{\boldsymbol{x}}^{\mathrm{T}}\boldsymbol{P}\tilde{\boldsymbol{x}}+\frac{1}{2}\mathrm{tr}\{\tilde{\boldsymbol{W}}^{\mathrm{T}}\boldsymbol{\Gamma}_W^{-1}\tilde{\boldsymbol{W}}\}+\frac{1}{2\Gamma_{\theta1}}\tilde{\theta}_1^2+\frac{1}{2\Gamma_{\theta2}}\tilde{\theta}_2^2 \tag{4-29}$$

对 Lyapunov 函数求导得

$$\begin{aligned}\dot{V}=&\frac{1}{2}(\tilde{\boldsymbol{x}}^{\mathrm{T}}\boldsymbol{P}\boldsymbol{A}_{\mathrm{c}}\tilde{\boldsymbol{x}}+\tilde{\boldsymbol{x}}^{\mathrm{T}}\boldsymbol{A}_{\mathrm{c}}^{\mathrm{T}}\boldsymbol{P}\tilde{\boldsymbol{x}})+\tilde{\boldsymbol{x}}^{\mathrm{T}}\boldsymbol{P}\Big[\boldsymbol{f}_0(\boldsymbol{x})-\boldsymbol{f}_0(\hat{\boldsymbol{x}})+\boldsymbol{W}^{*\mathrm{T}}\boldsymbol{\phi}(\boldsymbol{x})+\\&\boldsymbol{\varepsilon}^*(\boldsymbol{x})-\hat{\boldsymbol{W}}^{\mathrm{T}}\boldsymbol{\phi}(\hat{\boldsymbol{x}})-\lambda_{\max}(\boldsymbol{P})\boldsymbol{P}^{-1}\boldsymbol{C}\left\|\boldsymbol{C}^{\mathrm{T}}(\boldsymbol{C}\boldsymbol{C}^{\mathrm{T}}+\delta\boldsymbol{I})^{-1}\right\|\hat{\theta}_1\sqrt{l}-\\&\lambda_{\max}(\boldsymbol{P})\boldsymbol{P}^{-1}\boldsymbol{C}\left\|\boldsymbol{C}^{\mathrm{T}}(\boldsymbol{C}\boldsymbol{C}^{\mathrm{T}}+\delta\boldsymbol{I})^{-1}\right\|\hat{\theta}_2\tanh\left(\frac{\tilde{y}}{\varepsilon_s}\right)\Big]+\mathrm{tr}\{\tilde{\boldsymbol{W}}^{\mathrm{T}}\boldsymbol{\Gamma}_W^{-1}\dot{\tilde{\boldsymbol{W}}}\}+\frac{1}{\Gamma_{\theta1}}\tilde{\theta}_1\dot{\tilde{\theta}}_1+\frac{1}{\Gamma_{\theta2}}\tilde{\theta}_2\dot{\tilde{\theta}}_2\\=&\frac{1}{2}\tilde{\boldsymbol{x}}^{\mathrm{T}}(\boldsymbol{P}\boldsymbol{A}_{\mathrm{c}}+\boldsymbol{A}_{\mathrm{c}}^{\mathrm{T}}\boldsymbol{P})\tilde{\boldsymbol{x}}+\tilde{\boldsymbol{x}}^{\mathrm{T}}\boldsymbol{P}[\boldsymbol{f}_0(\boldsymbol{x})-\boldsymbol{f}_0(\hat{\boldsymbol{x}})]+\\&\tilde{\boldsymbol{x}}^{\mathrm{T}}\boldsymbol{P}[\boldsymbol{W}^{*\mathrm{T}}\boldsymbol{\phi}(\boldsymbol{x})-\hat{\boldsymbol{W}}^{\mathrm{T}}\boldsymbol{\phi}(\hat{\boldsymbol{x}})-\lambda_{\max}(\boldsymbol{P})\boldsymbol{P}^{-1}\boldsymbol{C}\left\|\boldsymbol{C}^{\mathrm{T}}(\boldsymbol{C}\boldsymbol{C}^{\mathrm{T}}+\delta\boldsymbol{I})^{-1}\right\|\hat{\theta}_1\sqrt{l}]+\\&\tilde{\boldsymbol{x}}^{\mathrm{T}}\boldsymbol{P}\left[\boldsymbol{\varepsilon}^*(\boldsymbol{x})-\lambda_{\max}(\boldsymbol{P})\boldsymbol{P}^{-1}\boldsymbol{C}\left\|\boldsymbol{C}^{\mathrm{T}}(\boldsymbol{C}\boldsymbol{C}^{\mathrm{T}}+\delta\boldsymbol{I})^{-1}\right\|\hat{\theta}_2\tanh\left(\frac{\tilde{y}}{\varepsilon_s}\right)\right]+\\&\mathrm{tr}\{\tilde{\boldsymbol{W}}^{\mathrm{T}}\boldsymbol{\Gamma}_W^{-1}\dot{\tilde{\boldsymbol{W}}}\}+\frac{1}{\Gamma_{\theta1}}\tilde{\theta}_1\dot{\tilde{\theta}}_1+\frac{1}{\Gamma_{\theta2}}\tilde{\theta}_2\dot{\tilde{\theta}}_2\end{aligned} \tag{4-30}$$

由于 $\boldsymbol{f}_0(\boldsymbol{x})$ 为满足 Lipschitz 条件的非线性向量函数（或满足注 4-1 的放松条件），因此

$$\tilde{\boldsymbol{x}}^{\mathrm{T}}\boldsymbol{P}[\boldsymbol{f}_0(\boldsymbol{x})-\boldsymbol{f}_0(\hat{\boldsymbol{x}})]\leqslant\|\boldsymbol{P}\|\|\tilde{\boldsymbol{x}}\|\boldsymbol{L}\|\tilde{\boldsymbol{x}}\|=\boldsymbol{L}\tilde{\boldsymbol{x}}^{\mathrm{T}}\boldsymbol{P}\tilde{\boldsymbol{x}} \tag{4-31}$$

考虑式（4-30）中的第三项

$$\begin{aligned}&\tilde{\boldsymbol{x}}^{\mathrm{T}}\boldsymbol{P}[\boldsymbol{W}^{*\mathrm{T}}\boldsymbol{\phi}(\boldsymbol{x})-\hat{\boldsymbol{W}}^{\mathrm{T}}\boldsymbol{\phi}(\hat{\boldsymbol{x}})-\lambda_{\max}(\boldsymbol{P})\boldsymbol{P}^{-1}\boldsymbol{C}\left\|\boldsymbol{C}^{\mathrm{T}}(\boldsymbol{C}\boldsymbol{C}^{\mathrm{T}}+\delta\boldsymbol{I})^{-1}\right\|\hat{\theta}_1\sqrt{l}]\\&=\tilde{\boldsymbol{x}}^{\mathrm{T}}\boldsymbol{P}[\boldsymbol{W}^{*\mathrm{T}}\boldsymbol{\phi}(\boldsymbol{x})-\boldsymbol{W}^{*\mathrm{T}}\boldsymbol{\phi}(\hat{\boldsymbol{x}})+\boldsymbol{W}^{*\mathrm{T}}\boldsymbol{\phi}(\hat{\boldsymbol{x}})-\hat{\boldsymbol{W}}^{\mathrm{T}}\boldsymbol{\phi}(\hat{\boldsymbol{x}})-\\&\quad\lambda_{\max}(\boldsymbol{P})\boldsymbol{P}^{-1}\boldsymbol{C}\left\|\boldsymbol{C}^{\mathrm{T}}(\boldsymbol{C}\boldsymbol{C}^{\mathrm{T}}+\delta\boldsymbol{I})^{-1}\right\|\hat{\theta}_1\sqrt{l}]\\&=\tilde{\boldsymbol{x}}^{\mathrm{T}}\boldsymbol{P}[\boldsymbol{W}^{*\mathrm{T}}\boldsymbol{\phi}(\boldsymbol{x})-\boldsymbol{W}^{*\mathrm{T}}\boldsymbol{\phi}(\hat{\boldsymbol{x}})-\tilde{\boldsymbol{W}}^{\mathrm{T}}\boldsymbol{\phi}(\hat{\boldsymbol{x}})-\lambda_{\max}(\boldsymbol{P})\boldsymbol{P}^{-1}\boldsymbol{C}\left\|\boldsymbol{C}^{\mathrm{T}}(\boldsymbol{C}\boldsymbol{C}^{\mathrm{T}}+\delta\boldsymbol{I})^{-1}\right\|\hat{\theta}_1\sqrt{l}]\end{aligned} \tag{4-32}$$

对于高斯基函数，有$\|\boldsymbol{\phi}(\boldsymbol{x})-\boldsymbol{\phi}(\hat{\boldsymbol{x}})\|\leqslant\sqrt{l}$，利用杨氏不等式可得

$$\begin{aligned}
&\tilde{\boldsymbol{x}}^{\mathrm{T}}\boldsymbol{P}[\boldsymbol{W}^{*\mathrm{T}}\boldsymbol{\phi}(\boldsymbol{x})-\boldsymbol{W}^{*\mathrm{T}}\boldsymbol{\phi}(\hat{\boldsymbol{x}})-\lambda_{\max}(\boldsymbol{P})\boldsymbol{P}^{-1}\boldsymbol{C}\left\|\boldsymbol{C}^{\mathrm{T}}(\boldsymbol{C}\boldsymbol{C}^{\mathrm{T}}+\delta\boldsymbol{I})^{-1}\right\|\hat{\theta}_1\sqrt{l}]\\
&=\tilde{\boldsymbol{x}}^{\mathrm{T}}\boldsymbol{C}\boldsymbol{C}^{\mathrm{T}}(\boldsymbol{C}\boldsymbol{C}^{\mathrm{T}}+\delta\boldsymbol{I})^{-1}\boldsymbol{P}(\boldsymbol{W}^{*\mathrm{T}}\boldsymbol{\phi}(\boldsymbol{x})-\boldsymbol{W}^{*\mathrm{T}}\boldsymbol{\phi}(\hat{\boldsymbol{x}}))+\\
&\quad\tilde{\boldsymbol{x}}^{\mathrm{T}}\delta\boldsymbol{I}(\boldsymbol{C}\boldsymbol{C}^{\mathrm{T}}+\delta\boldsymbol{I})^{-1}\boldsymbol{P}(\boldsymbol{W}^{*\mathrm{T}}\boldsymbol{\phi}(\boldsymbol{x})-\boldsymbol{W}^{*\mathrm{T}}\boldsymbol{\phi}(\hat{\boldsymbol{x}}))-\lambda_{\max}(\boldsymbol{P})\tilde{\boldsymbol{y}}\left\|\boldsymbol{C}^{\mathrm{T}}(\boldsymbol{C}\boldsymbol{C}^{\mathrm{T}}+\delta\boldsymbol{I})^{-1}\right\|\hat{\theta}_1\sqrt{l}\\
&\leqslant\tilde{\boldsymbol{y}}\lambda_{\max}(\boldsymbol{P})\left\|\boldsymbol{C}^{\mathrm{T}}(\boldsymbol{C}\boldsymbol{C}^{\mathrm{T}}+\delta\boldsymbol{I})^{-1}\right\|\theta_1\sqrt{l}-\\
&\quad\tilde{\boldsymbol{y}}\lambda_{\max}(\boldsymbol{P})\left\|\boldsymbol{C}^{\mathrm{T}}(\boldsymbol{C}\boldsymbol{C}^{\mathrm{T}}+\delta\boldsymbol{I})^{-1}\right\|\hat{\theta}_1\sqrt{l}+\frac{\tilde{\boldsymbol{x}}^{\mathrm{T}}\boldsymbol{P}\boldsymbol{P}^{\mathrm{T}}\tilde{\boldsymbol{x}}}{2\left\|\boldsymbol{C}\boldsymbol{C}^{\mathrm{T}}+\delta\boldsymbol{I}\right\|^2}+\frac{l\delta^2}{2}\theta_1^2\\
&=-\tilde{y}\lambda_{\max}(\boldsymbol{P})\left\|\boldsymbol{C}^{\mathrm{T}}(\boldsymbol{C}\boldsymbol{C}^{\mathrm{T}}+\delta\boldsymbol{I})^{-1}\right\|\tilde{\theta}_1\sqrt{l}+\frac{\tilde{\boldsymbol{x}}^{\mathrm{T}}\boldsymbol{P}\boldsymbol{P}^{\mathrm{T}}\tilde{\boldsymbol{x}}}{2\left\|\boldsymbol{C}\boldsymbol{C}^{\mathrm{T}}+\delta\boldsymbol{I}\right\|^2}+\frac{l\delta^2}{2}\theta_1^2-
\end{aligned}\tag{4-33}$$

$$\begin{aligned}
&\tilde{\boldsymbol{x}}^{\mathrm{T}}\boldsymbol{P}\tilde{\boldsymbol{W}}^{\mathrm{T}}\boldsymbol{\phi}(\hat{\boldsymbol{x}})\\
&=-\tilde{\boldsymbol{x}}^{\mathrm{T}}\boldsymbol{C}\boldsymbol{C}^{\mathrm{T}}(\boldsymbol{C}\boldsymbol{C}^{\mathrm{T}}+\delta\boldsymbol{I})^{-1}\boldsymbol{P}\tilde{\boldsymbol{W}}^{\mathrm{T}}\boldsymbol{\phi}(\hat{\boldsymbol{x}})-\tilde{\boldsymbol{x}}^{\mathrm{T}}\delta\boldsymbol{I}(\boldsymbol{C}\boldsymbol{C}^{\mathrm{T}}+\delta\boldsymbol{I})^{-1}\boldsymbol{P}\tilde{\boldsymbol{W}}^{\mathrm{T}}\boldsymbol{\phi}(\hat{\boldsymbol{x}})\\
&\leqslant-\tilde{\boldsymbol{y}}\boldsymbol{C}^{\mathrm{T}}(\boldsymbol{C}\boldsymbol{C}^{\mathrm{T}}+\delta\boldsymbol{I})^{-1}\boldsymbol{P}\tilde{\boldsymbol{W}}^{\mathrm{T}}\boldsymbol{\phi}(\hat{\boldsymbol{x}})+\frac{\tilde{\boldsymbol{x}}^{\mathrm{T}}\boldsymbol{P}\boldsymbol{P}^{\mathrm{T}}\tilde{\boldsymbol{x}}}{2\left\|\boldsymbol{C}\boldsymbol{C}^{\mathrm{T}}+\delta\boldsymbol{I}\right\|^2}+\frac{l}{2}\left\|\tilde{\boldsymbol{W}}^{\mathrm{T}}\right\|_{\mathrm{F}}^2
\end{aligned}\tag{4-34}$$

考虑式（4-30）中的第四项：

$$\begin{aligned}
&\tilde{\boldsymbol{x}}^{\mathrm{T}}\boldsymbol{P}\left[\boldsymbol{\varepsilon}^*-\lambda_{\max}(\boldsymbol{P})\boldsymbol{P}^{-1}\boldsymbol{C}\left\|\boldsymbol{C}^{\mathrm{T}}(\boldsymbol{C}\boldsymbol{C}^{\mathrm{T}}+\delta\boldsymbol{I})^{-1}\right\|\hat{\theta}_2\tanh\left(\frac{\tilde{\boldsymbol{y}}}{\varepsilon_s}\right)\right]\\
&=\tilde{\boldsymbol{x}}^{\mathrm{T}}\boldsymbol{C}\boldsymbol{C}^{\mathrm{T}}(\boldsymbol{C}\boldsymbol{C}^{\mathrm{T}}+\delta\boldsymbol{I})^{-1}\boldsymbol{P}\boldsymbol{\varepsilon}^*-\lambda_{\max}(\boldsymbol{P})\tilde{\boldsymbol{y}}\left\|\boldsymbol{C}^{\mathrm{T}}(\boldsymbol{C}\boldsymbol{C}^{\mathrm{T}}+\delta\boldsymbol{I})^{-1}\right\|\hat{\theta}_2\tanh\left(\frac{\tilde{\boldsymbol{y}}}{\varepsilon_s}\right)+\\
&\quad\tilde{\boldsymbol{x}}^{\mathrm{T}}\delta\boldsymbol{I}(\boldsymbol{C}\boldsymbol{C}^{\mathrm{T}}+\delta\boldsymbol{I})^{-1}\boldsymbol{P}\boldsymbol{\varepsilon}^*\\
&\leqslant\lambda_{\max}(\boldsymbol{P})|\tilde{\boldsymbol{y}}|\left\|\boldsymbol{C}^{\mathrm{T}}(\boldsymbol{C}\boldsymbol{C}^{\mathrm{T}}+\delta\boldsymbol{I})^{-1}\right\|\theta_2-\lambda_{\max}(\boldsymbol{P})\tilde{\boldsymbol{y}}\left\|\boldsymbol{C}^{\mathrm{T}}(\boldsymbol{C}\boldsymbol{C}^{\mathrm{T}}+\delta\boldsymbol{I})^{-1}\right\|\theta_2\tanh\left(\frac{\tilde{\boldsymbol{y}}}{\varepsilon_s}\right)+\\
&\quad\lambda_{\max}(\boldsymbol{P})\tilde{\boldsymbol{y}}\left\|\boldsymbol{C}^{\mathrm{T}}(\boldsymbol{C}\boldsymbol{C}^{\mathrm{T}}+\delta\boldsymbol{I})^{-1}\right\|\theta_2\tanh\left(\frac{\tilde{\boldsymbol{y}}}{\varepsilon_s}\right)-\\
&\quad\lambda_{\max}(\boldsymbol{P})\tilde{\boldsymbol{y}}\left\|\boldsymbol{C}^{\mathrm{T}}(\boldsymbol{C}\boldsymbol{C}^{\mathrm{T}}+\delta\boldsymbol{I})^{-1}\right\|\hat{\theta}_2\tanh\left(\frac{\tilde{\boldsymbol{y}}}{\varepsilon_s}\right)+\frac{\tilde{\boldsymbol{x}}^{\mathrm{T}}\boldsymbol{P}\boldsymbol{P}^{\mathrm{T}}\tilde{\boldsymbol{x}}}{2\left\|\boldsymbol{C}\boldsymbol{C}^{\mathrm{T}}+\delta\boldsymbol{I}\right\|^2}+\frac{\delta^2}{2}\theta_2^2
\end{aligned}\tag{4-35}$$

将式（4-31）～式（4-35）代入式（4-30），并考虑式（4-24）表示的自适应律，可得

$$\begin{aligned}
\dot{V}\leqslant&\frac{1}{2}\tilde{\boldsymbol{x}}^{\mathrm{T}}\left[\boldsymbol{P}\boldsymbol{A}_{\mathrm{c}}+\boldsymbol{A}_{\mathrm{c}}^{\mathrm{T}}\boldsymbol{P}+2\boldsymbol{L}\boldsymbol{P}+\frac{3\boldsymbol{P}\boldsymbol{P}^{\mathrm{T}}}{\left\|\boldsymbol{C}\boldsymbol{C}^{\mathrm{T}}+\delta\boldsymbol{I}\right\|^2}\right]\tilde{\boldsymbol{x}}-\tilde{\boldsymbol{y}}\boldsymbol{C}^{\mathrm{T}}(\boldsymbol{C}\boldsymbol{C}^{\mathrm{T}}+\delta\boldsymbol{I})^{-1}\boldsymbol{P}\tilde{\boldsymbol{W}}^{\mathrm{T}}\boldsymbol{\phi}(\hat{\boldsymbol{x}})-\\
&\tilde{\boldsymbol{y}}\lambda_{\max}(\boldsymbol{P})\left\|\boldsymbol{C}^{\mathrm{T}}(\boldsymbol{C}\boldsymbol{C}^{\mathrm{T}}+\delta\boldsymbol{I})^{-1}\right\|\tilde{\theta}_1\sqrt{l}-\lambda_{\max}(\boldsymbol{P})\tilde{\boldsymbol{y}}\left\|\boldsymbol{C}^{\mathrm{T}}(\boldsymbol{C}\boldsymbol{C}^{\mathrm{T}}+\delta\boldsymbol{I})^{-1}\right\|\tilde{\theta}_2\tanh\left(\frac{\tilde{\boldsymbol{y}}}{\varepsilon_s}\right)+\\
&\frac{l}{2}\left\|\tilde{\boldsymbol{W}}\right\|_{\mathrm{F}}^2+\frac{l\delta^2}{2}\theta_1^2+\frac{\delta^2}{2}\theta_2^2+\lambda_{\max}(\boldsymbol{P})\left\|\boldsymbol{C}^{\mathrm{T}}(\boldsymbol{C}\boldsymbol{C}^{\mathrm{T}}+\delta\boldsymbol{I})^{-1}\right\|e\theta_2\varepsilon_s+
\end{aligned}$$

$$\begin{aligned}
&\operatorname{tr}\{\tilde{\boldsymbol{W}}^{\mathrm{T}}[\boldsymbol{\phi}(\hat{\boldsymbol{x}})\boldsymbol{C}^{\mathrm{T}}(\boldsymbol{C}\boldsymbol{C}^{\mathrm{T}}+\delta\boldsymbol{I})^{-1}\boldsymbol{P}\tilde{\boldsymbol{y}}-\lambda_W\hat{\boldsymbol{W}}]\}+\\
&\tilde{\theta}_1(\tilde{\boldsymbol{y}}\lambda_{\max}(\boldsymbol{P})\left\|\boldsymbol{C}^{\mathrm{T}}(\boldsymbol{C}\boldsymbol{C}^{\mathrm{T}}+\delta\boldsymbol{I})^{-1}\right\|\sqrt{l}-\lambda_{\theta1}\hat{\theta}_1)+\\
&\tilde{\theta}_2\left(\lambda_{\max}(\boldsymbol{P})\tilde{\boldsymbol{y}}\left\|\boldsymbol{C}^{\mathrm{T}}(\boldsymbol{C}\boldsymbol{C}^{\mathrm{T}}+\delta\boldsymbol{I})^{-1}\right\|\tanh\left(\frac{\tilde{\boldsymbol{y}}}{\varepsilon_s}\right)-\lambda_{\theta2}\hat{\theta}_2\right)\\
&=-\frac{1}{2}\tilde{\boldsymbol{x}}^{\mathrm{T}}\boldsymbol{Q}\tilde{\boldsymbol{x}}-\lambda_W\operatorname{tr}\{\tilde{\boldsymbol{W}}^{\mathrm{T}}\hat{\boldsymbol{W}}\}-\lambda_{\theta1}\tilde{\theta}_1\hat{\theta}_1-\lambda_{\theta2}\tilde{\theta}_2\hat{\theta}_2+\lambda_{\max}(\boldsymbol{P})\left\|\boldsymbol{C}^{\mathrm{T}}(\boldsymbol{C}\boldsymbol{C}^{\mathrm{T}}+\delta\boldsymbol{I})^{-1}\right\|\boldsymbol{e}\theta_2\varepsilon_s+\\
&\frac{l}{2}\left\|\tilde{\boldsymbol{W}}\right\|_{\mathrm{F}}^2+\frac{l\delta^2}{2}\theta_1^2+\frac{\delta^2}{2}\theta_2^2
\end{aligned}\tag{4-36}$$

式中用到了如下等式：

$$\operatorname{tr}\{\tilde{\boldsymbol{W}}^{\mathrm{T}}[\boldsymbol{\phi}(\hat{\boldsymbol{x}})\boldsymbol{C}^{\mathrm{T}}(\boldsymbol{C}\boldsymbol{C}^{\mathrm{T}}+\delta\boldsymbol{I})^{-1}\boldsymbol{P}\tilde{\boldsymbol{y}}]\}=\tilde{\boldsymbol{y}}\boldsymbol{C}^{\mathrm{T}}(\boldsymbol{C}\boldsymbol{C}^{\mathrm{T}}+\delta\boldsymbol{I})^{-1}\boldsymbol{P}\tilde{\boldsymbol{W}}^{\mathrm{T}}\boldsymbol{\phi}(\hat{\boldsymbol{x}})$$

注 4-3　将矩阵 $\boldsymbol{A}_{\mathrm{c}}$ 写为 $\boldsymbol{A}_{\mathrm{c}}=\boldsymbol{A}_0+K\bar{\boldsymbol{C}}^{\mathrm{T}}$ 的形式，其中 $\bar{\boldsymbol{C}}=-\boldsymbol{C}$ 。考虑引理 4-4，式（4-21）等价于

$$\begin{bmatrix}\boldsymbol{P}\boldsymbol{A}_0+\bar{\boldsymbol{C}}\boldsymbol{M}^{\mathrm{T}}+\boldsymbol{M}^{\mathrm{T}}\bar{\boldsymbol{C}}+\boldsymbol{A}_0^{\mathrm{T}}\boldsymbol{P}+2\boldsymbol{L}\boldsymbol{P}+\boldsymbol{Q} & \sqrt{3}\boldsymbol{P}/\left\|\boldsymbol{C}\boldsymbol{C}^{\mathrm{T}}+\delta\boldsymbol{I}\right\| \\ \sqrt{3}\boldsymbol{P}^{\mathrm{T}}/\left\|\boldsymbol{C}\boldsymbol{C}^{\mathrm{T}}+\delta\boldsymbol{I}\right\| & -\boldsymbol{I}_n\end{bmatrix}<0$$

式中，$\boldsymbol{I}_n$ 为 n 阶单位矩阵；$\boldsymbol{P}$ 和 $\boldsymbol{M}$ 可通过 MATLAB LMI 工具箱计算得到，此时观测器增益为 $K=\boldsymbol{P}^{-1}\boldsymbol{M}$ 。

由以下不等式：

$$2\operatorname{tr}\{\tilde{\boldsymbol{W}}^{\mathrm{T}}\hat{\boldsymbol{W}}\}=\left\|\tilde{\boldsymbol{W}}\right\|_{\mathrm{F}}^2+\left\|\hat{\boldsymbol{W}}\right\|_{\mathrm{F}}^2-\left\|\boldsymbol{W}^*\right\|_{\mathrm{F}}^2\geqslant\left\|\tilde{\boldsymbol{W}}\right\|_{\mathrm{F}}^2-\left\|\boldsymbol{W}^*\right\|_{\mathrm{F}}^2$$

$$2\tilde{\theta}_1\hat{\theta}_1=\tilde{\theta}_1^2+\hat{\theta}_1^2-\theta_1^2\geqslant\tilde{\theta}_1^2-\theta_1^2$$

$$2\tilde{\theta}_2\hat{\theta}_2=\tilde{\theta}_2^2+\hat{\theta}_2^2-\theta_2^2\geqslant\tilde{\theta}_2^2-\theta_2^2$$

可得

$$\begin{aligned}
\dot{V}&\leqslant-\frac{1}{2}\tilde{\boldsymbol{x}}^{\mathrm{T}}\boldsymbol{Q}\tilde{\boldsymbol{x}}-\lambda_W\left\|\tilde{\boldsymbol{W}}\right\|_{\mathrm{F}}^2-\lambda_{\theta1}\tilde{\theta}_1^2-\lambda_{\theta2}\tilde{\theta}_2^2+\frac{1}{4}\lambda_W\left\|\boldsymbol{W}^*\right\|_{\mathrm{F}}^2+\frac{1}{4}\lambda_{\theta1}\theta_1^2+\frac{1}{4}\lambda_{\theta2}\theta_2^2+\\
&\quad\lambda_{\max}(\boldsymbol{P})\left\|\boldsymbol{C}^{\mathrm{T}}(\boldsymbol{C}\boldsymbol{C}^{\mathrm{T}}+\delta\boldsymbol{I})^{-1}\right\|\boldsymbol{e}\theta_2\varepsilon_s+\frac{l}{2}\left\|\tilde{\boldsymbol{W}}\right\|_{\mathrm{F}}^2+\frac{l\delta^2}{2}\theta_1^2+\frac{\delta^2}{2}\theta_2^2\\
&\leqslant-\frac{1}{2}\lambda_{\min}(\boldsymbol{Q})\left\|\tilde{\boldsymbol{x}}\right\|^2-\left(\lambda_W-\frac{l}{2}\right)\left\|\tilde{\boldsymbol{W}}\right\|_{\mathrm{F}}^2-\lambda_{\theta1}\tilde{\theta}_1^2-\lambda_{\theta1}\tilde{\theta}_1^2+\mu\\
&\leqslant-\lambda V+\mu
\end{aligned}\tag{4-37}$$

式中，选取参数 $\lambda_W>l/2$ ，且有

$$\mu=\frac{1}{4}\lambda_W\left\|\boldsymbol{W}^*\right\|_{\mathrm{F}}^2+\frac{1}{4}\lambda_{\theta1}\theta_1^2+\frac{1}{4}\lambda_{\theta2}\theta_2^2+\lambda_{\max}(\boldsymbol{P})\left\|\boldsymbol{C}^{\mathrm{T}}(\boldsymbol{C}\boldsymbol{C}^{\mathrm{T}}+\delta\boldsymbol{I})^{-1}\right\|\boldsymbol{e}\theta_2\varepsilon_s+\frac{l\delta^2}{2}\theta_1^2+\frac{\delta^2}{2}\theta_2^2$$

$$\lambda=\min\left\{\frac{\lambda_{\min}(\boldsymbol{Q})}{\lambda_{\max}(\boldsymbol{P})},\frac{2\lambda_W-l}{\lambda_{\max}(\boldsymbol{\Gamma}_W^{-1})},\frac{2\lambda_{\theta1}}{\Gamma_{\theta1}},\frac{2\lambda_{\theta2}}{\Gamma_{\theta2}}\right\}$$

根据引理 4-3 解上述不等式，可得

$$V(t)\leqslant\mathrm{e}^{-\lambda t}V(0)+\mu\int_0^t\mathrm{e}^{-\mu(t-\tau)}\mathrm{d}\tau\leqslant\mathrm{e}^{-\lambda t}V(0)+\mu/\lambda，\ \forall t\geqslant0\tag{4-38}$$

由于 $V(0)$ 有界，因此由上述不等式可以看出 $\tilde{\boldsymbol{x}}$ 、$\hat{\boldsymbol{W}}$ 、$\hat{\theta}_1$ 和 $\hat{\theta}_2$ 有界，且 $\|\tilde{\boldsymbol{x}}\| \leqslant \sqrt{2V/\lambda_{\max}(\boldsymbol{P})}$ ，$\|\tilde{\boldsymbol{W}}\|_{\mathrm{F}} \leqslant \sqrt{2V\lambda_{\max}(\boldsymbol{\Gamma}_W)}$ ，$|\tilde{\theta}_1| \leqslant \sqrt{2V\Gamma_{\theta 1}}$ ，$|\tilde{\theta}_2| \leqslant \sqrt{2V\Gamma_{\theta 2}}$ 。此时可以得到 $t \to \infty$ 时，$V \leqslant \mu/\lambda$。同步误差和参数估计误差收敛于原点邻域 $\Omega = \{\boldsymbol{\Gamma}_W, \Gamma_{\theta 1}, \Gamma_{\theta 2}, \lambda_W, \lambda_{\theta 1}, \lambda_{\theta 2} | V \leqslant \mu/\lambda\}$。

注 4-4　由式（4-38）可知，可以通过调节设计参数 $\boldsymbol{\Gamma}_W$ 、$\Gamma_{\theta 1}$ 、$\Gamma_{\theta 2}$ 、λ_W 、$\lambda_{\theta 1}$ 、$\lambda_{\theta 2}$ 来调整收敛域的范围，使同步误差适当小。

4.3.2　仿真分析

下面给出 MATLAB 数值仿真结果。考虑文献[133]提出的多翼超混沌系统，将系统改写为如下形式：

$$\begin{bmatrix} x_1 \\ x_2 \\ x_3 \\ x_4 \end{bmatrix} = \begin{bmatrix} -a & a & 0 & 0 \\ -h & h & 0 & k \\ 0 & 0 & -b & 0 \\ k_1 & k_2 & k_3 & k_4 \end{bmatrix} \begin{bmatrix} x_1 \\ x_2 \\ x_3 \\ x_4 \end{bmatrix} - \begin{bmatrix} -af_1 + af_2 \\ -T(x_1)G(x_3 + f_3) - h(f_1 - f_2) + kf_4 \\ T(x_1)G(x_1 + x_2 + f_1 + f_2) - bf_3 \\ k_1 f_1 + k_2 f_2 + k_3 f_3 + k_4 f_4 \end{bmatrix}$$

系统参数和函数表示见 2.2 节。驱动系统仿真参数如表 2-1 的第一行所示。控制律参数取 $\boldsymbol{Q} = \mathrm{diag}\{0.001, 0.001, 0.001, 0.001\}$ ，利用 MATLAB LMI 工具箱可得

$$\boldsymbol{P} = \begin{bmatrix} -4.1047 & -0.4434 & 0 & 0.3798 \\ -0.4434 & -4.0199 & 0 & -0.0972 \\ 0 & 0 & 3.5287 & 0 \\ 0.3798 & -0.0972 & 0 & -4.2486 \end{bmatrix}$$

$$\boldsymbol{K} = [26.4002, 55.8202, 86.3828, 147.1287]^{\mathrm{T}}$$

设计参数取值为 $\boldsymbol{\Gamma}_W = 0.1\mathrm{diag}\underbrace{\{1, \cdots, 1\}}_{l}$ ，$\Gamma_{\theta 1} = 0.1$ ，$\Gamma_{\theta 2} = 0.2$ ，$\lambda_W = 5.5$ ，$\lambda_{\theta 1} = 0.5$ ，$\lambda_{\theta 2} = 0.5$ ，L=2，$\boldsymbol{C} = [1,0,0,0]^{\mathrm{T}}$ ，$l = 10$ ，$\sigma_j = 2$ ，$\mu_j = 1/l(2j - l)[16,16,20,30]$（$j = 1, 2, \cdots, l$），$\delta = 0.01$ 。控制输入在 $t \geqslant 40\mathrm{s}$ 时作用。仿真结果如图 4-5 所示。为了看出多翼超混沌系统对于初始值的敏感性及在不同翼之间切换的随机性，在 $t \in [0, 40]$ 时不施加控制作用。图 4-6 给出了系统同步误差曲线，图 4-7 和图 4-8 给出了参数估计曲线。

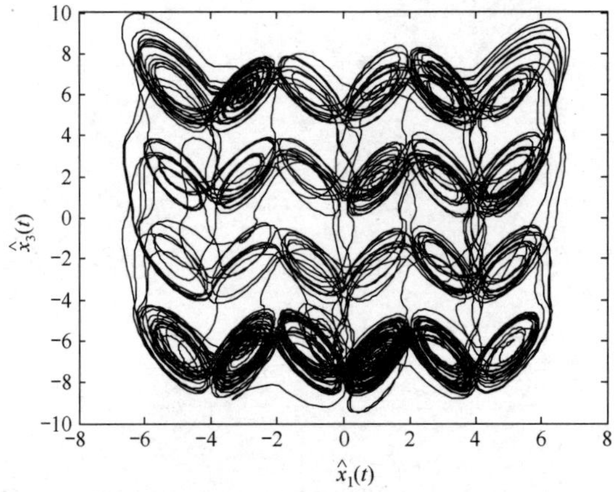

图 4-5　观测器系统相图

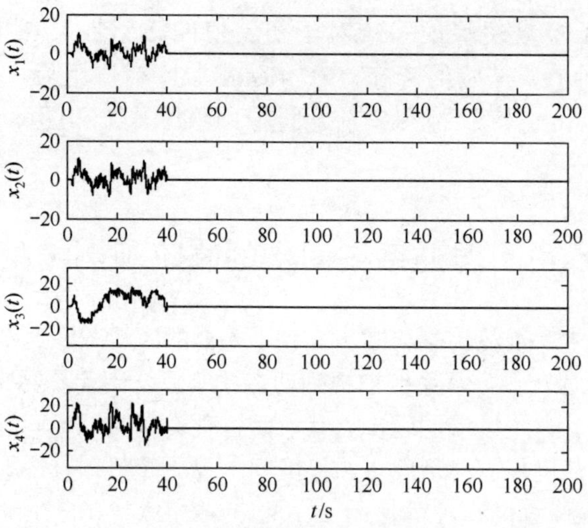

图 4-6　系统同步误差曲线

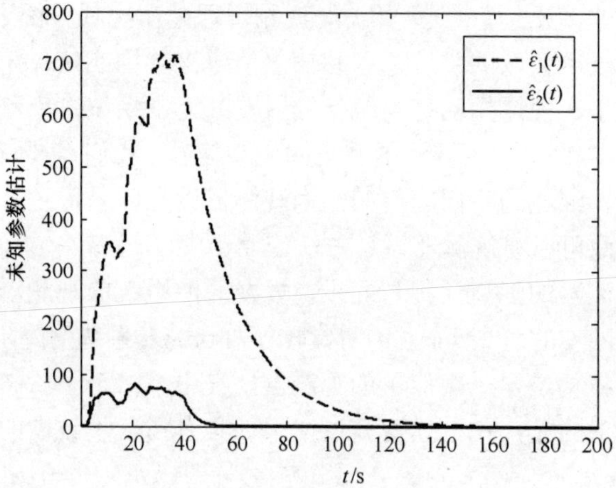

图 4-7　参数估计曲线 1

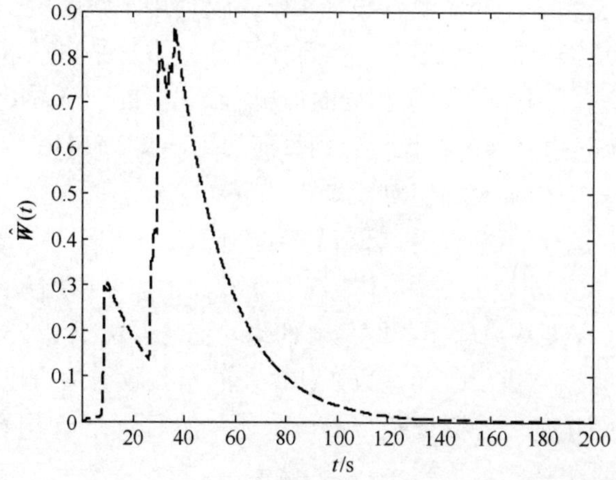

图 4-8　参数估计曲线 2

可以看出，由于多翼超混沌系统对于初始值的敏感性及在不同翼间切换的随机性，在 $t < 40\text{s}$ 时，同步误差始终存在。在 40s 施加控制作用后，同步误差收敛于零，即式（4-3）和式（4-4）表示的系统渐近同步。由图 4-7 和图 4-8 可以看出参数估计有界且收敛。

4.4　广义 Lorenz 混沌系统同步的降阶观测器同步

在过去的数十年中，混沌控制与同步受到了人们的广泛关注，混沌同步也被称为主从配置[1-7]。在很多实际应用中，从系统被视为动态系统。设计者需要提供多个信号控制律来驱动从系统，以实现其与主系统的同步。目前，各种类型的同步问题都得到过研究，如完全同步、广义同步、反同步、滞后同步和投影同步等。此外，设计者还提出了很多控制方法，如非线性反馈控制、自适应控制、主动控制、被动控制和反步控制等。

在上述关于同步问题的参考文献中，人们关注的重点是控制律的设计。混沌同步的另一个关注点是观测器的设计[8-10]。众所周知，观测器理论在控制界得到了快速发展[11-12]。一般来说，观测器是通过可获取的系统输入和输出信号来重构或估计未知系统状态的。在基于观测器的同步框架下，视原始动态系统（发射器）为主系统，观测器系统为从系统（接收器），同时将发射器的输出视为观测器系统的驱动信号，我们需要它来完全或部分恢复发射器的状态。基于此，混沌同步问题可归结为观测器设计问题，主从同步原理也可归结为一类观测器理论，从而可以将观测器设计方法应用于混沌同步。

事实上，基于观测器的混沌控制与同步，以及混沌系统的观测器设计一直是重要的研究课题。在混沌系统同步的背景下，Lu 等提出了 Lorenz 系统的降阶观测器。Cafagna 和 Grassi 为一类混沌系统构造了一个简单的观测器，其中第二个子状态代替第一个子状态作为系统输出。值得注意的是，在上述两篇论文中，具有指数收敛性的观测器设计依赖系统状态的有界性。

Cafagna 和 Grassi 研究了一类广义 Lorenz 混沌系统的状态观测器问题，提出了一种低阶观测器，即一维动态系统，在观测器设计中，不仅使用了系统输出 y 本身，还使用了其一阶导数 $\dot{y}$。由于系统输出的导数信号在实际中可能并不总是可获取的，因此 $\dot{y}$ 可能无法用于状态估计。在文献[16]中也介绍了相同的情况，输出 y 的一阶导数和二阶导数都参与了广义 Rossler 混沌系统的状态观测器设计。到目前为止，文献[14]中仅依赖 y 的广义 Lorenz 混沌系统观测器设计问题仍未得到解决。

受文献[14]的启发，我们提出了一种新的降阶观测器，用于与广义 Lorenz 混沌系统同步，其主要贡献如下：①与文献[13]相比，观测器设计不需要原始系统状态变量的有界性；②与文献[14]相比，不需要系统输出导数信号的先验信息。由于 Lyapunov 方法的使用，以及设计参数的适当选择，同步误差和参数估计误差的指数收敛性得以保证。

本节的其余部分组织如下：首先给出系统描述；然后设计一个降阶观测器，证明其指数收敛性，并进行仿真验证；最后得出一些结论。

4.4.1　系统描述

考虑一类广义 Lorenz 混沌系统，它由以下微分方程组[14]来描述：

$$\begin{cases} \dot{x}_1(t) = \left(10+\dfrac{25}{29}k\right)[x_2(t)-x_1(t)] \\ \dot{x}_2(t) = \left(28-\dfrac{35}{29}k\right)x_1(t)+(k-1)x_2(t)-x_1(t)x_3(t) \\ \dot{x}_3(t) = \left(-\dfrac{8}{3}-\dfrac{1}{87}k\right)x_3(t)+x_1(t)x_2(t) \end{cases} \tag{4-39}$$

式中，$[x_1,x_2,x_3]^{\mathrm{T}}=\boldsymbol{x}\in\mathbf{R}^3$ 表示系统的状态；系统参数 k 满足

$$k\in\{k\,|-232<k<-11.6\}\bigcup\{k\,|\,k>11.6\} \tag{4-40}$$

值得注意的是，当 $k\in[0,29]$ 时，式（4-39）表示的系统为统一混沌系统，包括经典的 Lorenz 系统、Chen 系统和 Lü 系统。

与文献[1,8,13]一致，假定式（4-39）表示的系统在发射端运行，状态 x_1 通过通信信道发送到接收端，并用作同步信号。此外，还假定接收器系统参数 k 已知。

接收器的任务是构建一个动态系统，仅通过可用信号 x_1 和已知参数 k 来估计未知信号 x_2 和 x_3。为了与文献[14]保持一致，定义 $y=x_1$，代表式（4-39）表示的系统输出。

注 4-5　值得注意的是，文献[14]已对式（4-39）表示的系统进行了研究，只有当 $k\in[0,29]$ 时，该系统才显示混沌行为。这意味着对于上述选择的参数 k，该系统的状态是有界的。然而，对于式（4-40）中 k 的其他值，状态变量的有界性是无法确定的，并且在现有文献中尚未得到证明。另外，这里还假设只有 x_1，即输出 y 是可获取的，并且其导数信号是不可用的。因此，文献[13-15]中的设计方法并不适用于本书。

4.4.2　广义 Lorenz 系统的同步方案

显然，状态 x_1 不需要被估计。对于降阶观测器的设计，首先定义

$$z=\dot{x}_1+\left(10+\frac{25}{29}k\right)x_1 \tag{4-41}$$

根据式（4-39）表示的系统的第一个方程，可得

$$z=\left(10+\frac{25}{29}k\right)x_2 \tag{4-42}$$

现在给出以下降阶观测器：

$$\begin{aligned} \dot{\hat{x}}_2 &= \left(28-\frac{35}{29}k\right)y+(k-1)\hat{x}_2-y\hat{x}_3+l_1\left[z-\left(10+\frac{25}{29}k\right)\hat{x}_2\right] \\ \dot{\hat{x}}_3 &= \left(-\frac{8}{3}-\frac{1}{87}k\right)\hat{x}_3+y\hat{x}_2+l_2\left[z-\left(10+\frac{25}{29}k\right)\hat{x}_2\right] \end{aligned} \tag{4-43}$$

式中，$l_1,l_2\in\mathbf{R}$ 是满足以下条件的设计常数：

$$\begin{cases} l_1 > \dfrac{k-1}{10+\dfrac{25}{29}k} & k > -11.6 \\ l_1 < \dfrac{k-1}{10+\dfrac{25}{29}k} & -232 < k < -11.6 \end{cases} \tag{4-44}$$

$$|l_2| < \frac{\sqrt{\left[l_1\left(10+\dfrac{25}{29}k\right)-(k-1)\right]\left(\dfrac{8}{3}+\dfrac{1}{87}k\right)}}{\left|10+\dfrac{25}{29}k\right|} \tag{4-45}$$

注意到由于 z 中含有导数信号 $\dot{x}_1$，因此引入新的观测器变量：

$$\begin{aligned} \omega_1 &= \hat{x}_2 - l_1 y \\ \omega_2 &= \hat{x}_3 - l_2 y \end{aligned} \tag{4-46}$$

将式（4-41）代入式（4-43），并结合式（4-46）中的定义，可得

$$\begin{aligned} \dot{\omega}_1 &= \left(28-\frac{35}{29}k\right)y+(k-1)\hat{x}_2 - y\hat{x}_3 + \\ &\quad l_1\left[\left(10+\frac{25}{29}k\right)y-\left(10+\frac{25}{29}k\right)\hat{x}_2\right] \\ &= \left[\left(28-\frac{35}{29}k\right)+l_1\left(10+\frac{35}{29}k\right)\right]y+ \\ &\quad \left[(k-1)-l_1\left(10+\frac{25}{29}k\right)\right]\hat{x}_2 - y\hat{x}_3 \\ &= \left[\left(28-\frac{35}{29}k\right)+l_1\left(10+\frac{35}{29}k\right)\right]y+ \\ &\quad \left[(k-1)-l_1\left(10+\frac{25}{29}k\right)\right](\omega_1+l_1y)-y(\omega_2+l_2y) \\ &= \left[(k-1)-l_1\left(10+\frac{25}{29}k\right)\right]\omega_1 - y\omega_2 + \\ &\quad \left[\left(28-\frac{35}{29}k\right)+l_1\left(9+\frac{64}{29}k\right)-l_1^2\left(10+\frac{25}{29}k\right)\right]y-l_2y^2 \end{aligned} \tag{4-47}$$

$$\begin{aligned} \dot{\omega}_2 &= \left(-\frac{8}{3}-\frac{1}{87}k\right)\hat{x}_3 + y\hat{x}_2 + \\ &\quad l_2\left[\left(10+\frac{25}{29}k\right)y-\left(10+\frac{25}{29}k\right)\hat{x}_2\right] \\ &= \left(-\frac{8}{3}-\frac{1}{87}k\right)(\omega_2+l_2y)+y(\omega_1+l_1y)+ \\ &\quad l_2\left[\left(10+\frac{25}{29}k\right)y-\left(10+\frac{25}{29}k\right)(\omega_1+l_1y)\right] \end{aligned}$$

$$\begin{aligned}&=\left(-\frac{8}{3}-\frac{1}{87}k\right)\omega_2+\left[y-l_2\left(10+\frac{25}{29}k\right)\right]\omega_1+\\&\left[l_2\left(\frac{22}{3}+\left(\frac{25}{29}-\frac{1}{87}\right)k\right)-l_1l_2\left(10+\frac{25}{29}k\right)\right]y+l_1y^2\end{aligned}\tag{4-48}$$

因此，降阶观测器可以设计为

$$\begin{cases}\dot{\omega}_1=\left[(k-1)-l_1\left(10+\frac{25}{29}k\right)\right]\omega_1-y\omega_2+\left[\left(28-\frac{35}{29}k\right)+\right.\\\qquad\left.l_1\left(9+\frac{64}{29}k\right)-l_1^2\left(10+\frac{25}{29}k\right)\right]y-l_2y^2\\\dot{\omega}_2=\left(-\frac{8}{3}-\frac{1}{87}k\right)\omega_2+\left[y-l_2\left(10+\frac{25}{29}k\right)\right]\omega_1+\\\qquad\left[l_2\left(\frac{22}{3}+\left(\frac{25}{29}-\frac{1}{87}\right)k\right)-l_1l_2\left(10+\frac{25}{29}k\right)\right]y+l_1y^2\\\hat{x}_2=\omega_1+l_1y\\\hat{x}_3=\omega_2+l_2y\end{cases}\tag{4-49}$$

定义同步（观测）误差为

$$\begin{aligned}e_2&=x_2-\hat{x}_2\\e_3&=x_3-\hat{x}_3\end{aligned}\tag{4-50}$$

根据式（4-39）、式（4-42）和式（4-43），得其动态方程如下：

$$\begin{aligned}\dot{e}_2&=(k-1)e_2-ye_3-l_1\left(10+\frac{25}{29}k\right)e_2\\&=\left[(k-1)-l_1\left(10+\frac{25}{29}k\right)\right]e_2-ye_3\\\dot{e}_3&=\left(-\frac{8}{3}-\frac{1}{87}k\right)e_3+ye_2-l_2\left(10+\frac{25}{29}k\right)e_2\end{aligned}\tag{4-51}$$

基于此，进一步给出关于式（4-39）表示的系统的同步方案的主要结果。

定理 4-3　如果式（4-44）和式（4-45）成立，那么接收器［见式（4-49）］与发射器［见式（4-39）］以指数速度同步。

证明：设计 Lyapunov 函数为

$$V=\frac{1}{2}\|\boldsymbol{e}\|^2\tag{4-52}$$

式中，$\boldsymbol{e}=[e_2,e_3]^{\mathrm{T}}$，$\|\|$表示向量的欧几里得范数。$V$ 沿轨迹［见式（4-51）］的导数为

$$\begin{aligned}\dot{V}&=e_2\dot{e}_2+e_3\dot{e}_3\\&=\left[(k-1)-l_1\left(10+\frac{25}{29}k\right)\right]e_2^2+\left(-\frac{8}{3}-\frac{1}{87}k\right)e_3^2-\\&\quad l_2\left(10+\frac{25}{29}k\right)e_2e_3\\&=-\boldsymbol{e}^{\mathrm{T}}\boldsymbol{P}\boldsymbol{e}\end{aligned}\tag{4-53}$$

式中

$$\boldsymbol{P}=\begin{bmatrix} l_1\left(10+\frac{25}{29}k\right)-(k-1) & \frac{l_2}{2}\left(10+\frac{25}{29}k\right) \\ \frac{l_2}{2}\left(10+\frac{25}{29}k\right) & \frac{8}{3}+\frac{1}{87}k \end{bmatrix} \tag{4-54}$$

由式（4-40）、式（4-44）和式（4-45）可得

$$\begin{aligned} & l_1\left(10+\frac{25}{29}k\right)-(k-1)>0 \\ & \frac{8}{3}+\frac{1}{87}k>0 \\ & \left[l_1\left(10+\frac{25}{29}k\right)-(k-1)\right]\left(\frac{8}{3}+\frac{1}{87}k\right)>\left[\frac{l_2}{2}\left(10+\frac{25}{29}k\right)\right]^2 \end{aligned} \tag{4-55}$$

这意味着 $\boldsymbol{P}$ 是一个正定对称矩阵，进而有

$$\dot{V}\leqslant-\lambda_{\min}(\boldsymbol{P})\|\boldsymbol{e}\|^2=-2\lambda_{\min}(\boldsymbol{P})V \tag{4-56}$$

式中，$\lambda_{\min}(\boldsymbol{P})$ 表示矩阵 $\boldsymbol{P}$ 的最小特征值。由式（4-56）可知

$$V(t)\leqslant V(0)\exp[-2\lambda_{\min}(\boldsymbol{P})t] \tag{4-57}$$

因此有

$$\|\boldsymbol{e}(t)\|\leqslant\|\boldsymbol{e}(0)\|\exp[-\lambda_{\min}(\boldsymbol{P})t] \tag{4-58}$$

至此，证毕。

注 4-6　与现有文献相比，本节的主要优势在于所设计的状态观测器不需要输出信号的导数信息，即 $\dot{y}$。为此，首先定义了一个变量 z ［见式（4-41）和式（4-42）］；然后将反馈信号 $z-\left(10-\frac{25}{29}k\right)\hat{x}_2$ 作为修正误差添加到观测器方程的右侧［见式（4-43）］，对确保参数估计误差的渐近收敛性起着重要作用。此外，还注意到导数信号 $\dot{x}_1$ 出现在 z 中［见式（4-41）］。我们假设设计者无法获得 $\dot{x}_1$。为了克服这一困难，引入另外的观测变量 ω_1 和 ω_2。因此，最终的观测器方案表示为式（4-49）。

注 4-7　需要注意的是，l_1 和 l_2 分别是由式（4-44）与式（4-45）指定的，对于指数收敛至关重要。实际上，l_1 和 l_2 的条件源于式（4-54）中矩阵 $\boldsymbol{P}$ 的正定性。当设计状态观测器时，系统参数 k 应该是事先已知的。此时，可以根据式（4-44）选择 l_1；根据 k 和 l_1，可以由式（4-45）确定 l_2。

4.4.3　仿真验证

为了验证所提设计方案的有效性，这里分别考虑 $k=-20$、$k=-10$、$k=0$ 及 $k=1$ 时的广

义 Lorenz 混沌系统［见式（4-39）］。仿真参数如下：

$$k=-20,\ l_1=2,\ l_2=0.1\ （示例1）$$
$$k=-10,\ l_1=0,\ l_2=1\ （示例2）$$
$$k=0,\ l_1=1,\ l_2=1\ （示例3）$$
$$k=1,\ l_1=0.05,\ l_2=0.05\ （示例4）$$

上述 4 种情况都满足式（4-44）和式（4-45）。此外，初始条件选择 $x_1(0)=1$，$x_2(0)=1$，$x_3(0)=2$，$\omega_1(0)=-1$，$\omega_2(0)=-2$。根据定理 4-3，设计观测器如式（4-49）所示。响应曲线如图 4-9～图 4-16 所示。由仿真结果可以看出，所提设计方案实现了零参数估计误差。

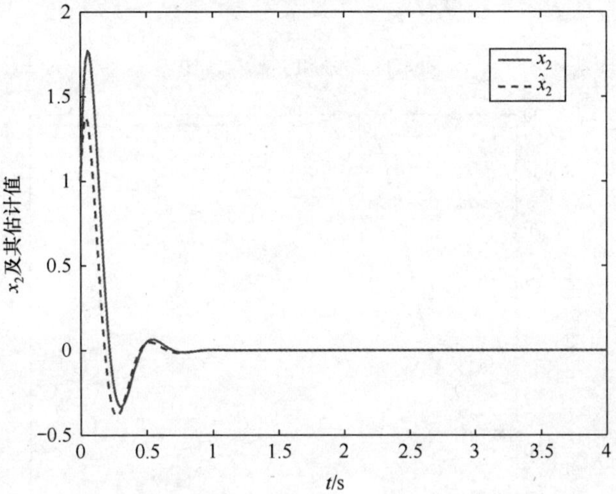

图 4-9　x_2 和 $\hat{x}_2$（$k=-20$）

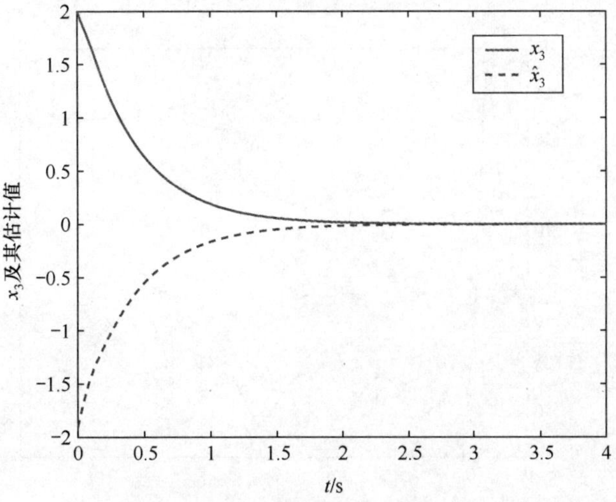

图 4-10　x_3 和 $\hat{x}_3$（$k=-20$）

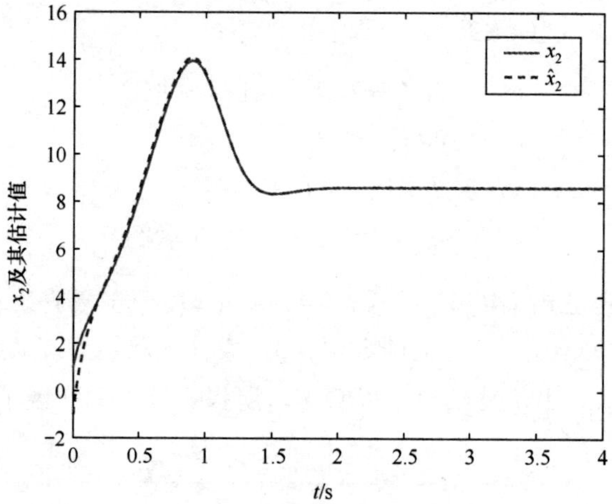

图 4-11　x_2 和 $\hat{x}_2$（$k=-10$）

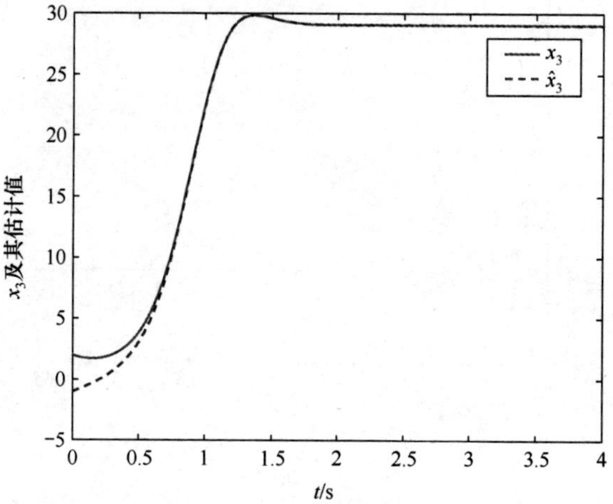

图 4-12　x_3 和 $\hat{x}_3$（$k=-10$）

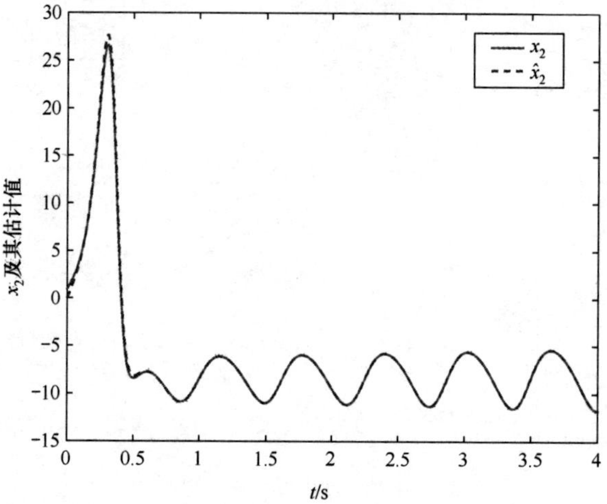

图 4-13　x_2 和 $\hat{x}_2$（$k=0$）

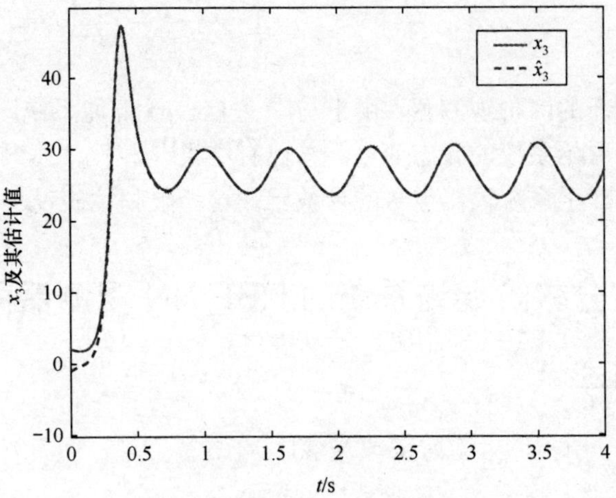

图 4-14　x_3 和 $\hat{x}_3$（$k=0$）

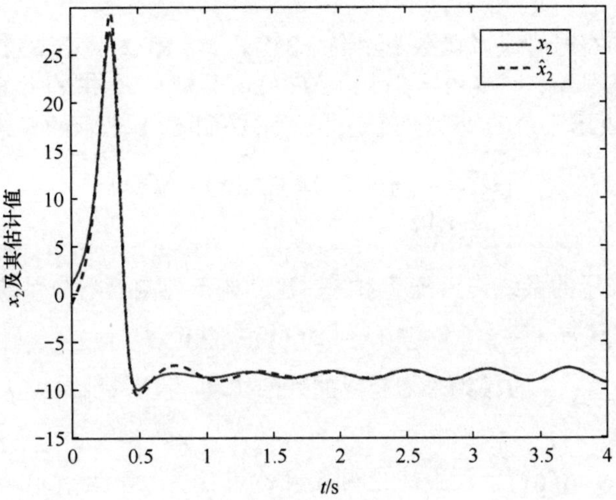

图 4-15　x_2 和 $\hat{x}_2$（$k=1$）

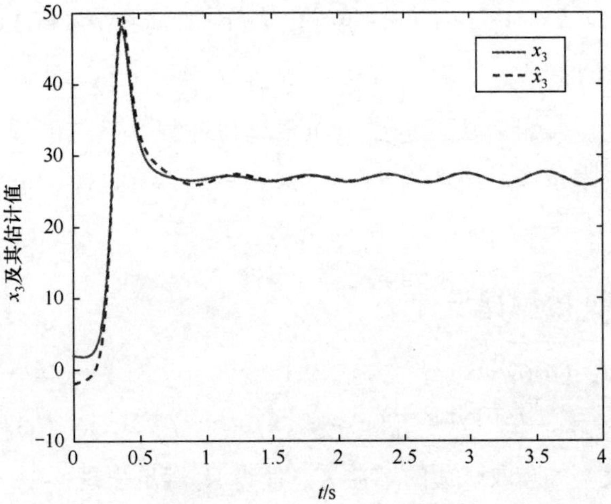

图 4-16　x_3 和 $\hat{x}_3$（$k=1$）

4.4.4 结论

本节设计了一种新的降阶观测器，用于与广义 Lorenz 混沌系统同步。结果表明，估计变量可以指数收敛于原始系统的状态变量。与已有结果[14]相比，本节提出的观测器设计方案的主要优势在于消除了系统输出信号的导数已知这一限制性假设。

4.5 不确定分数阶混沌系统的 RBF NN 观测器同步

4.5.1 系统描述

考虑如式（4-59）所示的分数阶混沌系统：

$$\begin{cases} D^{\alpha}\boldsymbol{x}=\boldsymbol{A}\boldsymbol{x}+\boldsymbol{f}(\boldsymbol{x}) \\ \boldsymbol{y}=\boldsymbol{C}^{\mathrm{T}}\boldsymbol{x} \end{cases} \tag{4-59}$$

式（4-59）中的符号含义及函数表示同 3.2 节，$\boldsymbol{x}\in\mathbf{R}^{n}$ 为状态变量，$\boldsymbol{f}$ 为可微非线性函数部分。假设 $\boldsymbol{A}=\boldsymbol{A}_0+\Delta\boldsymbol{A}$，$\boldsymbol{f}(\boldsymbol{x})=\boldsymbol{f}_0(\boldsymbol{x})+\Delta\boldsymbol{f}(\boldsymbol{x})$，其中，$\boldsymbol{A}_0$ 和 $\boldsymbol{f}_0$ 分别是矩阵 $\boldsymbol{A}$ 与 $\boldsymbol{f}$ 的名义部分，$\Delta\boldsymbol{A}$ 和 $\Delta\boldsymbol{f}$ 表示系统的模型不确定性，则式（4-59）表示的系统可写为

$$\begin{cases} D^{\alpha}\boldsymbol{x}=(\boldsymbol{A}_0+\Delta\boldsymbol{A})\boldsymbol{x}+\boldsymbol{f}_0(\boldsymbol{x})+\Delta\boldsymbol{f}(\boldsymbol{x}) \\ \boldsymbol{y}=\boldsymbol{C}^{\mathrm{T}}\boldsymbol{x} \end{cases} \tag{4-60}$$

将式（4-60）表示的系统作为驱动系统，建立如下观测器响应系统模型：

$$D^{\alpha}\hat{\boldsymbol{x}}=(\boldsymbol{A}_0+\Delta\boldsymbol{A})\hat{\boldsymbol{x}}+\boldsymbol{f}_0(\hat{\boldsymbol{x}})+\Delta\boldsymbol{f}(\hat{\boldsymbol{x}})+K(\boldsymbol{y}-\boldsymbol{C}^{\mathrm{T}}\hat{\boldsymbol{x}})+\boldsymbol{d}+\boldsymbol{u}(t) \tag{4-61}$$

式中，$\hat{\boldsymbol{x}}$ 为 $\boldsymbol{x}$ 的估计值；$\boldsymbol{d}\in\mathbf{R}^{n}$ 为未知有界的外部扰动，且满足 $\|\boldsymbol{d}\|\leqslant\theta_1$，$\theta_1$ 为正常数；$\boldsymbol{u}(t)$ 为待设计的控制输入。

定义 $\boldsymbol{g}(\boldsymbol{x})=\Delta\boldsymbol{A}\boldsymbol{x}+\Delta\boldsymbol{f}(\boldsymbol{x})$，利用神经网络 $\boldsymbol{g}(\boldsymbol{x})$ 进行逼近，即 $\boldsymbol{g}(\boldsymbol{x})=\boldsymbol{W}^{*\mathrm{T}}\boldsymbol{\phi}(\boldsymbol{x})+\boldsymbol{\varepsilon}(\boldsymbol{x})$，则在观测器中，$\boldsymbol{g}(\boldsymbol{x})$ 的估计值 $\hat{\boldsymbol{g}}(\hat{\boldsymbol{x}})=\hat{\boldsymbol{W}}^{\mathrm{T}}\boldsymbol{\phi}(\hat{\boldsymbol{x}})$。观测器系统［见式（4-61）］可改写为

$$D^{\alpha}\hat{\boldsymbol{x}}=\boldsymbol{A}_0\hat{\boldsymbol{x}}+\boldsymbol{f}_0(\hat{\boldsymbol{x}})+\hat{\boldsymbol{g}}(\hat{\boldsymbol{x}})+K(\boldsymbol{y}-\boldsymbol{C}^{\mathrm{T}}\hat{\boldsymbol{x}})+\boldsymbol{d}+\boldsymbol{u}(t) \tag{4-62}$$

式中，$K\in\mathbf{R}^{n}$ 为设计的正常数。$\|\boldsymbol{W}^{*}\|\leqslant\theta_2$；$\boldsymbol{\varepsilon}(\boldsymbol{y})=[\varepsilon_1(\boldsymbol{y}),\varepsilon_2(\boldsymbol{y}),\cdots,\varepsilon_n(\boldsymbol{y})]^{\mathrm{T}}\in\mathbf{R}^{n}$，边界条件 $\|\boldsymbol{\varepsilon}(\boldsymbol{y})\|\leqslant\theta_3$，$\theta_2$ 和 θ_3 为未知常数。定义驱动系统与观测器系统的误差 $\tilde{\boldsymbol{x}}=\boldsymbol{x}-\hat{\boldsymbol{x}}$，本节的目的就是要设计控制律 $\boldsymbol{u}(t)$，使得当 $t\to\infty$ 时，有 $\|\tilde{\boldsymbol{x}}\|\to 0$，即驱动系统与响应系统达到同步。

4.5.2 RBF NN 控制律设计

由式（4-60）和式（4-62）可得

$$D^{\alpha}\tilde{\boldsymbol{x}}=(\boldsymbol{A}_0-K\boldsymbol{C}^{\mathrm{T}})\tilde{\boldsymbol{x}}+\boldsymbol{f}_0(\boldsymbol{x})-\boldsymbol{f}_0(\hat{\boldsymbol{x}})+\boldsymbol{g}(\boldsymbol{x})-\hat{\boldsymbol{g}}(\hat{\boldsymbol{x}})-\boldsymbol{d}(t)-\boldsymbol{u}(t) \tag{4-63}$$

定义矩阵 $\boldsymbol{A}_{\mathrm{c}}=\boldsymbol{A}_0-K\boldsymbol{C}^{\mathrm{T}}$，选取合适的增益 K，使得 $\boldsymbol{A}_{\mathrm{c}}$ 满足引理 4-2。

根据引理 3-2，可以得到如下伪误差变量的等价频率分布模型：

$$\begin{cases}\dfrac{\partial z(\omega,t)}{\partial t}=-\omega z(\omega,t)+D^{\alpha}\tilde{\boldsymbol{x}} \\ \tilde{\boldsymbol{x}}=\int_0^{\infty}\mu(\omega)z(\omega,t)\mathrm{d}\omega\end{cases} \tag{4-64}$$

式中，$\mu(\omega)$ 为权值函数，$\mu_{\alpha}(\omega)=\sin(\alpha\pi)/\pi\omega^{\alpha}$；$z(\omega,t)\in\mathbf{R}^n$ 为实际误差变量。

定义 $v(\omega,t)=\boldsymbol{z}^{\mathrm{T}}(\omega,t)\boldsymbol{P}\boldsymbol{z}(\omega,t)$

$$\frac{\partial v(\omega,t)}{\partial t}=\frac{\partial z^{\mathrm{T}}(\omega,t)}{\partial t}\boldsymbol{P}\boldsymbol{z}(\omega,t)+\boldsymbol{z}^{\mathrm{T}}(\omega,t)\boldsymbol{P}\frac{\partial z(\omega,t)}{\partial t} \tag{4-65}$$

定义 Lyapunov 函数为 $V_{\mathrm{e}}(t)=\dfrac{1}{2}\int_0^{\infty}\mu(\omega)v(\omega,t)\mathrm{d}\omega$，对其求导得

$$\begin{aligned}\dot{V}_{\mathrm{e}}(t)&=\frac{1}{2}\int_0^{\infty}\mu(\omega)\frac{\partial v(\omega,t)}{\partial t}\mathrm{d}\omega\\ &=\frac{1}{2}\int_0^{\infty}\mu(\omega)\frac{\partial z^{\mathrm{T}}(\omega,t)}{\partial t}\boldsymbol{P}\boldsymbol{z}(\omega,t)\mathrm{d}\omega+\frac{1}{2}\int_0^{\infty}\mu(\omega)\boldsymbol{z}^{\mathrm{T}}(\omega,t)\boldsymbol{P}\frac{\partial z(\omega,t)}{\partial t}\mathrm{d}\omega\\ &=\frac{1}{2}\int_0^{\infty}\mu(\omega)(-\omega\boldsymbol{z}(\omega,t)+D^{\alpha}\boldsymbol{e})\boldsymbol{P}\boldsymbol{z}(\omega,t)\mathrm{d}\omega+\\ &\quad\frac{1}{2}\int_0^{\infty}\mu(\omega)\boldsymbol{z}^{\mathrm{T}}(\omega,t)\boldsymbol{P}(-\omega\boldsymbol{z}(\omega,t)+D^{\alpha}\tilde{\boldsymbol{x}})\mathrm{d}\omega\\ &=-\int_0^{\infty}\mu(\omega)\omega\boldsymbol{z}(\omega,t)\boldsymbol{P}\boldsymbol{z}(\omega,t)\mathrm{d}\omega+\frac{1}{2}\tilde{\boldsymbol{x}}^{\mathrm{T}}(\boldsymbol{P}\boldsymbol{A}_{\mathrm{c}}+\boldsymbol{A}_{\mathrm{c}}^{\mathrm{T}}\boldsymbol{P})\tilde{\boldsymbol{x}}+\\ &\quad\tilde{\boldsymbol{x}}^{\mathrm{T}}(t)\boldsymbol{P}(\boldsymbol{f}_0(\boldsymbol{x})-\boldsymbol{f}_0(\hat{\boldsymbol{x}})+\boldsymbol{W}^{*\mathrm{T}}\boldsymbol{\phi}(\boldsymbol{x})+\boldsymbol{\varepsilon}(\boldsymbol{x})-\hat{\boldsymbol{W}}^{\mathrm{T}}\boldsymbol{\phi}(\hat{\boldsymbol{x}})-\boldsymbol{d}(t)-\boldsymbol{u}(t))\end{aligned} \tag{4-66}$$

式中

$$\begin{aligned}&\boldsymbol{W}^{*\mathrm{T}}\boldsymbol{\phi}(\boldsymbol{x})+\boldsymbol{\varepsilon}(\boldsymbol{x})-\hat{\boldsymbol{W}}^{\mathrm{T}}\boldsymbol{\phi}(\hat{\boldsymbol{x}})-\boldsymbol{d}(t)\\ &=\boldsymbol{W}^{*\mathrm{T}}\boldsymbol{\phi}(\boldsymbol{x})+\boldsymbol{\varepsilon}(\boldsymbol{x})-\boldsymbol{W}^{*\mathrm{T}}\boldsymbol{\phi}(\hat{\boldsymbol{x}})+\boldsymbol{W}^{*\mathrm{T}}\boldsymbol{\phi}(\hat{\boldsymbol{x}})-\hat{\boldsymbol{W}}^{\mathrm{T}}\boldsymbol{\phi}(\hat{\boldsymbol{x}})-\boldsymbol{d}(t)\\ &=\boldsymbol{W}^{*\mathrm{T}}(\boldsymbol{\phi}(\boldsymbol{x})-\boldsymbol{\phi}(\hat{\boldsymbol{x}}))+\boldsymbol{\varepsilon}(\boldsymbol{x})-\boldsymbol{d}(t)-\tilde{\boldsymbol{W}}^{\mathrm{T}}\boldsymbol{\phi}(\hat{\boldsymbol{x}})\end{aligned} \tag{4-67}$$

由于 $\|\boldsymbol{d}\|\leqslant\theta_1$，$\|\boldsymbol{W}^*\|\leqslant\theta_2$，$\|\boldsymbol{\varepsilon}(\boldsymbol{y})\|\leqslant\theta_3$，因此可得

$$\left\|\boldsymbol{W}^{*\mathrm{T}}(\boldsymbol{\phi}(\boldsymbol{x})-\boldsymbol{\phi}(\hat{\boldsymbol{x}}))+\boldsymbol{\varepsilon}(\boldsymbol{x})-\boldsymbol{d}(t)\right\|\leqslant\theta \tag{4-68}$$

式中，θ 为未知正常数。

设计 $\boldsymbol{u}(t)$ 的形式与 4.2 节相似，即

$$\boldsymbol{u}=\hat{\boldsymbol{g}}(\hat{\boldsymbol{x}})+K(\boldsymbol{y}-\boldsymbol{C}^{\mathrm{T}}\hat{\boldsymbol{x}})+\lambda_{\max}(\boldsymbol{P})\boldsymbol{P}^{-1}\boldsymbol{C}\left\|\boldsymbol{C}^{\mathrm{T}}(\boldsymbol{C}\boldsymbol{C}^{\mathrm{T}}+\delta\boldsymbol{I})^{-1}\right\|\hat{\theta}\operatorname{sgn}(\tilde{\boldsymbol{y}}) \tag{4-69}$$

式中，$\lambda_{\max}(\boldsymbol{P})$ 为对称矩阵 $\boldsymbol{P}$ 的最大特征根；$\hat{\theta}$ 为 θ 的估计值。

设计自适应律为

$$D^{\alpha}\hat{\boldsymbol{W}}=\boldsymbol{\Gamma}_W[\boldsymbol{\phi}(\hat{x})\boldsymbol{C}^{\mathrm{T}}(\boldsymbol{C}\boldsymbol{C}^{\mathrm{T}}+\delta\boldsymbol{I})^{-1}\boldsymbol{P}\tilde{\boldsymbol{y}}-\gamma_1\hat{\boldsymbol{W}}] \tag{4-70}$$

$$D^{\alpha}\hat{\theta}=\Gamma_{\theta}(\lambda_{\max}(\boldsymbol{P})|\tilde{\boldsymbol{y}}|\left\|\boldsymbol{C}^{\mathrm{T}}(\boldsymbol{C}\boldsymbol{C}^{\mathrm{T}}+\delta\boldsymbol{I})^{-1}\right\|-\gamma_2\hat{\theta}) \tag{4-71}$$

式中，$\boldsymbol{\Gamma}_W=\boldsymbol{\Gamma}_W^{\mathrm{T}}>0$ 为正定矩阵；Γ_{θ}、γ_1 及 γ_2 为正数。

选取合适的 K，使得 $\boldsymbol{A}_{\mathrm{c}}$ 是一个 Hurwitz（赫尔维茨）矩阵，此时，对于给定的正定对称矩阵 $\boldsymbol{Q}$，存在矩阵 $\boldsymbol{P}$，使得下面的不等式成立：

$$A_{\mathrm{c}}^{\mathrm{T}}\boldsymbol{P}+\boldsymbol{P}\boldsymbol{A}_{\mathrm{c}}+2\boldsymbol{L}\boldsymbol{P}+\frac{2\boldsymbol{P}\boldsymbol{P}^{\mathrm{T}}}{\left\|\boldsymbol{C}^{\mathrm{T}}(\boldsymbol{C}\boldsymbol{C}^{\mathrm{T}}+\delta\boldsymbol{I})^{-1}\right\|^{2}}<-\boldsymbol{Q} \tag{4-72}$$

式中，δ 为一个小的正常数。

下面将本节的结果总结如下。

定理 4-4　考虑系统，当 $\boldsymbol{f}_0(\boldsymbol{x})$ 为满足 Lipschitz 条件的非线性向量函数时，RBF NN 权值及参数估计按照式（4-50）和式（4-51）进行调节，设计观测器［见式（4-49）］，则系统同步误差和参数估计误差有界，并且渐近收敛于原点的一个小邻域内。

证明： 定义估计误差为 $\tilde{\boldsymbol{W}}=\hat{\boldsymbol{W}}-\boldsymbol{W}^*$，$\tilde{\theta}=\hat{\theta}-\theta$，则可知它们的频域分布模型分别为

$$\begin{cases}\dfrac{\partial \boldsymbol{z}_W(\omega,t)}{\partial t}=-\omega\boldsymbol{z}_W(\omega,t)+D^{\alpha}\tilde{\boldsymbol{W}}\\ \tilde{\boldsymbol{W}}=\displaystyle\int_0^{\infty}\mu(\omega)\boldsymbol{z}_W(\omega,t)\mathrm{d}\omega\end{cases} \tag{4-73}$$

$$\begin{cases}\dfrac{\partial z_\theta(\omega,t)}{\partial t}=-\omega z_\theta(\omega,t)+D^{\alpha}\tilde{\theta}\\ \tilde{\theta}=\displaystyle\int_0^{\infty}\mu(\omega)z_\theta(\omega,t)\mathrm{d}\omega\end{cases} \tag{4-74}$$

定义 Lyapunov 函数为

$$V=V_{\mathrm{e}}+\frac{1}{2}\int_0^{\infty}\mu(\omega)\boldsymbol{z}_W^{\mathrm{T}}(\omega,t)\boldsymbol{\Gamma}_W^{-1}\boldsymbol{z}_W(\omega,t)\mathrm{d}\omega+\frac{1}{2\Gamma_\theta}\int_0^{\infty}\mu(\omega)z_\theta^2(\omega,t)\mathrm{d}\omega \tag{4-75}$$

对 V 关于时间 t 求导得

$$\begin{aligned}\dot{V}=&-\int_0^{\infty}\mu(\omega)\omega\boldsymbol{z}(\omega,t)\boldsymbol{P}\boldsymbol{z}(\omega,t)\mathrm{d}\omega+\frac{1}{2}\tilde{\boldsymbol{x}}^{\mathrm{T}}(\boldsymbol{P}\boldsymbol{A}_{\mathrm{c}}+\boldsymbol{A}_{\mathrm{c}}^{\mathrm{T}}\boldsymbol{P})\tilde{\boldsymbol{x}}+\\&\tilde{\boldsymbol{x}}^{\mathrm{T}}(t)\boldsymbol{P}(\boldsymbol{f}_0(\boldsymbol{x})-\boldsymbol{f}_0(\hat{\boldsymbol{x}})+\boldsymbol{W}^{*\mathrm{T}}(\boldsymbol{\phi}(\boldsymbol{x})-\boldsymbol{\phi}(\hat{\boldsymbol{x}}))+\boldsymbol{\varepsilon}(\boldsymbol{x})-\boldsymbol{d}(t)-\tilde{\boldsymbol{W}}^{\mathrm{T}}\boldsymbol{\phi}(\hat{\boldsymbol{x}})-\boldsymbol{u}(t))-\\&\int_0^{\infty}\mu(\omega)\omega\boldsymbol{z}_W^{\mathrm{T}}(\omega,t)\boldsymbol{\Gamma}_W^{-1}\boldsymbol{z}_W(\omega,t)\mathrm{d}\omega+\boldsymbol{\Gamma}_W^{-1}D^{\alpha}\tilde{\boldsymbol{W}}^{\mathrm{T}}\int_0^{\infty}\mu(\omega)\boldsymbol{z}_W(\omega,t)\mathrm{d}\omega-\\&\frac{1}{\Gamma_\theta}\int_0^{\infty}\mu(\omega)\omega z_\theta^2(\omega,t)\mathrm{d}\omega+\frac{1}{\Gamma_\theta}D^{\alpha}\tilde{\theta}\int_0^{\infty}\mu(\omega)z_\theta(\omega,t)\mathrm{d}\omega\end{aligned} \tag{4-76}$$

由于 $\boldsymbol{f}_0(\boldsymbol{x})$ 为满足 Lipschitz 条件的非线性向量函数，因此有

$$\tilde{\boldsymbol{x}}^{\mathrm{T}}\boldsymbol{P}[\boldsymbol{f}_0(\boldsymbol{x})-\boldsymbol{f}_0(\hat{\boldsymbol{x}})]\leqslant\|\boldsymbol{P}\|\|\tilde{\boldsymbol{x}}\|\boldsymbol{L}\|\tilde{\boldsymbol{x}}\|=\boldsymbol{L}\tilde{\boldsymbol{x}}^{\mathrm{T}}\boldsymbol{P}\tilde{\boldsymbol{x}} \tag{4-77}$$

$$\begin{aligned}&\tilde{\boldsymbol{x}}^{\mathrm{T}}(t)\boldsymbol{P}(\boldsymbol{W}^{*\mathrm{T}}\left(\boldsymbol{\phi}(\boldsymbol{x})-\boldsymbol{\phi}(\hat{\boldsymbol{x}})\right)+\boldsymbol{\varepsilon}(\boldsymbol{x})-\boldsymbol{d}(t)-\\&\lambda_{\max}(\boldsymbol{P})\boldsymbol{P}^{-1}\boldsymbol{C}\left\|\boldsymbol{C}^{\mathrm{T}}(\boldsymbol{C}\boldsymbol{C}^{\mathrm{T}}+\delta\boldsymbol{I})^{-1}\right\|\hat{\theta}\operatorname{sgn}(\tilde{\boldsymbol{y}}))\\\leqslant&\left\|\tilde{\boldsymbol{x}}^{\mathrm{T}}\boldsymbol{C}\boldsymbol{C}^{\mathrm{T}}(\boldsymbol{C}\boldsymbol{C}^{\mathrm{T}}+\delta\boldsymbol{I})^{-1}\boldsymbol{P}\right\|\theta-\lambda_{\max}(\boldsymbol{P})\left\|\boldsymbol{C}^{\mathrm{T}}(\boldsymbol{C}\boldsymbol{C}^{\mathrm{T}}+\delta\boldsymbol{I})^{-1}\right\|\hat{\theta}|\tilde{\boldsymbol{y}}|+\\&\left\|\tilde{\boldsymbol{x}}^{\mathrm{T}}\delta\boldsymbol{I}(\boldsymbol{C}\boldsymbol{C}^{\mathrm{T}}+\delta\boldsymbol{I})^{-1}\boldsymbol{P}\right\|\theta\\\leqslant&\lambda_{\max}(\boldsymbol{P})|\tilde{\boldsymbol{y}}|\left\|\boldsymbol{C}^{\mathrm{T}}(\boldsymbol{C}\boldsymbol{C}^{\mathrm{T}}+\delta\boldsymbol{I})^{-1}\right\|\theta-\lambda_{\max}(\boldsymbol{P})\left\|\boldsymbol{C}^{\mathrm{T}}(\boldsymbol{C}\boldsymbol{C}^{\mathrm{T}}+\delta\boldsymbol{I})^{-1}\right\|\hat{\theta}|\tilde{\boldsymbol{y}}|+\\&\left\|\tilde{\boldsymbol{x}}^{\mathrm{T}}\delta\boldsymbol{I}(\boldsymbol{C}\boldsymbol{C}^{\mathrm{T}}+\delta\boldsymbol{I})^{-1}\boldsymbol{P}\theta\right\|\end{aligned}$$

$$\leqslant -\lambda_{\max}(\boldsymbol{P})|\tilde{\boldsymbol{y}}|\left\|\boldsymbol{C}^{\mathrm{T}}(\boldsymbol{C}\boldsymbol{C}^{\mathrm{T}}+\delta\boldsymbol{I})^{-1}\right\|\tilde{\theta}+\frac{\tilde{\boldsymbol{x}}^{\mathrm{T}}\boldsymbol{P}\boldsymbol{P}^{\mathrm{T}}\tilde{\boldsymbol{x}}}{2\left\|\boldsymbol{C}\boldsymbol{C}^{\mathrm{T}}+\delta\boldsymbol{I}\right\|^{2}}+\frac{\delta^{2}}{2}\theta^{2}- \tag{4-78}$$

$$\begin{aligned}
&\tilde{\boldsymbol{x}}^{\mathrm{T}}\boldsymbol{P}\tilde{\boldsymbol{W}}^{\mathrm{T}}\boldsymbol{\phi}(\hat{\boldsymbol{x}})\\
&=-\tilde{\boldsymbol{x}}^{\mathrm{T}}\boldsymbol{C}\boldsymbol{C}^{\mathrm{T}}(\boldsymbol{C}\boldsymbol{C}^{\mathrm{T}}+\delta\boldsymbol{I})^{-1}\boldsymbol{P}\tilde{\boldsymbol{W}}^{\mathrm{T}}\boldsymbol{\phi}(\hat{\boldsymbol{x}})-\tilde{\boldsymbol{x}}^{\mathrm{T}}\delta\boldsymbol{I}(\boldsymbol{C}\boldsymbol{C}^{\mathrm{T}}+\delta\boldsymbol{I})^{-1}\boldsymbol{P}\tilde{\boldsymbol{W}}^{\mathrm{T}}\boldsymbol{\phi}(\hat{\boldsymbol{x}})\\
&\leqslant-\tilde{\boldsymbol{y}}\boldsymbol{C}^{\mathrm{T}}(\boldsymbol{C}\boldsymbol{C}^{\mathrm{T}}+\delta\boldsymbol{I})^{-1}\boldsymbol{P}\tilde{\boldsymbol{W}}^{\mathrm{T}}\boldsymbol{\phi}(\hat{\boldsymbol{x}})+\frac{\tilde{\boldsymbol{x}}^{\mathrm{T}}\boldsymbol{P}\boldsymbol{P}^{\mathrm{T}}\tilde{\boldsymbol{x}}}{2\left\|\boldsymbol{C}\boldsymbol{C}^{\mathrm{T}}+\delta\boldsymbol{I}\right\|^{2}}+\frac{l}{2}\left\|\tilde{\boldsymbol{W}}^{\mathrm{T}}\right\|_{\mathrm{F}}^{2}
\end{aligned} \tag{4-79}$$

将式（4-22）～式（4-79）代入式（4-56）并考虑分数阶参数自适应律，即式（4-50）和式（4-51），可得

$$\begin{aligned}
\dot{V}\leqslant&-\int_{0}^{\infty}\mu(\omega)\omega\boldsymbol{z}(\omega,t)\boldsymbol{P}\boldsymbol{z}(\omega,t)\mathrm{d}\omega-\int_{0}^{\infty}\mu(\omega)\omega\boldsymbol{z}_{W}^{\mathrm{T}}(\omega,t)\boldsymbol{\Gamma}_{W}^{-1}\boldsymbol{z}_{W}(\omega,t)\mathrm{d}\omega-\\
&\frac{1}{\Gamma_{\theta}}\int_{0}^{\infty}\mu(\omega)\omega z_{\theta}^{2}(\omega,t)\mathrm{d}\omega+\frac{1}{2}\tilde{\boldsymbol{x}}^{\mathrm{T}}\left(\boldsymbol{P}\boldsymbol{A}_{\mathrm{c}}+\boldsymbol{A}_{\mathrm{c}}^{\mathrm{T}}\boldsymbol{P}+2\boldsymbol{L}\boldsymbol{P}+\frac{2\boldsymbol{P}\boldsymbol{P}^{\mathrm{T}}}{\left\|\boldsymbol{C}\boldsymbol{C}^{\mathrm{T}}+\delta\boldsymbol{I}\right\|^{2}}\right)\tilde{\boldsymbol{x}}+\\
&\gamma_{1}\tilde{\boldsymbol{W}}^{\mathrm{T}}\hat{\boldsymbol{W}}+\gamma_{2}\tilde{\theta}\hat{\theta}+\frac{\delta^{2}}{2}\theta^{2}+\frac{l}{2}\left\|\tilde{\boldsymbol{W}}^{\mathrm{T}}\right\|_{\mathrm{F}}^{2}\\
\leqslant&-\int_{0}^{\infty}\mu(\omega)\omega\boldsymbol{z}(\omega,t)\boldsymbol{P}\boldsymbol{z}(\omega,t)\mathrm{d}\omega-\int_{0}^{\infty}\mu(\omega)\omega\boldsymbol{z}_{W}^{\mathrm{T}}(\omega,t)\boldsymbol{\Gamma}_{W}^{-1}\boldsymbol{z}_{W}(\omega,t)\mathrm{d}\omega-\\
&\frac{1}{\Gamma_{\theta}}\int_{0}^{\infty}\mu(\omega)\omega z_{\theta}^{2}(\omega,t)\mathrm{d}\omega-\frac{1}{2}\tilde{\boldsymbol{x}}^{\mathrm{T}}\boldsymbol{Q}\tilde{\boldsymbol{x}}-\left(\frac{1}{2\gamma_{1}}-\frac{l}{2}\right)\left\|\tilde{\boldsymbol{W}}\right\|_{\mathrm{F}}^{2}+\frac{1}{2\gamma_{1}}\left\|\boldsymbol{W}^{*}\right\|_{\mathrm{F}}^{2}-\\
&\frac{1}{2\gamma_{1}}\tilde{\theta}^{2}+\frac{1}{2\gamma_{1}}\theta^{2}+\frac{\delta^{2}}{2}\theta^{2}
\end{aligned} \tag{4-80}$$

选取合适的参数，使得 $\frac{1}{2\gamma_1}-\frac{l}{2}>0$，利用定积分中值定理，采用与 3.2 节类似的方法，可得

$$\begin{aligned}
\dot{V}(t)\leqslant&-\int_{0}^{\infty}\mu(\omega)\omega\boldsymbol{z}(\omega,t)\boldsymbol{P}\boldsymbol{z}(\omega,t)\mathrm{d}\omega-\int_{0}^{\infty}\mu(\omega)\omega\boldsymbol{z}_{W}^{\mathrm{T}}(\omega,t)\boldsymbol{\Gamma}_{W}^{-1}\boldsymbol{z}_{W}(\omega,t)\mathrm{d}\omega-\\
&\frac{1}{\Gamma_{\theta}}\int_{0}^{\infty}\mu(\omega)\omega z_{\theta}^{2}(\omega,t)\mathrm{d}\omega+\frac{1}{2\gamma_{1}}\left\|\boldsymbol{W}^{*}\right\|_{\mathrm{F}}^{2}+\frac{1}{2\gamma_{1}}\theta^{2}+\frac{\delta^{2}}{2}\theta^{2}\\
\leqslant&-\rho V+Q
\end{aligned} \tag{4-81}$$

式中，ρ 为正数；$Q=\frac{1}{2\gamma_1}\left\|\boldsymbol{W}^{*}\right\|_{\mathrm{F}}^{2}+\frac{1}{2\gamma_1}\theta^2+\frac{\delta^2}{2}\theta^2$ 为一有界的常数。

因此，同步误差与参数估计误差均指数收敛于一个小邻域内。

4.5.3　仿真分析

驱动系统模型选择不确定超 Lorenz 系统：

$$D^{\alpha}\boldsymbol{x}=\begin{bmatrix}-35 & 35 & 0 & 1\\ 7 & 12 & 0 & 0\\ 0 & 0 & -8 & 0\\ 0 & 0 & 0 & 0.3\end{bmatrix}\boldsymbol{x}+\begin{bmatrix}0\\ -x_1x_3\\ x_1x_2\\ x_2x_3\end{bmatrix}+\Delta\boldsymbol{f}(\boldsymbol{x})+\boldsymbol{d}$$

响应系统为

$$D^{\alpha}\boldsymbol{y}=\begin{bmatrix}-35 & 35 & 0 & 1\\ 7 & 12 & 0 & 0\\ 0 & 0 & -8 & 0\\ 0 & 0 & 0 & 0.3\end{bmatrix}\boldsymbol{y}+\begin{bmatrix}0\\ -y_1y_3\\ y_1y_2\\ y_2y_3\end{bmatrix}+\boldsymbol{u}$$

驱动系统的初始值选为 $\boldsymbol{x}(0)=(1,1,1,1)^{\mathrm{T}}$，响应系统的初始值选为 $\boldsymbol{y}(0)=(0.1,0.1,0.1,0.1)^{\mathrm{T}}$，在 $\alpha_i=0.98$（$i=1,2,3$）时，驱动系统和响应系统是混沌的，驱动系统函数的不确定项和外部扰动项分别如下：

$$\begin{cases}\Delta f_1(y)=0.2\sin(4t)y_1\\ \Delta f_2(y)=-0.25\cos(5t)y_2\\ \Delta f_3(y)=0.15\cos(2t)y_3\\ \Delta f_4(y)=-0.2\sin(3t)y_4\end{cases}\qquad\begin{cases}d_1=0.2\sin 0.1t\\ d_2=0.24\cos 0.12t\\ d_3=0.18\sin 0.2t\\ d_4=0.25\cos 0.18t\end{cases}$$

自适应律增益选择 $\varGamma_{\theta}=0.01$，$\boldsymbol{\varGamma}_W=\mathrm{diag}\{0.01,0.01,0.01,0.01\}$，$\gamma_1=2$，$\gamma_2=0.7$；响应系统阶次选择 $\alpha=0.98$，$\boldsymbol{C}=\mathrm{diag}(1,0,0,0)$，$\delta=0.01$，仿真结果如图 4-17 和图 4-18 所示。

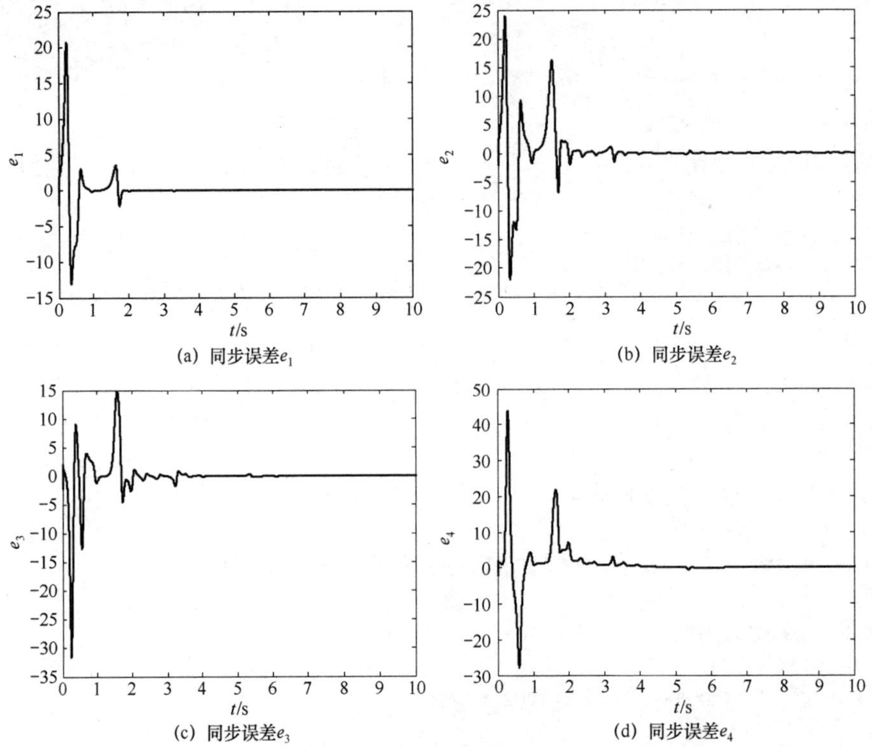

(a) 同步误差 e_1　(b) 同步误差 e_2

(c) 同步误差 e_3　(d) 同步误差 e_4

图 4-17　同步误差曲线

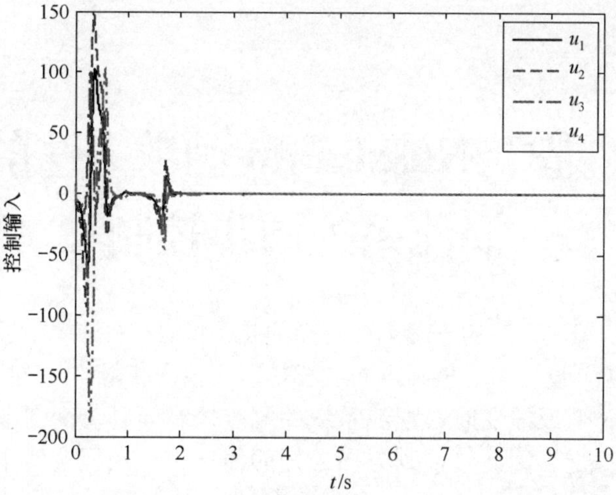

图 4-18　控制输入

4.6　本章小结

本章首先简要概括了基于神经网络与观测器的整数阶混沌系统和分数阶混沌系统同步控制的研究现状，分析了目前研究存在的不足和难点；然后研究了一类带有不确定性和外部扰动的多翼超混沌系统与一类不确定分数阶混沌系统的神经网络同步问题。将系统分为名义部分和不确定部分，首先对多翼超混沌系统设计了一种神经网络同步控制律，通过定义分数阶 PI 型滑模面，结合神经网络技术和自适应技术对不确定项进行逼近，设计了非增长型自适应律，对参数进行估计；然后针对系统状态仅输出可测的情况，结合观测器技术，自适应律同样设计为非增长型，对参数进行估计，实现了驱动系统和响应系统的同步。

本章研究的分数阶混沌系统存在的不确定因素包括参数摄动、未知函数及外部扰动等；设计了一类新型分数阶 PI 型滑模面；定义了基于频率分布模型的 Lyapunov 函数，证明了同步误差收敛；设计了非增长型自适应鲁棒同步控制律，定义了基于等价频率分布模型的 Lyapunov 函数，证明了该控制律能够控制系统参数估计误差收敛；使用数值仿真验证了所提设计方案的有效性。

第5章　基于Nussbaum函数方法的不确定混沌系统同步控制

前面几章研究的混沌系统的不确定性特指的是系统有未知参数、函数不确定项及外部扰动等。在通常的控制设计中，控制方向一般是需要预先获得的，当控制方向不确定时，尤其当控制方向为时变或缓变时，混沌系统的同步控制问题会变得非常困难，原本稳定的系统也可能失去稳定。因此，控制方向未知的情况也是工程实践中设计者必须考虑的问题。

1983 年，Nussbaum 首次提出增益控制的概念，并以简单的一阶系统为例，说明该方法可以解决控制方向为时变的控制问题。经过几十年的发展，形成了一种新的自适应分支理论，能够有效应对控制方向未知的情况。Ye 等实现了多个控制方向未知的非线性严反馈系统的稳定控制。Ye 针对的是时变非线性严反馈系统。Ding 提出了一种基于 Nussbaum 增益的自适应 Backstepping 控制策略，实现了控制方向未知的严反馈系统的稳定，其对象为线性输出反馈系统。Boulkroune 等讨论了一类非线性多输入输出系统的稳定性。王强德等应用 Nussbaum 增益技术和 Adding a power integrator 递推方法，针对一类控制方向未知且时变不确定的本质非线性系统设计了一种鲁棒自适应状态反馈控制律，使输出跟踪误差全局一致有界。Liu 和 Huang 结合鲁棒镇定技术与 Nussbaum 增益控制技术解决了控制方向未知的非线性系统的全局鲁棒输出调节问题。Boulkroune 等针对不确定多变量系统存在未知执行器非线性项和未知控制方向的情况，考虑 Nussbaum 增益技术，设计了模糊自适应控制律。Sam 等研究了一类控制方向未知的严反馈非线性离散时间系统的自适应控制问题，运用离散 Nussbaum 增益克服了由控制方向变化引起的控制困难。Boulkroune 和 M'saad 研究了基于模糊观测器的控制方向未知的非线性系统控制问题。

对于在混沌同步中引入 Nussbaum 增益控制，已有文献对其做了相应的研究，文献[189]将 Nussbaum 增益控制方法引入整数阶混沌系统的同步中。现有大多文章都是针对整数阶混沌系统的，鲜有关于分数阶混沌系统相关问题的报道。整数阶混沌系统与分数阶混沌系统的本质截然不同，使得在考虑控制方向不确定时，解决分数阶混沌系统的同步问题成为一个全新的课题。

在实际应用中，由于物理限制和安全需要，几乎所有系统都受到输入饱和的限制。电动机的控制会受到输入电压高低的限制；在控制过程中，阀门只能在完全打开和完全关闭之间变化，这使得流过的液体会受到限制。输入饱和系统的控制问题一直以来都在控制理论界受到广泛关注，获得了大量的研究成果，如文献[190-197]等。处理输入饱和问题的方法大致有两种：一种是直接设计控制律，并将控制律设计为有界的，从而避免输入饱和问题，如文献[195]；另一种是在执行器饱和时，采用附加设计的抗饱和补偿器来弥补系统发生饱和时性能的下降，即传统意义上的抗饱和控制，如文献[196]。

在控制方向未知的基础上对输入饱和问题的研究更是难点问题，目前几乎没有相关文献。本章将研究一类新的不确定性，即控制方向未知的情况，并以此为基础展开对增益受限和输入饱和的混沌系统的同步控制研究。

5.1　预备知识及系统描述

5.1.1　预备知识

定义 5-1　满足下列性质的函数 $N(\chi)$ 可称为 Nussbaum-type 函数：

$$\begin{cases} \lim\limits_{s\to\infty}\sup\dfrac{1}{s}\displaystyle\int_0^s N(\chi)\mathrm{d}\chi = +\infty \\ \lim\limits_{s\to\infty}\inf\dfrac{1}{s}\displaystyle\int_0^s N(\chi)\mathrm{d}\chi = -\infty \end{cases} \tag{5-1}$$

引理 5-1　若 $N(\chi)=\exp(\chi^2)\cos\left(\dfrac{\pi}{2}\chi\right)$ 是光滑的 Nussbaum-type 函数，$q\geqslant 1$ 是奇数，则 $N^q(\chi)$ 也是光滑的 Nussbaum-type 函数。

引理 5-2　设 $V(t)$ 和 $\chi(t)$ 是定义在区间 $[0, t_\mathrm{f})$ 上的光滑函数，$N^q(\chi)$ 是光滑的 Nussbaum-type 函数；对 $\forall t\in[0, t_\mathrm{f})$，$V(t)\geqslant 0$，假设不等式（5-2）成立

$$V(t)\leqslant c_0+\mathrm{e}^{-c_1 t}\int_0^1 g(\tau)N^q(\chi)+1)\dot{\chi}\mathrm{e}^{c_1\tau}\mathrm{d}\tau \tag{5-2}$$

则 $V(t)$ 和 $\chi(t)$ 必定在区间 $[0, t_\mathrm{f})$ 上有界。在式（5-2）中，c_0 为常数，$c_1>0$，q 为正奇数，$g(t)$ 是取值于未知闭区间 $\boldsymbol{I}=[l^-, l^+]$ $(0\notin\boldsymbol{I})$ 的时变参数。

引理 5-3　对任意给定的正常数 $t_\mathrm{f}>0$，如果引理 5-2 中的闭环系统的解是有界的，那么 $t_\mathrm{f}=\infty$。

5.1.2　系统描述

考虑如下分数阶混沌系统：

$$D^\alpha \boldsymbol{x}=\boldsymbol{f}(\boldsymbol{x}) \tag{5-3}$$

该系统描述见 3.2.2 节。在本节中，为简化分析，假设 $\boldsymbol{f}(\boldsymbol{x})$ 是已知的。

首先假设较为理想的情况，即系统只有控制方向未知。

将式（5-3）表示的系统作为驱动系统，构建带控制输入的响应系统，表示如下：

$$D^\alpha \boldsymbol{y}=\boldsymbol{g}(\boldsymbol{y})+\boldsymbol{bu} \tag{5-4}$$

式中，$\boldsymbol{u}$ 为控制输入；$\boldsymbol{b}$ 为未知的控制方向。

本节的目的就是在控制方向 $\boldsymbol{b}$ 未知的情况下，实现驱动系统和响应系统的同步，即当控制方向 $\boldsymbol{b}$ 发生变化时，同步仍能实现。

定义驱动系统与响应系统的误差为 $\boldsymbol{e}=\boldsymbol{y}-\boldsymbol{x}$，则分数阶误差系统可以表示为

$$D^\alpha \boldsymbol{e}=\boldsymbol{g}(\boldsymbol{y})-\boldsymbol{f}(\boldsymbol{x})+\boldsymbol{bu} \tag{5-5}$$

其第 i（$i=1,2,\cdots,n$）维分量可以表示为

$$D^{\alpha_i}e_i = g_i(\boldsymbol{y}) - f_i(\boldsymbol{x}) + b_i u_i \tag{5-6}$$

假设 5-1　控制方向 b_i 未知，且有界，并在未知闭区间 $I_i=[l_i^-, l_i^+]$ 内取值，且 $0 \notin I_i$。

5.2　控制方向未知的分数阶混沌系统的 Nussbaum 增益控制

5.2.1　Nussbaum 增益控制律设计

选取如下滑模曲面：

$$\boldsymbol{s} = \boldsymbol{e} + \boldsymbol{C}_0 \boldsymbol{I}^{\alpha} \boldsymbol{e} \tag{5-7}$$

式中，$\boldsymbol{s} \in \mathbf{R}^n$；$\boldsymbol{e} \in \mathbf{R}^n$；$\boldsymbol{C}_0 \in \mathbf{R}^{n\times n}$，$\boldsymbol{C}_0 = \mathrm{diag}(c_1, c_2, \cdots, c_n)$，$c_i$ 为正常数。

对式（5-7）两边沿时间求 α 阶导数得

$$D^{\alpha}\boldsymbol{s} = D^{\alpha}\boldsymbol{e}(t) + \boldsymbol{C}_0 \boldsymbol{e}(t) \tag{5-8}$$

当系统发生滑模运动时，需要满足 $\boldsymbol{s}=0$ 和 $D^{\alpha}\boldsymbol{s}=0$，因此有

$$D^{\alpha}\boldsymbol{e} = -\boldsymbol{C}_0 \boldsymbol{e} \tag{5-9}$$

式（5-9）表示的滑模面的稳定性可由引理 3-1 及 3.2.3 节分析得到。

$$\begin{aligned} D^{\alpha}s_i &= D^{\alpha}e_i + c_i e_i \\ &= g_i(\boldsymbol{y}) - f_i(\boldsymbol{x}) + b_i u_i + c_i e_i \end{aligned} \tag{5-10}$$

对于式（5-10）表示的误差系统，可设计如下虚拟控制律：

$$\alpha_i = f_i(\boldsymbol{x}) - g_i(\boldsymbol{y}) - k_0 s_i - c_i e_i \tag{5-11}$$

式中，k_0 为正常数。

接下来，设计 Nussbaum 增益控制律为

$$u_i = -N(k_i)\alpha_i \tag{5-12}$$

并且，设计 Nussbaum 增益更新律为

$$\dot{k}_i = s_i \alpha_i \tag{5-13}$$

此时，可以将式（5-10）改写为如下形式：

$$D^{\alpha}s_i = -k_0 s_i - b_i N(k_i)\alpha_i - \alpha_i \tag{5-14}$$

根据引理 3-2，可以得到滑模面的等价频率分布模型如下：

$$\begin{cases} \dfrac{\partial z_i(\omega,t)}{\partial t} = -\omega z_i(\omega,t) - D^{\alpha}s_i \\ s_i = \displaystyle\int_0^{\infty} \mu(\omega) z_i(\omega,t)\mathrm{d}\omega \end{cases} \tag{5-15}$$

式中，权值函数为 $\mu_{\alpha}(\omega) = \sin(\alpha\pi)/\pi\omega^{\alpha}$；$z_i(\omega,t) \in \mathbf{R}$ 为实际误差变量。

定义如下 Lyapunov 函数：

$$V_i(t) = \frac{1}{2}\int_0^{\infty} \mu(\omega) z_i^2(\omega,t)\mathrm{d}\omega \tag{5-16}$$

关于时间求导得

$$\begin{aligned}\dot{V}_i(t) &= \int_0^{\infty} \mu(\omega) z_i(\omega,t) \frac{\partial z_i(\omega,t)}{\partial t} \mathrm{d}\omega \\ &= \int_0^{\infty} \mu(\omega) z_i(\omega,t)(-\omega z_i(\omega,t) + D^{\alpha} s_i) \mathrm{d}\omega \\ &= -\int_0^{\infty} \mu(\omega) \omega z_i^2(\omega,t) \mathrm{d}\omega + s_i D^{\alpha} s_i \\ &= -\int_0^{\infty} \mu(\omega) \omega \boldsymbol{z}^{\mathrm{T}}(\omega,t) \boldsymbol{z}(\omega,t) \mathrm{d}\omega + s_i(-k_0 s_i - b_i N(k_i)\alpha_i - \alpha_i) \\ &\leqslant -(b_i N(k_i)+1)\dot{k}_i \end{aligned} \tag{5-17}$$

将式（5-17）两边积分可得

$$\begin{aligned} V_i(t) - V_i(0) &\leqslant \int_{k_i(0)}^{k_i(t)} -(b_i N(k_i)+1) \mathrm{d}k \\ &\leqslant \int_{k_i(0)}^{k_i(t)} -b_i N(k_i) \mathrm{d}k + k_i(0) - k_i(t) \end{aligned} \tag{5-18}$$

引理 5-4　$k_i(t)$ 有界。

证明： 下面利用反证法来证明。假设 $k_i(t)$ 无界，以 $N(k_i) = k_i^2 \cos(k_i)$ 为例来证明。

（1） $k_i(t) \to +\infty$。

将式（5-18）两边均除以 $k_i(t)$，可得

$$\frac{V_i(t) - V_i(0) - k_i(0)}{k_i(t)} + 1 \leqslant \frac{1}{k_i(t)} \int_{k_i(0)}^{k_i(t)} -b_i N(k_i) \mathrm{d}k \tag{5-19}$$

由此可得

$$\lim_{k_i(t)\to+\infty} \frac{1}{k_i(t)} \int_{k_i(0)}^{k_i(t)} -b_i N(k_i) \mathrm{d}k \geqslant \lim_{k_i(t)\to+\infty} \left(\frac{V_i(t) - V_i(0) - k_i(0)}{k_i(t)} + 1 \right) = 1 \tag{5-20}$$

可见，式（5-20）的成立与 b_i 的符号无关。但如果 $k_i(t) \to +\infty$ 使 $\lim\limits_{k_i(t)\to+\infty} \sup \frac{1}{k_i(t)} \int_0^{k_i(t)} N(k) \mathrm{d}k = +\infty$ 成立，则当 b_i 为正时，所得结论与式（5-20）矛盾；如果 $k_i(t) \to +\infty$ 使 $\lim\limits_{k_i(t)\to+\infty} \inf \frac{1}{k_i(t)} \int_0^{k_i(t)} N(k) \mathrm{d}k = -\infty$，则当 b_i 为负时，所得结论与式（5-20）矛盾。

（2） $k_i(t) \to -\infty$。

将式（5-19）两边均除以 $k_i(t)$，可得

$$\frac{V_i(t) - V_i(0) - k_i(0)}{k_i(t)} + 1 \geqslant \frac{1}{k_i(t)} \int_{k_i(0)}^{k_i(t)} -b_i N(k_i) \mathrm{d}k \tag{5-21}$$

由此可得

$$\lim_{k_i(t)\to-\infty} \frac{1}{k_i(t)} \int_{k_i(0)}^{k_i(t)} -b_i N(k_i) \mathrm{d}k \leqslant \lim_{k_i(t)\to-\infty} \left(\frac{V(t) - V(0) - k_i(0)}{k_i(t)} + 1 \right) = 1 \tag{5-22}$$

同理，式（5-22）的成立与 b_i 的符号无关。但如果 $k_i(t) \to -\infty$ 使 $\lim\limits_{k_i(t)\to-\infty} \sup \frac{1}{k_i(t)} \int_0^{k_i(t)} N(k) \mathrm{d}k = +\infty$，则当 b_i 为负时，所得结论与（5-22）矛盾；如果 $k_i(t) \to -\infty$ 使 $\lim\limits_{k_i(t)\to-\infty} \inf \frac{1}{k_i(t)} \int_0^{k_i(t)} N(k)$

$\mathrm{d}k=-\infty$，则当b_i为正时，所得结论与式（5-22）矛盾。

综上，$k_i(t)$有界。因此可知$\int_{k_i(0)}^{k_i(t)}-(b_iN(k_i)+1)\mathrm{d}k$有界。由式（5-7）、式（5-16）和式（5-18）及混沌系统的特性容易得到$V(t)$有界，s_i有界，α_i有界；又由 Lyapunov 函数的构造形式及其正定性，易得$s_i\to 0$。

注 5-1 在进行同步系统设计时，为增强控制方法的可调节性，可以在增益自适应律和控制律上增加调节参数，如$\dot{k}_i=k_is_i\alpha_i$，$u_i=\mu_iN(k_i)\alpha_i$。这样，在进行稳定性证明时，只需添加相应的参数，不会影响稳定性分析的结论。

5.2.2　仿真分析

考虑本节研究的内容，选取两个理想的分数阶混沌系统分别作为驱动系统和响应系统，验证本节所采用的 Nussbaum 增益控制的有效性。

以分数阶 Chen 系统作为驱动系统：

$$\begin{cases}D^{\alpha_1}x_1=a_x(x_2-x_1)\\D^{\alpha_2}x_2=(c_x-a_x)x_1-x_1x_3+c_xx_2\\D^{\alpha_3}x_3=x_1x_2-b_xx_3\end{cases}$$

响应系统为

$$\begin{cases}D^{\alpha_1}y_1=a_y(y_2-y_1)+b_1u_1\\D^{\alpha_2}y_2=(c_y-a_y)y_1-y_1y_3+c_yy_2+b_2u_2\\D^{\alpha_3}y_3=y_1y_2-b_yy_3+b_3u_3\end{cases}$$

式中，$\alpha_i\in(0,1)$（$i=1,2,3$）；当$a_x=35$，$b_x=3$，$c_x=28$，$\alpha_i=0.98$时，系统表现为混沌态；u_i（$i=1,2,3$）为控制输入；b_i（$i=1,2,3$）为控制系数。

选取 Nussbaum 增益的初始值为$k_i(0)=(1,1,1)$；驱动系统和响应系统的初始值分别为$(x_1(0),x_2(0),x_3(0))=(1,2,-1)$和$(y_1(0),y_2(0),y_3(0))=(2,-1,1)$；响应系统参数为$a_y=35$，$b_y=3$，$c_y=28$，$b_i=\begin{cases}1 & t<5\\-1 & t\geqslant 5\end{cases}$，取$\dot{k}_i=k_ie_i\bar{\alpha}_i$，$k_i=0.08$，$\mu_i=0.1$（$i=1,2,3$）。根据上面所设计的控制律，即式（5-12）可得仿真结果，如图 5-1 和图 5-2 所示。

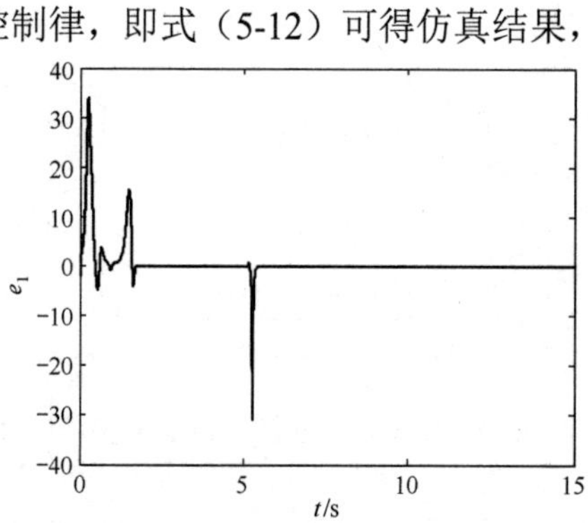

(a) 同步误差e_1

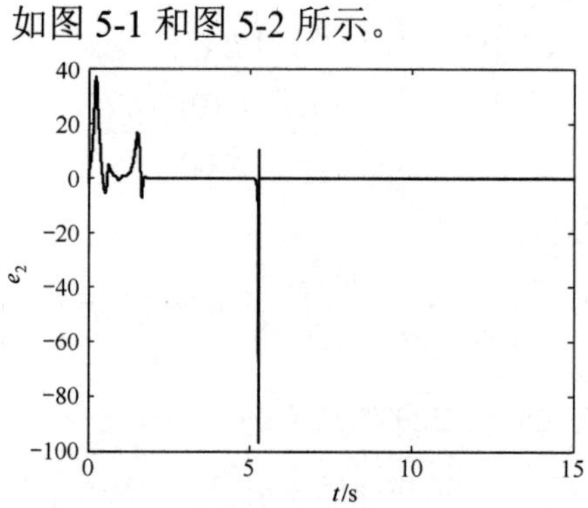

(b) 同步误差e_2

图 5-1　同步误差曲线

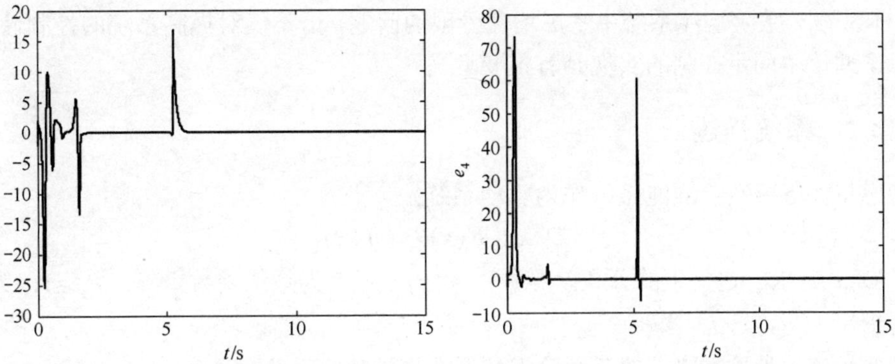

(c) 同步误差e_3　　　　(d) 同步误差e_4

图 5-1　同步误差曲线（续）

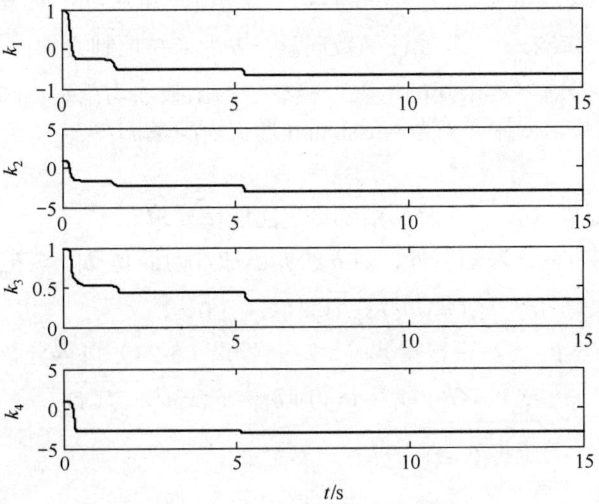

图 5-2　Nussbaum 增益 k 曲线

由图 5-1 和图 5-2 可知，所设计的控制方法能够很好地实现同步过程，特别是控制方向的切换并不会影响其跟踪效果，体现出该方法的有效性。

5.3　控制方向未知的增益受限不确定分数阶混沌系统同步

5.2 节介绍了 Nussbaum 增益存在控制方向切换时的控制方法，目前，鲜有分数阶混沌系统同步存在控制方向未知的文献，而在工程应用中，这是应该考虑的实际问题，本节以此为出发点，除考虑控制方向切换外，还综合考虑不确定性和增益受限的情况。

从理论的角度来分析，在进行控制时，增益越高，系统的动态响应性能越好，响应速度越快，鲁棒性越强。但是，在实际应用中，不建议使用高增益，这是因为高增益会使控制难以实现，也会使控制成本更高，同时，高增益会使系统变得不够稳定，抗干扰能力降低，还会放大噪声。因此，这就要求在进行控制设计时，尽量对增益进行优化配置。已经证实兼顾考虑了增益受限后的 Nussbaum 增益控制能够提高系统的稳定性并增强鲁棒性。

因而，本节在分数阶混沌系统中考虑增益受限的问题，这不仅对提高系统的控制性有帮助，还对保密通信中同步控制的实现具有重要意义。

5.3.1　系统描述

考虑将如下分数阶混沌系统作为驱动系统：

$$D^{\alpha}\boldsymbol{x}=\boldsymbol{F}(\boldsymbol{x})\boldsymbol{\theta}_x+\boldsymbol{f}(\boldsymbol{x}) \tag{5-23}$$

式中，$D^{\alpha}\boldsymbol{x}$ 为 RL 定义下的分数阶导数；$\boldsymbol{F}(\boldsymbol{x})\in\mathbf{R}^{n\times m}$ 为系统函数矩阵；$\boldsymbol{\theta}_x\in\mathbf{R}^m$ 为未知的参数向量。

构建相应的带控制输入的分数阶混沌系统作为响应系统：

$$D^{\alpha}\boldsymbol{y}=\boldsymbol{G}(\boldsymbol{y})\boldsymbol{\theta}_y+\boldsymbol{g}(\boldsymbol{y})+\boldsymbol{bu} \tag{5-24}$$

式中，$\boldsymbol{y}\in\mathbf{R}^n$ 为系统的状态向量；$\boldsymbol{G}(\boldsymbol{y})\in\mathbf{R}^{n\times m}$ 为系统函数矩阵；$\boldsymbol{\theta}_y\in\mathbf{R}^m$ 为未知的参数向量；$\boldsymbol{g}(\boldsymbol{y})\in\mathbf{R}^n$ 为已知或未知的非线性函数向量；$\boldsymbol{b}$ 为未知控制方向；$\boldsymbol{u}$ 为控制输入。

注 5-2　本节只考虑参数未知的情况，模型中的函数项均精确已知。

假设 5-2　控制增益受限，k 为 Nussbaum 增益，满足 $|k|\leqslant k_{\text{sat}}$，$k_{\text{sat}}$ 为系统对增益界的限制要求。

假设 5-3　k_{sat} 足够大，能够满足系统稳定的能量要求。

假设 5-4　控制方向 $\boldsymbol{b}$ 未知有界，且 $\boldsymbol{b}$ 的界已知，即满足 $\|\boldsymbol{b}\|_{\infty}\leqslant b_{\max}$，其中，$b_{\max}$ 为正常数，$\boldsymbol{b}$ 的元素在未知闭区间 $\boldsymbol{I}=[l^-,l^+]$ 中取值，且 $0\notin\boldsymbol{I}$。

定义误差向量 $\boldsymbol{e}=\boldsymbol{y}-\boldsymbol{x}$，则根据式（5-23）和式（5-24）可得分数阶误差系统方程为

$$D^{\alpha}\boldsymbol{e}=\boldsymbol{G}(\boldsymbol{y})\boldsymbol{\theta}_y+\boldsymbol{g}(\boldsymbol{y})+\boldsymbol{bu}-\boldsymbol{F}(\boldsymbol{x})\boldsymbol{\theta}_x-\boldsymbol{f}(\boldsymbol{x}) \tag{5-25}$$

控制的目的是使得当 $t\to\infty$ 时，$\|\boldsymbol{e}\|\to 0$。

5.3.2　增益受限的 Nussbaum 增益控制律设计

对于参数未知的情况，前面采用的是自适应技术对未知参数进行在线辨识的方法，从仿真情况来看，这是十分有效的。因此本节仍然采用自适应技术处理参数未知的情况。

首先选取一类分数阶 PI 型滑模面：

$$\boldsymbol{s}=\boldsymbol{e}(t)+\boldsymbol{C}I^{\alpha}\boldsymbol{e}(t) \tag{5-26}$$

式中，$\boldsymbol{s}\in\mathbf{R}^n$；$\boldsymbol{C}=\text{diag}(c_1,c_2,\cdots,c_n)\in\mathbf{R}^{n\times n}$，$c_i>0$。

对式（5-26）两边关于时间求 α 阶导数，得

$$D^{\alpha}\boldsymbol{s}=D^{\alpha}\boldsymbol{e}(t)+\boldsymbol{Ce}(t) \tag{5-27}$$

其稳定性证明见 3.2.3 节。

根据引理 3-2，可以得到滑模面的等价频率分布模型：

$$\begin{cases}\dfrac{\partial \boldsymbol{z}(\omega,t)}{\partial t}=-\omega\boldsymbol{z}(\omega,t)+D^{\alpha}\boldsymbol{s}\\[2mm] \boldsymbol{s}=\displaystyle\int_0^{\infty}\mu(\omega)\boldsymbol{z}(\omega,t)\mathrm{d}\omega\end{cases} \tag{5-28}$$

式中，权值函数为 $\mu_\alpha(\omega)=\sin(\alpha\pi)/\pi\omega^\alpha$； $z(\omega,t)\in\mathbf{R}^n$ 为实际误差变量。

定义 Lyapunov 函数为 $V_s(t)=\dfrac{1}{2}\int_0^\infty \mu(\omega)\boldsymbol{z}^{\mathrm{T}}(\omega,t)\boldsymbol{z}(\omega,t)\mathrm{d}\omega$，对其求导得

$$\begin{aligned}\dot{V}_s(t)&=\int_0^\infty \mu(\omega)\boldsymbol{z}^{\mathrm{T}}(\omega,t)\frac{\partial \boldsymbol{z}(\omega,t)}{\partial t}\mathrm{d}\omega\\&=\int_0^\infty \mu(\omega)\boldsymbol{z}^{\mathrm{T}}(\omega,t)(-\omega\boldsymbol{z}(\omega,t)+D^\alpha\boldsymbol{s})\mathrm{d}\omega\\&=-\int_0^\infty \mu(\omega)\omega\boldsymbol{z}^{\mathrm{T}}(\omega,t)\boldsymbol{z}(\omega,t)\mathrm{d}\omega+\boldsymbol{s}^{\mathrm{T}}D^\alpha\boldsymbol{s}\\&=-\int_0^\infty \mu(\omega)\omega\boldsymbol{z}^{\mathrm{T}}(\omega,t)\boldsymbol{z}(\omega,t)\mathrm{d}\omega+\boldsymbol{s}^{\mathrm{T}}(D^\alpha\boldsymbol{e}+\boldsymbol{Ce})\\&=-\int_0^\infty \mu(\omega)\omega\boldsymbol{z}^{\mathrm{T}}(\omega,t)\boldsymbol{z}(\omega,t)\mathrm{d}\omega+\\&\quad\ \boldsymbol{s}^{\mathrm{T}}(\boldsymbol{G}(\boldsymbol{y})\boldsymbol{\theta}_y+\boldsymbol{g}(\boldsymbol{y})-\boldsymbol{F}(\boldsymbol{x})\boldsymbol{\theta}_x-\boldsymbol{f}(\boldsymbol{x})+\boldsymbol{bu}+\boldsymbol{Ce})\end{aligned}\tag{5-29}$$

设计控制律如下：

$$\boldsymbol{u}^d=\boldsymbol{F}(\boldsymbol{x})\hat{\boldsymbol{\theta}}_x+\boldsymbol{f}(\boldsymbol{x})-\boldsymbol{G}(\boldsymbol{y})\hat{\boldsymbol{\theta}}_y-\boldsymbol{g}(\boldsymbol{y})-\boldsymbol{Ce}-r_1\boldsymbol{s}-r_2\,\mathrm{sgn}(\boldsymbol{s})\tag{5-30}$$

式中，$\hat{\boldsymbol{\theta}}_x$ 和 $\hat{\boldsymbol{\theta}}_y$ 分别为 $\boldsymbol{\theta}_x$ 与 $\boldsymbol{\theta}_y$ 的估计值，$\boldsymbol{\theta}_x$ 和 $\boldsymbol{\theta}_y$ 未知。

将式（5-30）代入式（5-29），有

$$\begin{aligned}\dot{V}_s(t)=&-\int_0^\infty \mu(\omega)\omega\boldsymbol{z}^{\mathrm{T}}(\omega,t)\boldsymbol{z}(\omega,t)\mathrm{d}\omega+\\&\boldsymbol{s}^{\mathrm{T}}(\boldsymbol{G}(\boldsymbol{y})\tilde{\boldsymbol{\theta}}_y-\boldsymbol{F}(\boldsymbol{x})\tilde{\boldsymbol{\theta}}_x-r_1\boldsymbol{s}-r_2\,\mathrm{sgn}(\boldsymbol{s}))\end{aligned}\tag{5-31}$$

式中，$\tilde{\boldsymbol{\theta}}_x=\boldsymbol{\theta}_x-\hat{\boldsymbol{\theta}}_x$；$\tilde{\boldsymbol{\theta}}_y=\boldsymbol{\theta}_y-\hat{\boldsymbol{\theta}}_y$。

设计自适应律为

$$\begin{cases}D^\alpha\hat{\boldsymbol{\theta}}_x=-\boldsymbol{F}(\boldsymbol{x})^{\mathrm{T}}\boldsymbol{s}\\D^\alpha\hat{\boldsymbol{\theta}}_y=\boldsymbol{G}(\boldsymbol{y})^{\mathrm{T}}\boldsymbol{s}\end{cases}\tag{5-32}$$

可得

$$\begin{cases}D^\alpha\tilde{\boldsymbol{\theta}}_x=D^\alpha\boldsymbol{\theta}_x-D^\alpha\hat{\boldsymbol{\theta}}_x=-D^\alpha\hat{\boldsymbol{\theta}}_x\\D^\alpha\tilde{\boldsymbol{\theta}}_y=D^\alpha\boldsymbol{\theta}_y-D^\alpha\hat{\boldsymbol{\theta}}_y=-D^\alpha\hat{\boldsymbol{\theta}}_y\end{cases}\tag{5-33}$$

根据引理 3-2，得到如下等价频率分布模型：

$$\begin{cases}\dfrac{\partial z_{\theta_x}(\omega,t)}{\partial t}=-\omega z_{\theta_x}(\omega,t)+D^\alpha\tilde{\boldsymbol{\theta}}_x\\\tilde{\boldsymbol{\theta}}_x=\displaystyle\int_0^\infty \mu(\omega)z_{\theta_x}(\omega,t)\mathrm{d}\omega\end{cases}\tag{5-34}$$

$$\begin{cases}\dfrac{\partial z_{\theta_y}(\omega,t)}{\partial t}=-\omega z_{\theta_y}(\omega,t)+D^\alpha\tilde{\boldsymbol{\theta}}_y\\\tilde{\boldsymbol{\theta}}_y=\displaystyle\int_0^\infty \mu(\omega)z_{\theta_y}(\omega,t)\mathrm{d}\omega\end{cases}\tag{5-35}$$

定义 Lyapunov 函数为

$$V_\theta(t)=\frac{1}{2}\int_0^\infty \mu(\omega)z_{\theta_x}^2(\omega,t)\mathrm{d}\omega+\frac{1}{2}\int_0^\infty \mu(\omega)z_{\theta_y}^2(\omega,t)\mathrm{d}\omega \tag{5-36}$$

对式（5-36）求导得

$$\begin{aligned}\dot{V}_\theta(t)=&-\int_0^\infty \mu(\omega)\omega z_{\theta_x}^2(\omega,t)\mathrm{d}\omega+\tilde{\boldsymbol{\theta}}_x D^\alpha\tilde{\boldsymbol{\theta}}_x-\\&\int_0^\infty \mu(\omega)\omega z_{\theta_y}^2(\omega,t)\mathrm{d}\omega+\tilde{\boldsymbol{\theta}}_y D^\alpha\tilde{\boldsymbol{\theta}}_y\\ \leqslant&\,\tilde{\boldsymbol{\theta}}_x(-\boldsymbol{F}(\boldsymbol{x})^\mathrm{T}\boldsymbol{s})+\tilde{\boldsymbol{\theta}}_x\boldsymbol{G}(\boldsymbol{y})^\mathrm{T}\boldsymbol{s}\end{aligned} \tag{5-37}$$

接下来，采用 5.3.1 节的设计方法，处理控制方向未知的问题。设计 Nussbaum 增益控制律为

$$\boldsymbol{u}=-N(k)\boldsymbol{u}^d \tag{5-38}$$

设计 Nussbaum 增益自适应律为

$$\dot{l}=k_l\boldsymbol{s}\boldsymbol{u}^d \tag{5-39}$$

式中，k_l 为设计参数。设计有界的增益受限函数为

$$k=f(l) \tag{5-40}$$

式中，$f(l)$ 可以选择有界函数，代入式（5-31）可得

$$\begin{aligned}\dot{V}_s(t)=&-\int_0^\infty \mu(\omega)\omega \boldsymbol{z}^\mathrm{T}(\omega,t)\boldsymbol{z}(\omega,t)\mathrm{d}\omega-\\&r_1\boldsymbol{s}^\mathrm{T}\boldsymbol{s}-r_2\boldsymbol{s}^\mathrm{T}\mathrm{sgn}(\boldsymbol{s})-\boldsymbol{s}^\mathrm{T}\boldsymbol{F}(\boldsymbol{x})\tilde{\boldsymbol{\theta}}_x+\boldsymbol{s}^\mathrm{T}\boldsymbol{G}(\boldsymbol{y})\tilde{\boldsymbol{\theta}}_y-\frac{1}{k_l}(\boldsymbol{b}N(k)+1)\dot{l}\end{aligned} \tag{5-41}$$

定理 5-1　式(5-31)表示的驱动系统和式(5-24)表示的响应系统在控制律[见式(5-38)]的作用下可实现完全同步。

证明：定义全局 Lyapunov 能量函数为

$$V=V_s+V_\theta \tag{5-42}$$

对上式两边关于时间求导，并将式（5-41）和式（5-37）代入得

$$\begin{aligned}\dot{V}\leqslant&-r_1\boldsymbol{s}^\mathrm{T}\boldsymbol{s}-r_2\boldsymbol{s}^\mathrm{T}\mathrm{sgn}(\boldsymbol{s})-\boldsymbol{s}^\mathrm{T}\boldsymbol{F}(\boldsymbol{x})\tilde{\boldsymbol{\theta}}_x+\boldsymbol{s}^\mathrm{T}\boldsymbol{G}(\boldsymbol{y})\tilde{\boldsymbol{\theta}}_y-\\&\frac{1}{k_l}(\boldsymbol{b}N(k)+1)\dot{l}-(\tilde{\boldsymbol{\theta}}_x(-\boldsymbol{F}(\boldsymbol{x})^\mathrm{T}\boldsymbol{s})+\tilde{\boldsymbol{\theta}}_x\boldsymbol{G}(\boldsymbol{y})^\mathrm{T}\boldsymbol{s})\end{aligned} \tag{5-43}$$

将式（5-32）代入式（5-43）得

$$\dot{V}\leqslant-\frac{1}{k_l}(\boldsymbol{b}N(k)+1)\dot{l} \tag{5-44}$$

对上式两边求积分得

$$V(t)-V(0)\leqslant\frac{1}{k_l}\left(\int_{l(0)}^{l(t)}-\boldsymbol{b}N(k)\mathrm{d}l+l(0)-l(t)\right) \tag{5-45}$$

选取 Nussbaum 增益函数 $N(k)=k^2\sin k$，增益受限函数 $k=h\sin(l)$，可见增益必然满足

$$N(k)=k^2\sin k\leqslant h^2 \tag{5-46}$$

式中，h 由实际系统的需求给定。

接下来证明 l 的有界性，证明方法与 5.2 节类似，可以得到 $l(t)$ 有界。由 $V(t)$ 有界、$\boldsymbol{u}^d$ 有界、$\boldsymbol{s}(t)$ 有界及 Lyapunov 函数的性质可以得到 $\boldsymbol{s}(t)\to 0$。

5.3.3　仿真分析

为了验证所设计的增益受限 Nussbaum 增益控制的有效性，本节依然采用 5.2 节的仿真模型。以分数阶混沌 Chen 系统作为驱动系统：

$$\begin{cases} D^{\alpha_1}x_1 = a_x(x_2 - x_1) \\ D^{\alpha_2}x_2 = (c_x - a_x)x_1 - x_1x_3 + c_x x_2 \\ D^{\alpha_3}x_3 = x_1x_2 - b_x x_3 \end{cases}$$

构建带控制输入的分数阶混沌 Rössler 系统作为响应系统：

$$\begin{cases} D^{\beta_1}y_1 = -(y_2 + y_3) + b_1u_1 \\ D^{\beta_2}y_2 = y_1 + a_y y_2 + b_2u_2 \\ D^{\beta_3}y_3 = y_3(y_1 - c_y) + b_y + b_3u_3 \end{cases}$$

式中，$\beta_i \in (0,1)$；u_i 为控制输入；b_i 为控制方向。

本节设置 a_x，b_x，c_x，a_y，b_y，c_y 均为未知参量；$\alpha_i = \beta_i = 0.9$；驱动系统和响应系统的初始值分别为 $(x_1,x_2,x_3)=(1,2,-1)$ 和 $(y_1,y_2,y_3)=(2,-1,1)$；参数估计的初始值为 $(\hat{a}_x(0),\hat{b}_x(0),\hat{c}_x(0),\hat{a}_y(0),\hat{b}_y(0),\hat{c}_y(0))=(20,20,5,1,1,0)$；Nussbaum 增益的初始值为 $l_i(0)=0.1$，未知控制方向 $b_i = \begin{cases} -1 & t<4 \\ 1 & t\geqslant 4 \end{cases}$。仿真结果如图 5-3～图 5-20 所示。

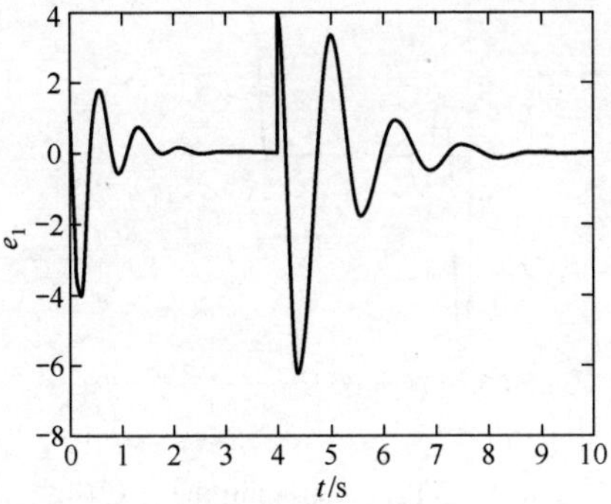

图 5-3　误差 e_1 曲线

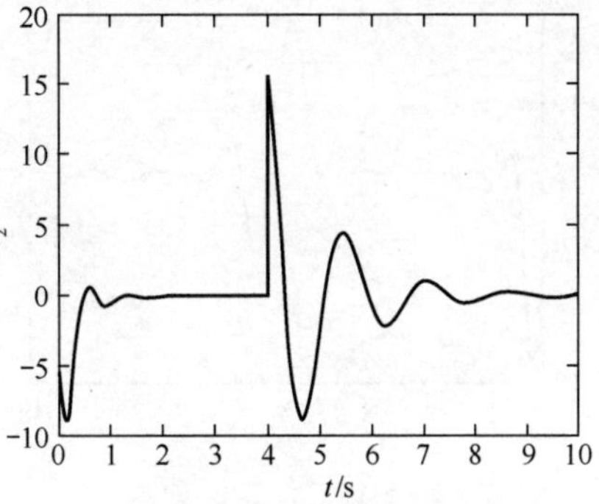

图 5-4　误差 e_2 曲线

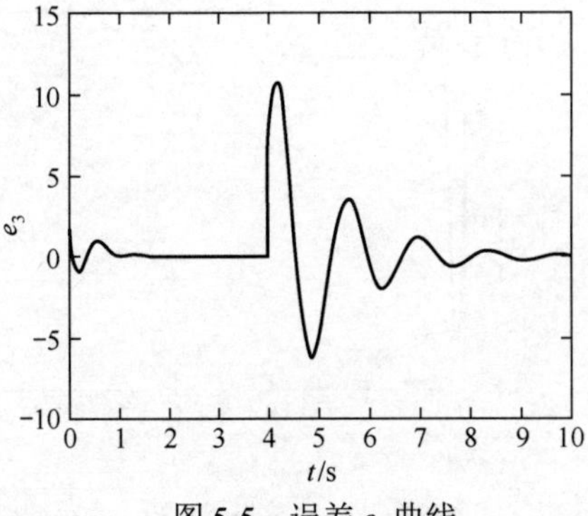

图 5-5　误差 e_3 曲线

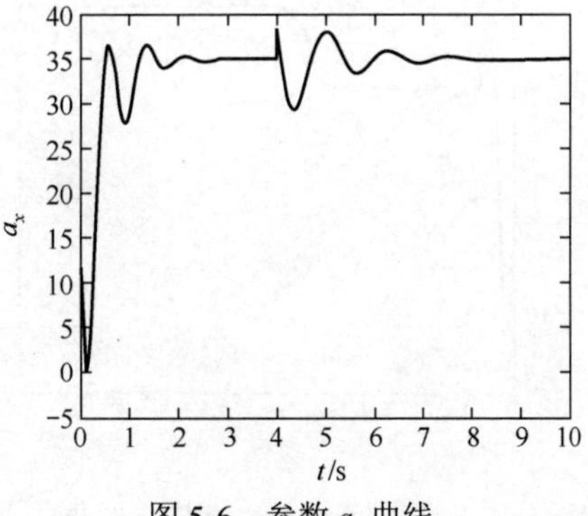

图 5-6　参数 a_x 曲线

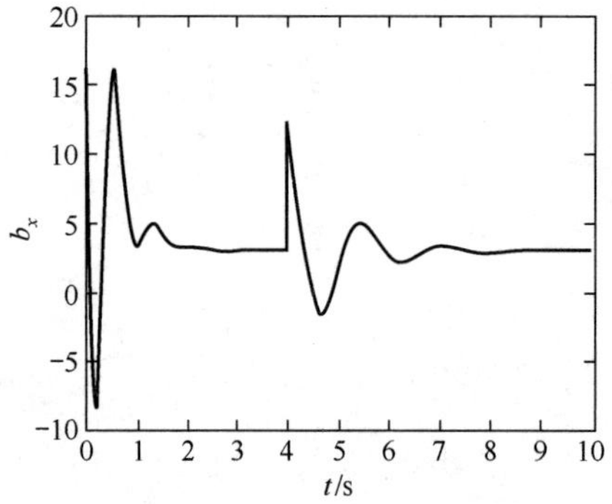

图 5-7　参数 b_x 曲线

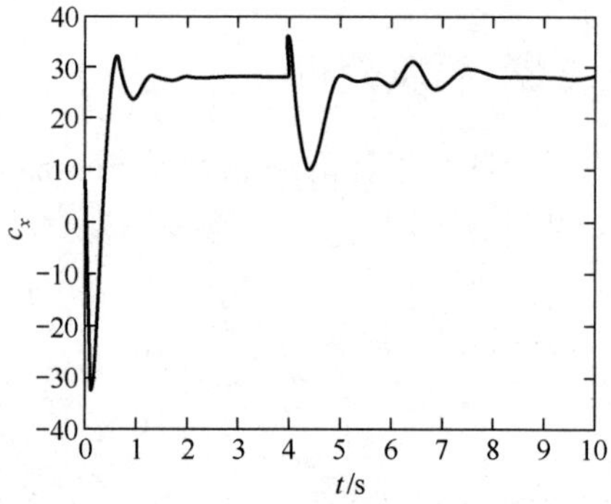

图 5-8　参数 c_x 曲线

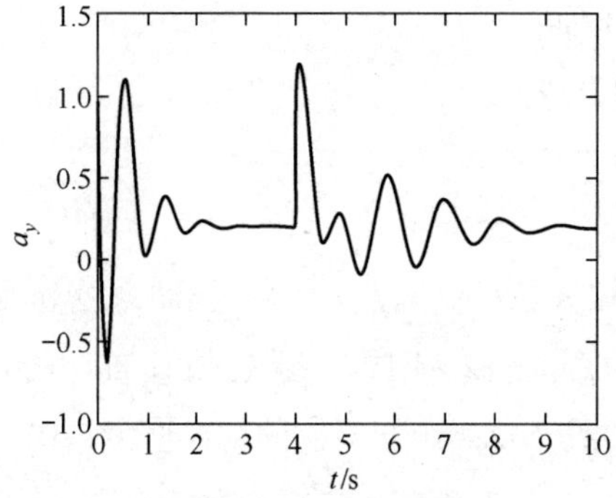

图 5-9　参数 a_y 曲线

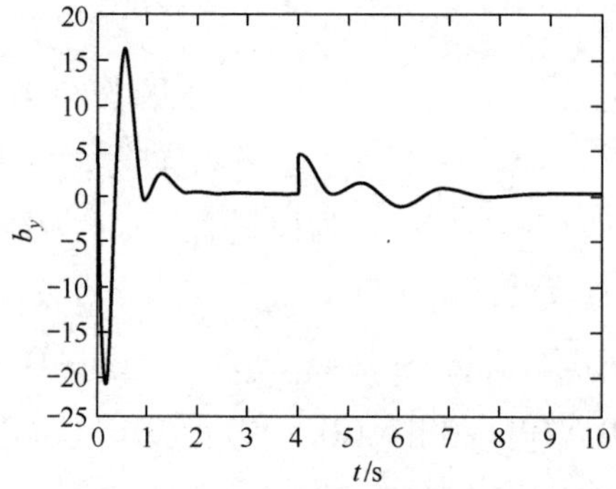

图 5-10　参数 b_y 曲线

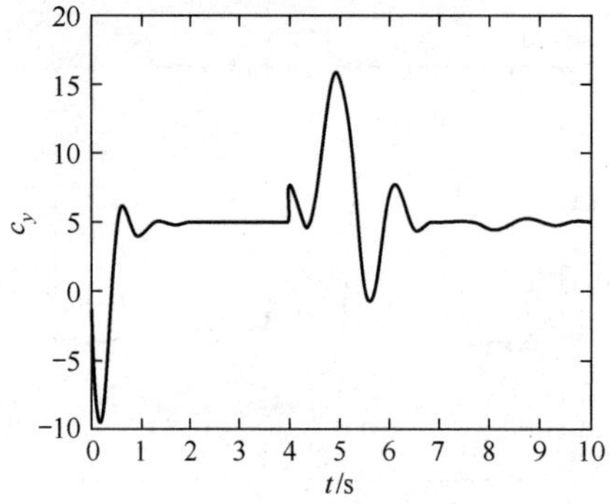

图 5-11　参数 c_y 曲线

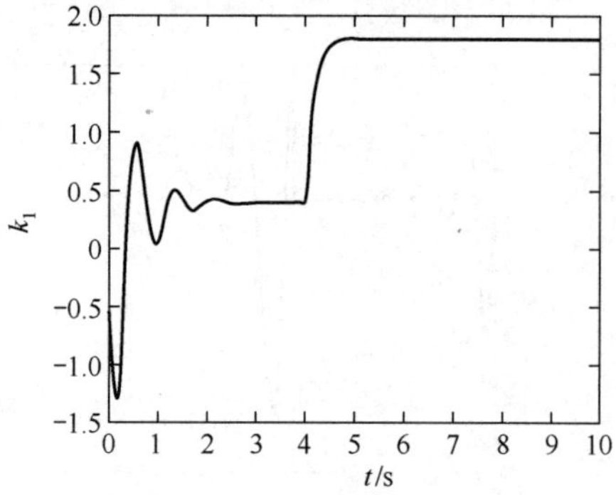

图 5-12　Nussbaum 增益 k_1 曲线

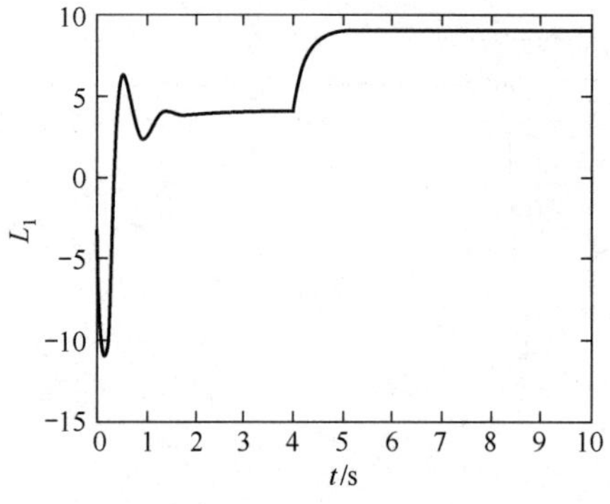

图 5-13　Nussbaum 增益 L_1 曲线

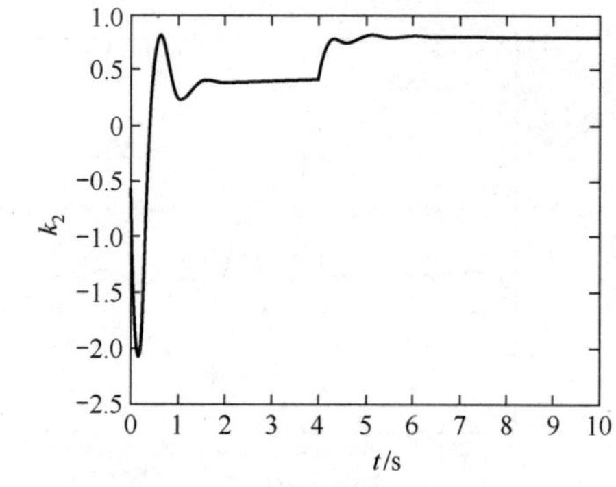

图 5-14　Nussbaum 增益 k_2 曲线

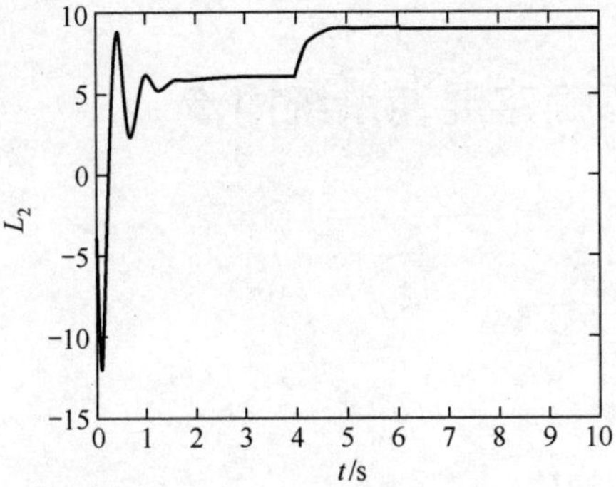

图 5-15　Nussbaum 增益 L_2 曲线

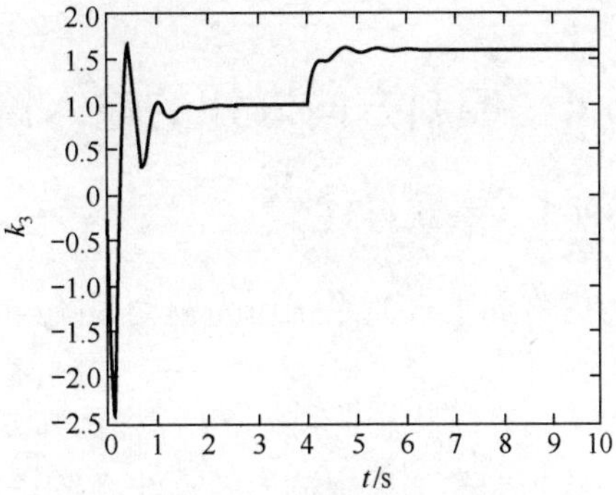

图 5-16　Nussbaum 增益 k_3 曲线

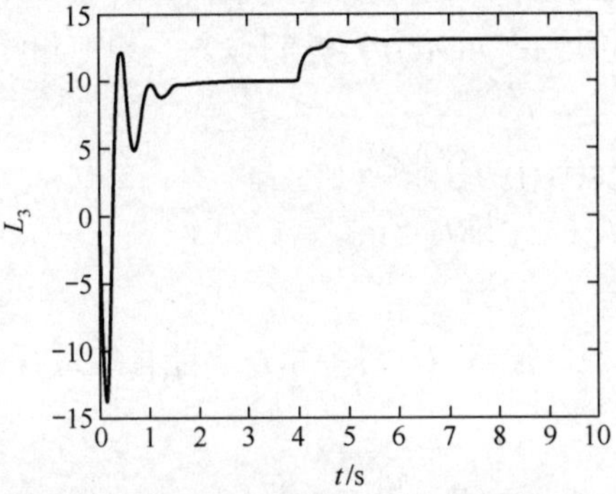

图 5-17　Nussbaum 增益 L_3 曲线

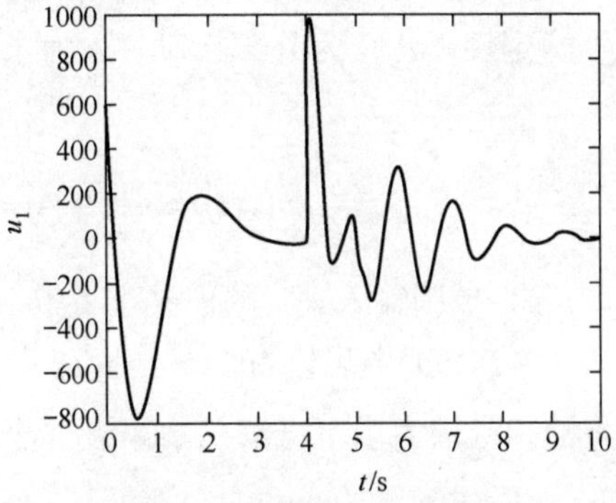

图 5-18　控制输入 u_1 曲线

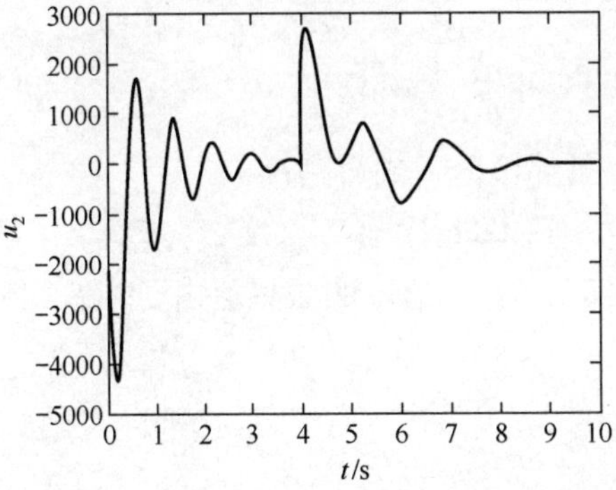

图 5-19　控制输入 u_2 曲线

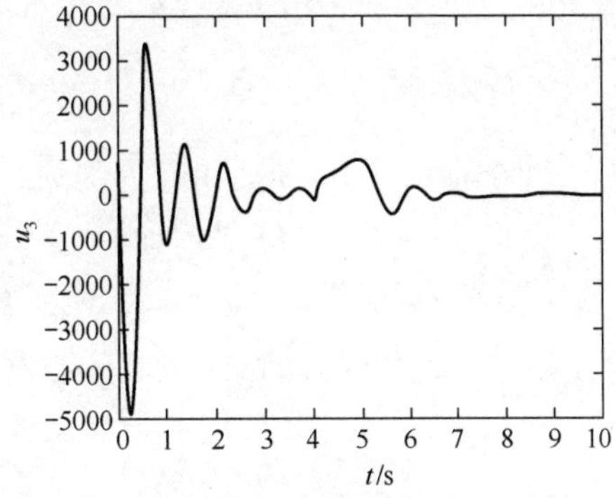

图 5-20　控制输入 u_3 曲线

从图 5-3～图 5-20 中可以看到，采用本节所设计的滑模自适应 Nussbaum 增益控制很好地实现了参数不确定、控制方向不确定在增益受限情况下的分数阶混沌系统的同步。在理论上实现了对控制增益的限制，使分数阶混沌系统同步控制中的高增益问题得到了一定程度的解决。但是也可以看出，在控制方向改变时，控制输入过大，而在实际工程应用中，这是不可取的，因此，后面展开对输入饱和情况的研究。

5.4　控制方向未知的输入饱和不确定混沌系统同步

5.4.1　系统描述

考虑将如下混沌系统作为驱动系统：

$$\dot{\boldsymbol{x}} = \boldsymbol{f}(\boldsymbol{x}) \tag{5-47}$$

式中，$\boldsymbol{x}$ 为系统状态变量；$\boldsymbol{f}(\boldsymbol{x})$ 为已知光滑函数向量。

构建相应的带控制输入的混沌系统作为响应系统：

$$\dot{\boldsymbol{y}} = \boldsymbol{g}(\boldsymbol{y}) + \Delta\boldsymbol{g}(\boldsymbol{y}) + \boldsymbol{d}(t) + \boldsymbol{b}\boldsymbol{u}(v(t)) \tag{5-48}$$

式中，$\boldsymbol{y} \in \mathbf{R}^n$ 为系统状态向量；$\boldsymbol{g}(\boldsymbol{y}) \in \mathbf{R}^n$ 为已知或未知的非线性函数向量；$\Delta\boldsymbol{g}(\boldsymbol{y})$ 为系统的不确定性；$\boldsymbol{d}(t)$ 为外部扰动；$\boldsymbol{b}$ 为未知控制方向；$\boldsymbol{u}(v(t))$ 为控制输入，其饱和约束条件为

$$\boldsymbol{u}(v(t)) = \mathrm{sat}(v(t)) = \begin{cases} u_{\mathrm{M}}\mathrm{sign}(v(t)) & |v(t)| \geqslant u_{\mathrm{M}} \\ v(t) & |v(t)| < u_{\mathrm{M}} \end{cases} \tag{5-49}$$

式中，u_{M} 为控制输入 $\boldsymbol{u}(t)$ 的已知上界。

从式（5-49）中可以看出，当 $|v(t)| = u_{\mathrm{M}}$ 时，控制输入 $v(t)$ 有尖角，不能直接进行处理，因此将饱和函数由以下光滑函数来近似表达：

$$h(v) = u_{\mathrm{M}} \tanh\left(\frac{v}{u_{\mathrm{M}}}\right) = u_{\mathrm{M}} \frac{\mathrm{e}^{v/u_{\mathrm{M}}} - \mathrm{e}^{-v/u_{\mathrm{M}}}}{\mathrm{e}^{v/u_{\mathrm{M}}} + \mathrm{e}^{-v/u_{\mathrm{M}}}} \tag{5-50}$$

此时，式（5-49）表示的 $\mathrm{sat}(v(t))$ 就可改写为以下形式：

$$\mathrm{sat}(v(t)) = h(v) + d_1(v) = u_{\mathrm{M}} \tanh\left(\frac{v}{u_{\mathrm{M}}}\right) + d_1(v) \tag{5-51}$$

式中，$d_1(v) = \mathrm{sat}(v(t)) - h(v)$ 为有界函数，其边界条件可由下式得到：

$$|d_1(v)| = |\mathrm{sat}(v(t)) - h(v)| \leqslant u_{\mathrm{M}}(1 - \tanh(1)) = D_1 \tag{5-52}$$

注意到在 $0 \leqslant |v| \leqslant u_{\mathrm{M}}$ 部分，当 $|v|$ 从 0 增大到 u_{M} 时，$d_1(v)$ 的边界值由 D_1 减小到 0。图 5-21 给出了饱和函数的渐近曲线。

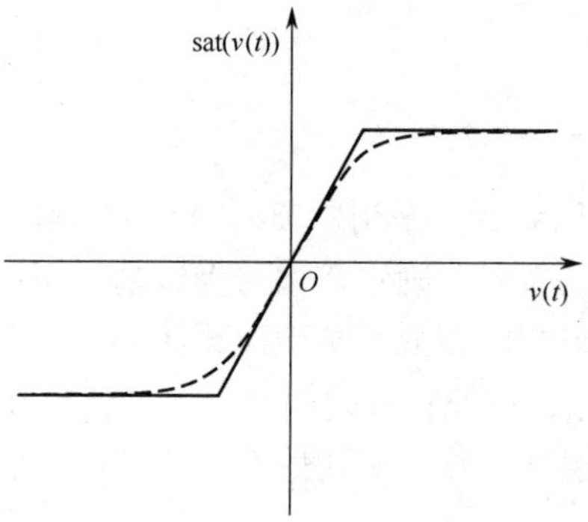

图 5-21　饱和函数的渐近曲线

定义误差向量 $\boldsymbol{e}=\boldsymbol{y}-\boldsymbol{x}$，则根据式（5-47）和式（5-48）可得分数阶误差系统方程为

$$\dot{\boldsymbol{e}}=\boldsymbol{g}(\boldsymbol{y})+\boldsymbol{d}(t)+\boldsymbol{b}\boldsymbol{u}-\boldsymbol{f}(\boldsymbol{x})+\Delta\boldsymbol{g}(\boldsymbol{y}) \tag{5-53}$$

控制目的是在控制方向未知的情况下，于满足 5.3 节中增益受限设计方案的基础上，当系统控制输入满足式（5-49）表示的饱和约束条件时，实现同步误差系统［见式（5-53）］的稳定。

5.4.2 输入饱和不确定混沌系统同步控制律设计

驱动系统的第 $i(i=1,2,\cdots,n)$ 维分量表示为 $\dot{x}_i=f_i(x)$，响应系统为 $\dot{y}_i=g_i(y)+\Delta g_i(y)+b_iu_i(v_i)+d_i(t)$，$u_i=\mathrm{sat}(v_i)$，模型表示为 $u_i=h(v_i)+d_{1,i}(v_i)$。对系统做如下假设。

假设 5-5　系统满足 ISS（input-to-State Stable，输入–状态稳定性）。

假设 5-6　$\boldsymbol{d}(t)$ 有界。

假设 5-7　控制方向 b_i 有界，设 $|b_i|\leqslant b_{\mathrm{m}}$，符号未知，即控制方向未知。

注 5-3 假设 5-5 必须成立，因为不稳定的驱动系统在输入饱和时不能够全局稳定。例如，考虑以下系统：

$$\dot{x}=Px+u(v(t))$$

式中，$x\in\mathbf{R}$ 为状态变量：$u(v(t))\in\mathbf{R}$ 为饱和特性满足式（5-49）的控制输入。如果 $P>0$ 且初始条件 $x(0)>u_{\mathrm{M}}/P$，那么不存在使系统稳定且满足饱和约束条件的控制输入。

根据引理 4-1，系统的不确定性可以写为

$$\Delta g_i(\boldsymbol{y})=\boldsymbol{W}^{*\mathrm{T}}\boldsymbol{\phi}(\boldsymbol{y})+\boldsymbol{\varepsilon}(\boldsymbol{y}) \tag{5-54}$$

式中，$\boldsymbol{y}\in\mathbf{R}^n$ 为 NN 的输入向量；$\boldsymbol{\phi}(\boldsymbol{y})=\mathrm{e}^{-[(y-\mu)^{\mathrm{T}}(y-\mu)]/\sigma^2}$ 为高斯基函数；$\boldsymbol{\mu}\in\mathbf{R}^n$ 为神经网络的中心；$\sigma\in\mathbf{R}$ 为神经网络的宽度；$\boldsymbol{\varepsilon}(\boldsymbol{y})$ 为 NN 的重建误差，边界条件满足 $|\boldsymbol{\varepsilon}(\boldsymbol{y})|<\varepsilon_{\mathrm{a}}$，$\forall x\in\Omega$。权值向量误差定义为 $\tilde{\boldsymbol{W}}=\hat{\boldsymbol{W}}-\boldsymbol{W}^*$，$\|\boldsymbol{W}^*\|\leqslant\varepsilon_W$。

系统第 i 个同步误差分量为 $e_i=y_i-x_i$。为了对饱和曲线进行逼近，可将式（5-53）表示的系统拓展为如下模型：

$$\dot{e}_i=g_i(\boldsymbol{y})+\boldsymbol{W}^{*\mathrm{T}}\boldsymbol{\phi}(\boldsymbol{y})-f_i(\boldsymbol{x})+b_ih(v_i)+\bar{d}_i(t) \tag{5-55}$$

$$\dot{v}_i=-cv_i+\omega_i \tag{5-56}$$

式中，c 为正常数；ω_i 为接下来需要设计的辅助变量；$\bar{d}_i(t)=d_i(t)+b_id_{1,i}(v_i)+\boldsymbol{\varepsilon}(\boldsymbol{y})$，显然，$\bar{d}_i(t)$ 是有界的，设其上界为 ρ，即 $|\bar{d}_i(t)|\leqslant\rho$。显然，式（5-55）和式（5-56）都为光滑函数。

注 5-4　由式（5-55）和式（5-56）可知，本节给出的同步控制方法不仅限于处理饱和函数问题，还适用于任何可以由有界平滑函数 $h(v)$ 和有界渐近误差表示的平滑或非平滑函数 $u(v)$ 且 $\partial h(v)/\partial v$ 有界的情况。

注 5-5　由式（5-55）可以看出，$\dot{e}_i$ 与 $h(v_i)$ 相关，而与 v 不相关，这就导致在反演方法的第 n+1 步中包含元素 $\partial h(v)/\partial v$，而不像已有的反演方法，在第 n+1 步中只包含元素 v。为了处理 $\partial h(v)/\partial v$，引入 Nussbaum 函数。

注 5-6　注意到式（5-55）包含了函数 $h(v_i)$，其作用相当于控制输入，在本节的问题中，

由于注 5-3 所说的困难，因此，设计辅助控制变量 ω_i，用来处理反演过程中的最后一步。

步骤 1，定义一个误差变量 $z_i = h(v_i) - \alpha_i$。

设计虚拟控制律为

$$\bar{\alpha}_i = f_i(\boldsymbol{x}) - g_i(\boldsymbol{y}) - \hat{\boldsymbol{W}}^{\mathrm{T}}\boldsymbol{\phi}(\boldsymbol{y}) - \hat{\rho}\tanh\left(\frac{e_i}{\varepsilon}\right) - c_1 e_i \tag{5-57}$$

设计控制律为

$$\alpha_i = N(k_i)\bar{\alpha}_i \tag{5-58}$$

式中，$N(k_i)$ 为 Nussbaum 函数，其表达式为

$$N(k_i) = k_i^2\cos(k_i),\quad \dot{k}_i = e_i\bar{\alpha}_i \tag{5-59}$$

设计参数自适应律为

$$\dot{\hat{\boldsymbol{W}}} = \boldsymbol{\Gamma}_W(e_i\boldsymbol{\phi}(\boldsymbol{y}) - \lambda_W\hat{\boldsymbol{W}}) \tag{5-60}$$

$$\dot{\hat{\rho}} = \Gamma_\rho\left(\tanh\left(\frac{e_i}{\varepsilon}\right) - \lambda_\rho\hat{\rho}\right) \tag{5-61}$$

定义 Lyapunov 函数为

$$V_1 = \frac{1}{2}e_i^2 + \frac{1}{2}\tilde{\boldsymbol{W}}^{\mathrm{T}}\boldsymbol{\Gamma}_W^{-1}\tilde{\boldsymbol{W}} + \frac{1}{2\Gamma_\rho}\tilde{\rho}^2 \tag{5-62}$$

对式（5-62）关于时间 t 求导，并考虑引理 4-2，可得

$$\begin{aligned}
\dot{V}_1 &= e_i(g_i(\boldsymbol{y}) + \boldsymbol{W}^{*\mathrm{T}}\boldsymbol{\phi}(\boldsymbol{y}) - f_i(\boldsymbol{x}) + b_i h(v_i) + \bar{d}_i(t)) + \tilde{\boldsymbol{W}}^{\mathrm{T}}\boldsymbol{\Gamma}_W^{-1}\dot{\tilde{\boldsymbol{W}}} + \frac{1}{\Gamma_\rho}\tilde{\rho}\dot{\tilde{\rho}} \\
&= -c_1e_i^2 + b_ie_iz_i + b_i\alpha_i + e_i(g_i(\boldsymbol{y}) + \boldsymbol{W}^{*\mathrm{T}}\boldsymbol{\phi}(\boldsymbol{y}) - f_i(\boldsymbol{x}) + \bar{d}_i(t)) + \tilde{\boldsymbol{W}}^{\mathrm{T}}\boldsymbol{\Gamma}_W^{-1}\dot{\tilde{\boldsymbol{W}}} + \frac{1}{\Gamma_\rho}\tilde{\rho}\dot{\tilde{\rho}} \\
&= -c_1e_i^2 + b_ie_iz_i + (b_iN(k_i)+1)\dot{k}_i + e_i(g_i(\boldsymbol{y}) + \boldsymbol{W}^{*\mathrm{T}}\boldsymbol{\phi}(\boldsymbol{y}) - f_i(x) + \bar{d}_i(t) - \bar{\alpha}_i) + \\
&\quad \tilde{\boldsymbol{W}}^{\mathrm{T}}\boldsymbol{\Gamma}_W^{-1}\dot{\tilde{\boldsymbol{W}}} + \frac{1}{\Gamma_\rho}\tilde{\rho}\dot{\tilde{\rho}} \\
&\leqslant -c_1e_i^2 + \frac{b_m}{2\gamma}e_i^2 + \frac{1}{2}\gamma z_i^2 + (b_iN(k_i)+1)\dot{k}_i - e_i\tilde{\boldsymbol{W}}^{\mathrm{T}}\boldsymbol{\phi}(\boldsymbol{y}) + |e_i|\rho - \\
&\quad e_i\rho\tanh\left(\frac{e_i}{\varepsilon}\right) + e_i\rho\tanh\left(\frac{e_i}{\varepsilon}\right) - e_i\hat{\rho}\tanh\left(\frac{e_i}{\varepsilon}\right) + \tilde{\boldsymbol{W}}^{\mathrm{T}}\boldsymbol{\Gamma}_W^{-1}\dot{\tilde{\boldsymbol{W}}} + \frac{1}{\Gamma_\rho}\tilde{\rho}\dot{\tilde{\rho}} \\
&\leqslant -\left(c_1 - \frac{b_m}{2\gamma}\right)e_i^2 + \frac{1}{2}\gamma z_i^2 + (b_iN(k_i)+1)\dot{k}_i - e_i\tilde{\boldsymbol{W}}^{\mathrm{T}}\boldsymbol{\phi}(\boldsymbol{y}) + \\
&\quad 0.2785\rho\varepsilon - e_i\tilde{\rho}\tanh\left(\frac{e_i}{\varepsilon}\right) + \tilde{\boldsymbol{W}}^{\mathrm{T}}(e_i\boldsymbol{\phi}(\boldsymbol{y}) - \lambda_W\hat{\boldsymbol{W}}) + \tilde{\rho}\left(\tanh\left(\frac{e_i}{\varepsilon}\right) - \lambda_\rho\hat{\rho}\right) \\
&\leqslant -\left(c_1 - \frac{b_m}{2\gamma}\right)e_i^2 + \frac{1}{2}\gamma z_i^2 + (b_iN(k_i)+1)\dot{k}_i + 0.2785\rho\varepsilon - \lambda_W\tilde{\boldsymbol{W}}^{\mathrm{T}}\tilde{\boldsymbol{W}} + \\
&\quad \frac{1}{4}\lambda_W\left\|\boldsymbol{W}^*\right\|^2 - \lambda_\rho\tilde{\rho}^2 + \frac{1}{4}\lambda_\rho\rho^2
\end{aligned} \tag{5-63}$$

式中，$\gamma>0$，选取合适的参数，使得 $c_1-\dfrac{b_m}{2\gamma}>0$，为表述方便，记 $\overline{c}_1=c_1-\dfrac{b_m}{2\gamma}>0$。

步骤 2，由 $z_i=h(v_i)-\alpha_i$ 可知

$$\dot{z}_i=\xi(-cv_i+\omega_i)-\pi_i \tag{5-64}$$

式中，$\pi_i=\dot{\alpha}_i=\dfrac{\partial\alpha_i}{\partial\hat{\boldsymbol{W}}^{\mathrm{T}}}\dot{\hat{\boldsymbol{W}}}+\dfrac{\partial\alpha_i}{\partial\hat{\rho}}\dot{\hat{\rho}}+\sum\limits_{j=1}^{n}\dfrac{\partial\alpha_i}{\partial x_j}\dot{x}_j+\sum\limits_{j=1}^{n}\dfrac{\partial\alpha_i}{\partial y_j}\dot{y}_j$；$\xi=\dfrac{\partial h(v_i)}{\partial v_i}=4/(\mathrm{e}^{v_i/u_M}+\mathrm{e}^{-v_i/u_M})^2>0$。由于 ξ 是变化的，因此，为了克服它给控制系统设计与分析带来的困难，依然利用 Nussbaum 函数对其进行处理。设计 ω_i 如下：

$$\omega_i=N(\zeta)\overline{\omega}_i \tag{5-65}$$

式中，$N(\zeta)$ 为光滑 Nussbaum 函数，其增益为

$$\dot{\zeta}=z_i\overline{\omega}_i \tag{5-66}$$

设计虚拟控制律为

$$\overline{\omega}_i=-c_2z_i+\pi_i+cv_i\frac{\partial h(v_i)}{\partial v_i} \tag{5-67}$$

定义 Lyapunov 函数为 $V_2=V_1+\dfrac{1}{2}z_i^2$，对其求时间的导数，并考虑引理 4-2，可得

$$\begin{aligned}\dot{V}_2&=\dot{V}_1+z_i(-c\xi v+\xi\omega-\pi_i)\\&=\dot{V}_1+z_i\xi N(\zeta)\overline{\omega}_i+\dot{\zeta}-\dot{\zeta}+z_i(-c\xi v-\pi_i)\\&=\dot{V}_1+(\xi N(\zeta)+1)\dot{\zeta}+z_i(-c\xi v-\pi_i-\overline{\omega}_i)\\&=\dot{V}_1+(\xi N(\zeta)+1)\dot{\zeta}-c_2z_i^2\\&\leqslant-\overline{c}_1e_i^2-\overline{c}_2z_i^2+(b_iN(k_i)+1)\dot{k}_i+(\xi N(\zeta)+1)\dot{\zeta}-\\&\quad\ \lambda_W\tilde{\boldsymbol{W}}^{\mathrm{T}}\tilde{\boldsymbol{W}}-\lambda_\rho\tilde{\rho}^2+\frac{1}{4}\lambda_W\left\|\boldsymbol{W}^*\right\|^2+\frac{1}{4}\lambda_\rho\rho^2+0.2785\rho\varepsilon\end{aligned} \tag{5-68}$$

记 $P=\min\left\{2\overline{c}_1,2\overline{c}_2,\dfrac{2\lambda_W}{\lambda_{\max}(\boldsymbol{\varGamma}_W^{-1})},2\dfrac{\lambda_\rho}{\varGamma_\rho}\right\}$，$Q=\dfrac{1}{4}\lambda_W\left\|\boldsymbol{W}^*\right\|^2+\dfrac{1}{4}\lambda_\rho\rho^2+0.2785\rho\varepsilon$，则可知

$$\dot{V}_2\leqslant-PV_2+Q+(b_iN(k_i)+1)\dot{k}_i+(\xi N(\zeta)+1)\dot{\zeta} \tag{5-69}$$

对式（5-69）两边同时乘 e^{Pt}，可得

$$\frac{\mathrm{d}}{\mathrm{d}t}(V_2\mathrm{e}^{Pt})\leqslant Q\mathrm{e}^{Pt}+\mathrm{e}^{Pt}[(b_iN(k_i)+1)\dot{k}_i+(\xi N(\zeta)+1)\dot{\zeta}] \tag{5-70}$$

对式（5-70）在 $[0,t]$ 上求积分可得

$$\begin{aligned}V_2(t)&\leqslant V_2(0)\mathrm{e}^{-Pt}+\frac{Q}{P}(1-\mathrm{e}^{-Pt})+\mathrm{e}^{-Pt}\int_0^t(b_iN(k_i)+1)\dot{k}_i\mathrm{e}^{P\tau}\mathrm{d}\tau+\\&\quad\ \mathrm{e}^{-Pt}\int_0^t(\xi N(\zeta)+1)\dot{\zeta}\mathrm{e}^{P\tau}\mathrm{d}\tau\\&\leqslant V_2(0)+\frac{Q}{P}+\mathrm{e}^{-Pt}\int_0^t(b_iN(k_i)+1)\dot{k}_i\mathrm{e}^{P\tau}\mathrm{d}\tau+\mathrm{e}^{-Pt}\int_0^t(\xi N(\zeta)+1)\dot{\zeta}\mathrm{e}^{P\tau}\mathrm{d}\tau\end{aligned} \tag{5-71}$$

由引理 5-2 和引理 5-3 可知，系统同步误差收敛。

注 5-7　在进行同步系统设计时，为增强控制方法的可调节性，可以在增益自适应律和

控制律上增加调节参数，如 $\dot{k}_i = k_i e_i \bar{\alpha}_i$， $\alpha_i = \mu_i N(k_i)\bar{\alpha}_i$。这样，在进行稳定性证明时，只需添加相应的参数，不会影响稳定性分析的结论。

5.4.3 仿真分析

驱动系统模型选择不确定超 Lorenz 系统：

$$D^{\alpha}\boldsymbol{x} = \begin{bmatrix} -35 & 35 & 0 & 1 \\ 7 & 12 & 0 & 0 \\ 0 & 0 & -8 & 0 \\ 0 & 0 & 0 & 0.3 \end{bmatrix}\boldsymbol{x} + \begin{bmatrix} 0 \\ -x_1x_3 \\ x_1x_2 \\ x_2x_3 \end{bmatrix}$$

响应系统为

$$D^{\alpha}\boldsymbol{y} = \begin{bmatrix} -35 & 35 & 0 & 1 \\ 7 & 12 & 0 & 0 \\ 0 & 0 & -8 & 0 \\ 0 & 0 & 0 & 0.3 \end{bmatrix}\boldsymbol{y} + \begin{bmatrix} 0 \\ -y_1y_3 \\ y_1y_2 \\ y_2y_3 \end{bmatrix} + \Delta\boldsymbol{g}(\boldsymbol{y}) + \boldsymbol{d} + \boldsymbol{bu}$$

式中，函数不确定项和外部扰动项分别如下：

$$\begin{cases} \Delta g_1(y) = 0.2\sin(4t)y_1 \\ \Delta g_2(y) = -0.25\cos(5t)y_2 \\ \Delta g_3(y) = 0.15\cos(2t)y_3 \\ \Delta g_4(y) = -0.2\sin(3t)y_4 \end{cases} \qquad \begin{cases} d_1 = 0.2\sin(0.1t) \\ d_2 = 0.24\cos(0.12t) \\ d_3 = 0.18\sin(0.2t) \\ d_4 = 0.25\cos(0.18t) \end{cases}$$

驱动系统的初始值选取为 $\boldsymbol{x}(0) = (1,1,1,1)^{\mathrm{T}}$，响应系统的初始值选取为 $(0.1,0.1,0.1,0.1)^{\mathrm{T}}$，$\boldsymbol{\Gamma}_W = \mathrm{diag}\{1,\cdots,1\} \in \mathbf{R}^{l\times l}$，$\lambda_W = 1$，$\Gamma_\rho = 0.8$，$\lambda_\rho = 1$，$l = 20$，$\sigma = 2$，神经网络中心的值按 5.3 节的写，$c = 2$，$c_1 = 1$，$c_2 = 1$，$\varepsilon = 0.01$，为增强所设计控制方法的可调节性，取 $\dot{k}_i = k_i e_i \bar{\alpha}_i$，取 $k_1 = 0.01$，$k_2 = 0.005$，$k_3 = 0.01$，$k_4 = 0.003$，$\mu_i = 0.01(i = 1,2,3)$，$u_{\mathrm{M}} = 30$，$\boldsymbol{b} = \begin{cases} -1 & t < 10\mathrm{s} \\ 1 & t \geqslant 10\mathrm{s} \end{cases}$。

部分仿真结果如图 5-22 和图 5-23 所示。

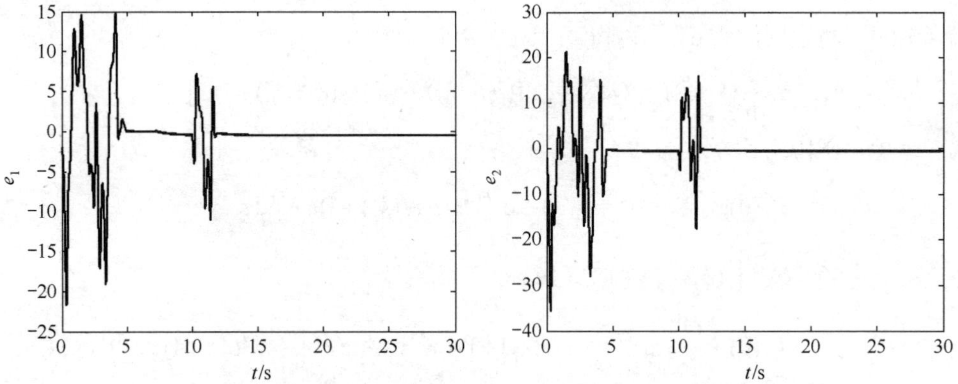

(a) 同步误差 e_1　　(b) 同步误差 e_2

图 5-22　同步误差曲线

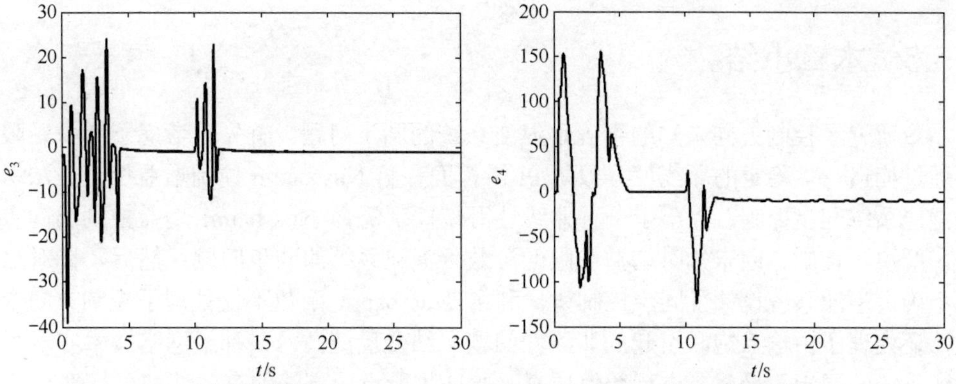

(c) 同步误差e_3　　　　(d) 同步误差e_4

图 5-22　同步误差曲线（续）

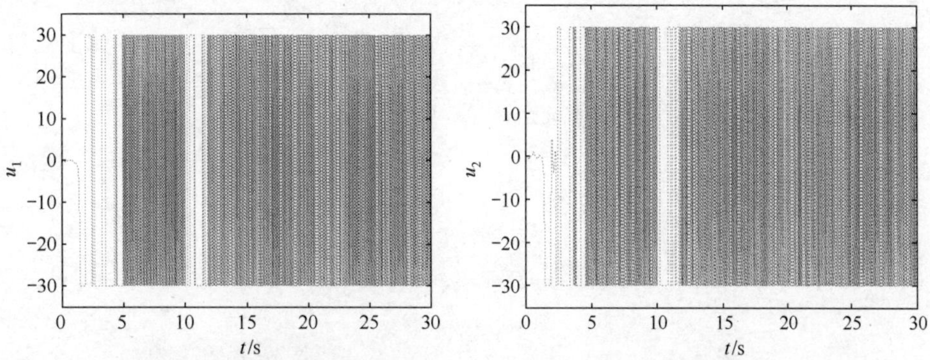

(a) 控制输入u_1　　　　(b) 控制输入u_2

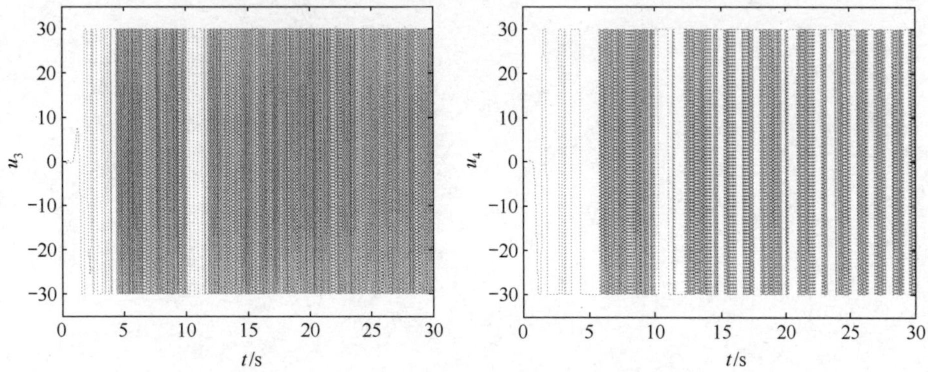

(c) 控制输入u_3　　　　(d) 控制输入u_4

图 5-23　控制输入

由仿真结果可以看出，在$t = 10\text{s}$时，控制方向改变，所提控制方法在输入饱和时仍然可以使同步误差收敛，实现驱动系统和响应系统的同步。

5.5 本章小结

本章研究了控制方向未知的不确定混沌系统的同步问题。首先，考虑了增益受限的情况，通过构造一类稳定的非线性分数阶 PI 滑模面，将 Nussbaum 控制增益控制方法引入分数阶混沌系统同步控制，提出了一种非线性滑模控制复合 Nussbaum 增益控制的同步控制方法，解决了控制方向未知时增益受限的分数阶混沌系统的同步问题；然后，针对输入饱和的不确定混沌系统设计了同步控制律，利用 Nussbaum 函数不仅处理了控制方向未知的问题，还处理了由输入饱和引起的非线性问题，结合反演技术、神经网络技术实现了不确定混沌系统的同步；最后，进行数值仿真，验证了所设计方法的有效性和可行性。

第6章　不确定多涡卷混沌系统设计及自适应重复学习同步控制

前几章对于带有不确定性和外部扰动的混沌系统的同步控制已经进行了深入的分析。然而，在实际应用工程中，系统中诸如环境温度、电压波动、各元器件的相互作用等不确定因素使系统的参数不确定，且会围绕理论值上下波动，是随时间变化的。这些不确定因素对系统同步控制的影响是巨大的，因此，对系统未知时变参数进行研究显得至关重要且极具挑战性。已有文献对时变参数不确定的系统进行了研究，Salarieh 和 Shahrokhi 与 Sun 等研究了驱动系统的参数对于响应系统完全未知的情况，驱动系统和响应系统的参数可以不同或不确定；Park 研究了系统参数部分未知或不确定的情况。

而对于分数阶混沌系统的研究，目前仍处于起步阶段，针对分数阶混沌系统的同步研究，主要还是将整数阶的同步控制方法推广到分数阶，对于存在系统不确定性和外部扰动的问题，分数阶混沌系统的同步也取得了一定的研究成果。Xu 针对参数不确定的分数阶统一混沌系统设计了同步控制律和参数变换规则；Yang 结合参数预估原理提出了单变量状态反馈方法，解决了 Lorenz 系统完全同步的问题；Zhang 和 Yang 利用 Lyapunov 稳定性理论与分数阶微分不等式，改进了一类自适应控制方法，完成了参数不确定和外部扰动的分数阶混沌系统的同步。余名哲和张友安基于 Lyapunov 稳定性理论与分数阶线性系统稳定性理论，考虑系统存在模型不确定和外部扰动的情况，设计了一种自适应滑模同步控制律，且不需要不确定项上界已知。但大多数针对分数阶混沌系统的研究都没有考虑时变参数问题。

近年来，学习控制方法已经应用于一致周期或假性周期的时变不确定混沌系统。基于自适应重复学习方法，Chen 等提出了一种简单的时滞控制律来稳定混沌吸引子的不稳定周期轨道；Sun 等与 Xu 和 Yan 提出了一种基于自适应学习控制的广义投影同步控制方法，使结构不同的未知周期时变混沌系统实现同步。可以看出，大多数文献都针对单涡卷或双涡卷系统，而多涡卷系统在构成中引入了函数项，结构复杂，是混沌同步控制领域亟待解决的难点问题。而滞环非线性多涡卷混沌系统可以采用二阶系统和滞环函数实现，不仅有利于从理论上进行严格的数学分析，还有利于硬件实现，也是目前研究的热点问题。吴忠强和邝钰提出了一种简单的滞环多涡卷混沌系统的构造方法，本章基于文献[213]的思想进行拓展，得到了可以通过调节滞环非线性函数参数来调整涡卷数量的滞环多涡卷系统，并对其进行同步控制研究。

6.1　多涡卷混沌系统设计

选取基于滞环非线性函数的混沌系统作为仿真对象。系统模型如下：

$$\begin{aligned}\dot{x}_1 &= x_2 \\ \dot{x}_2 &= -a_1x_1 + b_1x_2 + c_1\text{hys}(d_1x_1)\end{aligned} \tag{6-1}$$

式中，x_1 和 x_2 为状态变量；a_1、b_1 和 c_1 为驱动系统参数；对 $\text{hys}(d_1x_1)$ 进行拓展，形式为 $\text{Hys}(d_1x_1)=\sum_{j=1}^{m}\text{hys}_j(d_1x_1)$，$m=1,2,4,6,\cdots$，$\text{hys}_j(d_1x_1)$ 的表达形式如式（6-2）和式（6-3）所示。

$$\text{hys}_i(d_1x_1)=\begin{cases}(i+1)/2, & d_1x_1>(i+1)/2 \\ (i-1)/2, & d_1x_1<(i-1)/2 \\ \text{hys}_i^-(d_1x_i), & (i-1)/2<d_1x_1<(i+1)/2\end{cases} \quad i=2n-1,\ n=1,2,3,\cdots \tag{6-2}$$

$$\text{hys}_i(d_1x_1)=\begin{cases}-i/2, & d_1x_1<-i/2 \\ -(i-2)/2, & d_1x_1>-(i-2)/2 \\ \text{hys}_i^-(d_1x_i), & -i/2<d_1x_1<-(i-2)/2\end{cases} \quad i=2n,\ n=1,2,3,\cdots \tag{6-3}$$

式中，$\text{hys}_i^-(\cdot)$ 表示 $\text{hys}_i(\cdot)$ 在上一时刻的值。滞环函数曲线如图 6-1 所示。

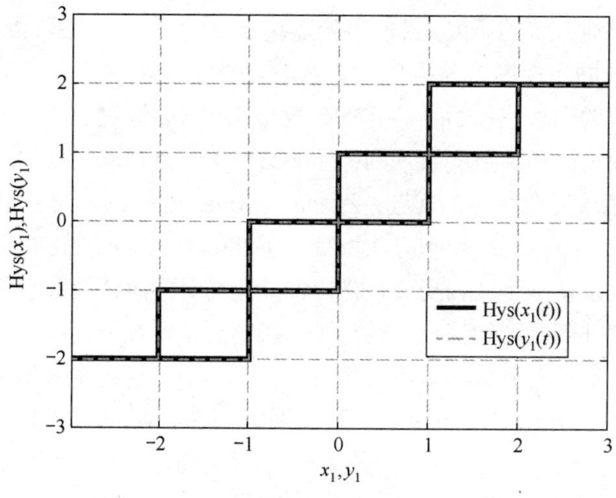

图 6-1　滞环函数曲线

用 $\text{Hys}(d_1x_1)$ 替换 $\text{hys}(d_1x_1)$，得到系统模型为

$$\begin{aligned}\dot{x}_1 &= x_2 \\ \dot{x}_2 &= -a_1x_1 + b_1x_2 + c_1\text{Hys}(d_1x_1)\end{aligned} \tag{6-4}$$

当 $a_1=1$，$b_1=0.125$，$c_1=1$，$d_1=1$，$m=1,2,4,6,\cdots$ 时，式（6-4）表示的系统可生成 $m+1$ 个涡卷，如图 6-2 所示。

令 $\dot{x}_1=\dot{x}_2=0$，当 $m=1$ 时，得到系统的平衡点 $S_1=(0,0)$，$S_2=(1,0)$；当 $m=2n$，$n=1,2,3,\cdots$ 时，$S_i=(E_m,0)$，$E_m=-n,-n+1,\cdots,0,n-1,n$。根据线性稳定性分析方法，将系统在平衡点 S_i 处线性化，可得

$$\frac{\mathrm{d}\delta x}{\mathrm{d}t}=\boldsymbol{J}(S_i)\delta x \tag{6-5}$$

式中，$\boldsymbol{J}(S_i)$ 为雅克比矩阵。$\boldsymbol{J}(S_i)$ 及其对应的特征方程和特征值为

$$\boldsymbol{J}(S_i)=\begin{bmatrix} 0 & 1 \\ f'_{xm}(x_1) & b_1 \end{bmatrix} \xrightarrow{\text{特征方程}} \begin{vmatrix} -\lambda & 1 \\ f'_{xm}(x_1) & b_1-\lambda \end{vmatrix}=0 \tag{6-6}$$

式中，$f_{xm}(x_1)=-a_1x_1+c_1\text{Hys}(d_1x_1)$。

记行列式的值 $\varDelta=\lambda_1\lambda_2$，行列式的迹 $\tau=\lambda_1+\lambda_2$，可得

$$\lambda_{1,2}=\frac{b_1\pm\sqrt{b_1^2+4a_1}}{2} \Rightarrow \lambda_{1,2}=\frac{1}{2}(\tau\pm\sqrt{\tau^2-4\varDelta}) \tag{6-7}$$

根据式（6-7），得到平衡点在 $\varDelta$-τ 平面上的分布情况，如图 6-3 所示。

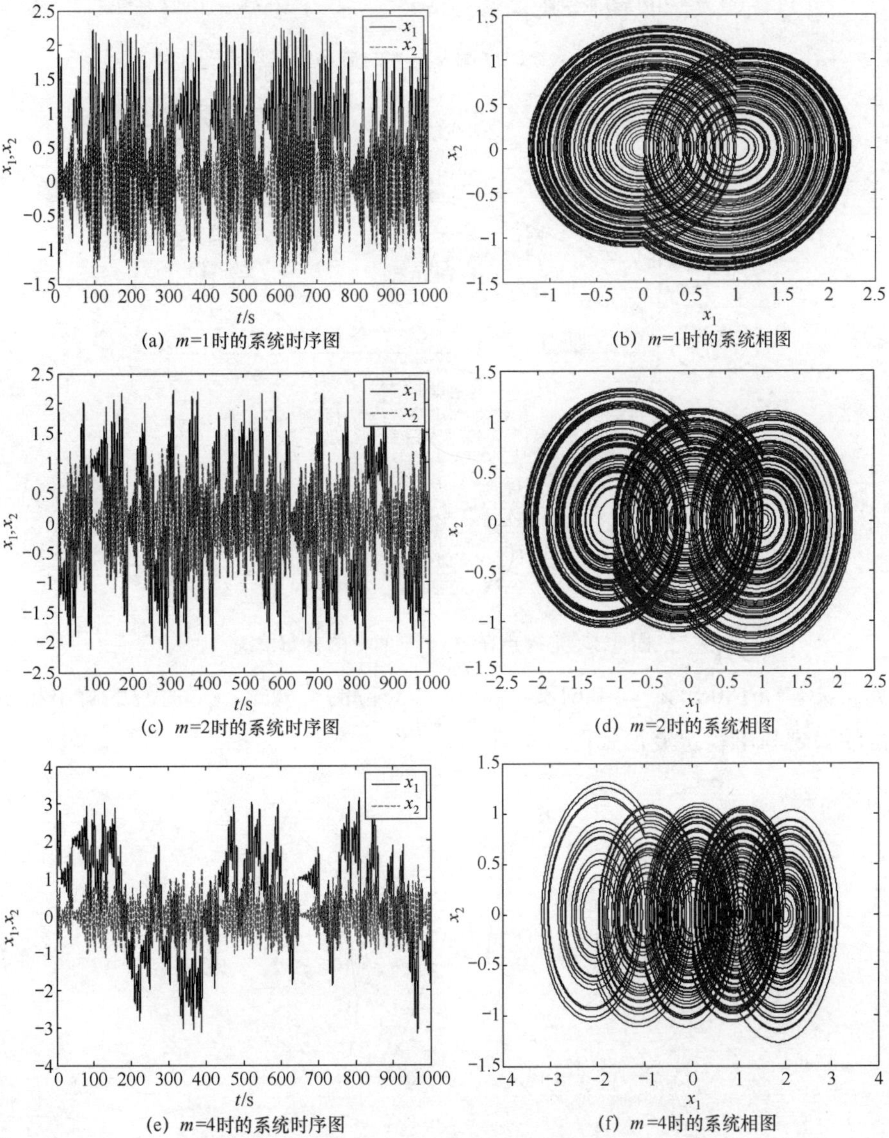

(a) m=1时的系统时序图　(b) m=1时的系统相图

(c) m=2时的系统时序图　(d) m=2时的系统相图

(e) m=4时的系统时序图　(f) m=4时的系统相图

图 6-2　不同 m 的系统时序图及产生的滞环多涡卷相图

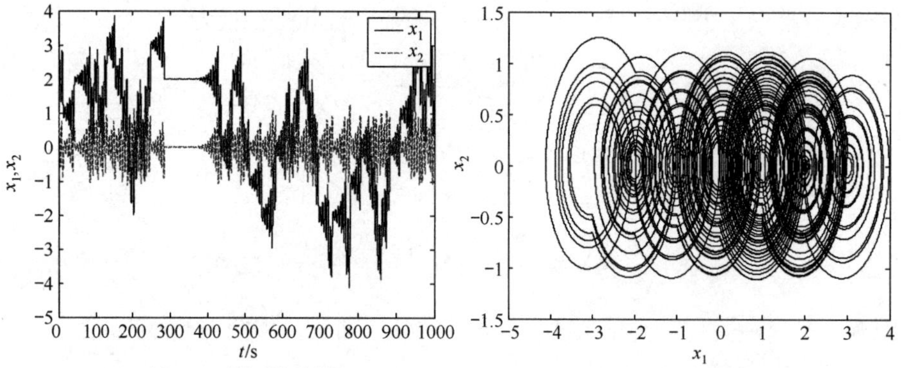

(g) m=6时的系统时序图　　(h) m=6时的系统相图

图 6-2　不同 m 的系统时序图及产生的滞环多涡卷相图（续）

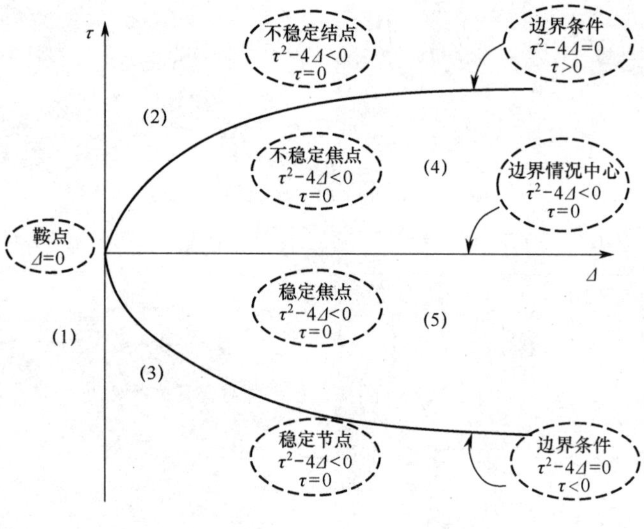

图 6-3　平衡点在 Δ-τ 平面上的分布情况

计算得 $\lambda_1=1.6180$，$\lambda_2=-0.6180$，可知 λ_2 对应的解稳定，λ_1 对应的解不稳定，为鞍点。鞍点的稳定与不稳定流形如图 6-4 所示。

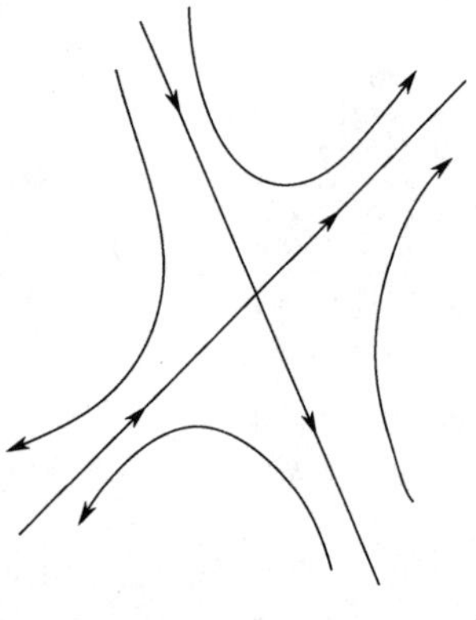

图 6-4　鞍点的稳定与不稳定流形

6.2　准备工作

为了说明基于类 Lyapunov 能量函数的设计思想，下面首先给出一个简单的例子进行阐述。考虑如下一个简单周期时变系统：

$$\dot{z}(t)=\boldsymbol{\theta}(t)\boldsymbol{\xi}(z(t),t)+\boldsymbol{u}_z(t) \tag{6-8}$$

式中，$z(t)$ 为系统的状态；$\boldsymbol{u}_z(t)$ 为控制输入；$\boldsymbol{\theta}(t)$ 为未知时变周期参数，其周期为 T；$\boldsymbol{\xi}(\boldsymbol{z}(t),t)$ 为一已知函数。设 $\boldsymbol{z}(t)$ 要跟踪的期望轨迹为 $z_{\mathrm{r}}(t)$，$t\in[0,T]$。定义跟踪误差为 $\boldsymbol{e}_z(t)=\boldsymbol{z}(t)-\boldsymbol{z}_{\mathrm{r}}(t)$，设计控制律如下：

$$\boldsymbol{u}_z(t)=-k_z\boldsymbol{e}_z(t)+\dot{\boldsymbol{z}}_{\mathrm{r}}(t)-\hat{\boldsymbol{\theta}}(t)\boldsymbol{\xi}(z(t),t) \tag{6-9}$$

式中，$k_z>0$ 为设计参数；$\hat{\boldsymbol{\theta}}(t)$ 为 $\boldsymbol{\theta}(t)$ 的估计值。设计未知时变参数的周期参数自适应律为

$$\hat{\boldsymbol{\theta}}(t)=\begin{cases}\hat{\theta}(t-T)+q\boldsymbol{\xi}(\boldsymbol{z}(t),t)\boldsymbol{e}_z(t) & t\in[T,\infty)\\ q\boldsymbol{\xi}(\boldsymbol{z}(t),t)\boldsymbol{e}_z(t) & t\in[0,T)\end{cases} \tag{6-10}$$

式中，$q>0$ 为学习增益。

定义参数估计误差为 $\tilde{\boldsymbol{\theta}}(t)=\hat{\boldsymbol{\theta}}(t)-\boldsymbol{\theta}(t)$。定义类 Lyapunov 复合能量函数如下：

$$E(t)=\frac{1}{2}e_z^2(t)+\frac{1}{2q}\int_{t-T}^{t}\tilde{\theta}^2(\sigma)\mathrm{d}\sigma \tag{6-11}$$

式中，σ 为积分变量。

由此可以推导出

$$\Delta E(t)=E(t)-E(t-T)\leqslant-\int_0^t(e_z(\sigma))^2\mathrm{d}\sigma \tag{6-12}$$

进一步可得

$$\lim_{t\to\infty}\int_{t-T}^{t}(e_z(\sigma))^2\mathrm{d}\sigma=0 \tag{6-13}$$

这样，当 $t\to\infty$ 时，系统的状态 $\boldsymbol{z}(t)$ 收敛于期望轨迹 $z_{\mathrm{r}}(t)$，$t\in[kT,(k+1)T]$，$k=0,1,2,\cdots$。

考虑系统时变参数的影响，将时变参数引入混沌系统。

驱动系统的形式为

$$\begin{aligned}\dot{x}_i&=x_{i+1},\ \ i=1,2,\cdots,n-1\\ \dot{x}_n&=\boldsymbol{f}(\boldsymbol{x})+\Delta\boldsymbol{f}(\boldsymbol{x})+\boldsymbol{\theta}^{\mathrm{T}}(t)\boldsymbol{\xi}(\boldsymbol{x})+\boldsymbol{d}(t)\end{aligned} \tag{6-14}$$

式中，$\boldsymbol{x}=[x_1,x_2,\cdots,x_n]^{\mathrm{T}}$；$\boldsymbol{f}(\boldsymbol{x})$ 为已知的非线性函数；$\Delta\boldsymbol{f}(\boldsymbol{x})$ 为未知的不确定项；$\boldsymbol{\xi}(\boldsymbol{x})\in\mathbf{R}^m$ 为已知的函数；$\boldsymbol{d}(t)$ 为未知有界的外界干扰；$\boldsymbol{\theta}(t)\in\mathbf{R}^m$ 为未知的连续周期时变参数，且 $\boldsymbol{\theta}(t)=\boldsymbol{\varXi}+\boldsymbol{\varTheta}(t)$，其中，$\boldsymbol{\varXi}$ 为未知常数参数，$\boldsymbol{\varTheta}(t)$ 为未知的连续周期时变参数且其周期为 T。系统中既包含了参数化不确定项，又包含了非参数化不确定项，参数化不确定项中既包含了常数参数化不确定项，又包含了时变参数化不确定项。

响应系统模型为

$$\begin{aligned}\dot{y}_i&=y_{i+1},\ \ i=1,2,\cdots,n-1\\ \dot{y}_n&=\boldsymbol{g}(\boldsymbol{y})+\Delta\boldsymbol{g}(\boldsymbol{y})+\boldsymbol{u}(t)\end{aligned} \tag{6-15}$$

式中，$\boldsymbol{y}=[y_1,y_2,\cdots,y_n]^{\mathrm{T}}$；$\boldsymbol{g}(\boldsymbol{y})$ 为已知的非线性函数；$\Delta\boldsymbol{g}(\boldsymbol{y})$ 为未知的不确定项；$\boldsymbol{u}(t)$ 为同步控制律。

注 6-1　本章研究的是参数是线性变化的。

接下来假设对于所有 $t\in\mathbf{R}^+$，$\boldsymbol{\theta}(t)\in\mathbf{R}^m$ 为周期 T 已知的未知连续周期函数向量，即 $\boldsymbol{\theta}(t)=\boldsymbol{\theta}(t-T)$。

注 6-2　由于 $\boldsymbol{\theta}(t)=\boldsymbol{\varXi}+\boldsymbol{\varTheta}(t)$，因此 $\boldsymbol{\varTheta}(t)$ 为周期 T 已知的未知连续周期函数向量。定义跟踪误差为 $e_i=y_i-x_i$，那么控制目标就是为响应系统设计合适的同步控制律 $\boldsymbol{u}(t)$，并设计合适的 $\boldsymbol{\varTheta}(t)$ 和 $\boldsymbol{\varXi}$，使得式（6-15）表示的响应系统能与式（6-14）表示的驱动系统渐近同步，即

$$\lim_{t\to\infty}\int_{t-T}^{t}\left\|\boldsymbol{e}(\tau)\right\|^2\mathrm{d}\tau=0$$

6.3　不确定多涡卷混沌系统的自适应重复学习同步

6.3.1　自适应同步控制律设计

定义同步误差为 $e_i=y_i-x_i$，$i=1,2,\cdots,n$，$\boldsymbol{e}=[e_1,e_2,\cdots,e_n]^{\mathrm{T}}$。

定义 $\boldsymbol{e}_{\mathrm{s}}(t)=[\boldsymbol{\varLambda}^{\mathrm{T}}\quad 1]^{\mathrm{T}}\boldsymbol{e}(t)$，$\boldsymbol{\varLambda}=[\lambda_1,\lambda_2,\cdots,\lambda_{n-1}]^{\mathrm{T}}$，其中 $\lambda_i>0$（$i=1,2,\cdots,n-1$）为 Hurwitz 多项式系数。控制目标是设计合适的同步控制律 $u(t)$，使同步误差系统收敛，即

$$\lim_{t\to\infty}\int_{t-T}^{t}\boldsymbol{e}_s^2(\sigma)\mathrm{d}\sigma=0 \tag{6-16}$$

假设 6-1　假设初始同步误差是有界的，即 $|e_i(0)|\leqslant\varepsilon_i$，$i=1,2,\cdots,n$。

定义辅助同步误差为

$$\boldsymbol{s}(t)=\boldsymbol{e}_s(t)-\boldsymbol{\eta}(t)\mathrm{sat}\left(\frac{\boldsymbol{e}_s(t)}{\boldsymbol{\eta}(t)}\right) \tag{6-17}$$

式中，$\boldsymbol{\eta}(t)=\boldsymbol{\varepsilon}\mathrm{e}^{-Kt}$，其中，$K>0$ 为设计参数，$\boldsymbol{\varepsilon}=[\boldsymbol{\varLambda}^{\mathrm{T}}\quad \mathbf{1}][\varepsilon_1,\varepsilon_2,\cdots,\varepsilon_n]^{\mathrm{T}}$；饱和函数 $\mathrm{sat}(\bullet)=\mathrm{sgn}(\bullet)\min\{|\bullet|,1\}$，其中，$\mathrm{sgn}(\bullet)=\begin{cases}1 & \bullet>0\\ 0 & \bullet=0\\ -1 & \bullet<0\end{cases}$ 为符号函数。

注 6-3　注意到 $\boldsymbol{\eta}(t)$ 沿时间轴递减，且 $\boldsymbol{\eta}(0)=\boldsymbol{\varepsilon}$，因此，如果 $\boldsymbol{s}(t)$ 趋向于零，则达到控制目标。

容易验证

$$\begin{aligned}|\boldsymbol{e}_s(0)|&=|\lambda_1 e_1(0)+\lambda_2 e_2(0)+\cdots+e_n(0)|\\&\leqslant\lambda_1|e_1(0)|+\lambda_2|e_2(0)|+\cdots+|e_n(0)|\\&\leqslant\lambda_1\varepsilon_1+\lambda_2\varepsilon_2+\cdots+\varepsilon_n=\boldsymbol{\varepsilon}=\boldsymbol{\eta}(0)\end{aligned} \tag{6-18}$$

意味着 $\boldsymbol{s}(0)=\boldsymbol{e}_s(0)-\boldsymbol{\eta}(0)\mathrm{sat}\dfrac{\boldsymbol{e}_s(0)}{\boldsymbol{\eta}(0)}=0$ 成立。

由 $\boldsymbol{s}(t)$ 的定义可知

$$\boldsymbol{s}(t)\mathrm{sat}\left(\frac{\boldsymbol{e}_s(t)}{\boldsymbol{\eta}(t)}\right)=\begin{cases}\boldsymbol{s}(t) & \boldsymbol{e}_s(t)>\boldsymbol{\eta}(t)\\ 0 & |\boldsymbol{e}_s(t)|\leqslant\boldsymbol{\eta}(t)\\ -\boldsymbol{s}(t) & \boldsymbol{e}_s(t)<-\boldsymbol{\eta}(t)\end{cases}=|\boldsymbol{s}(t)| \tag{6-19}$$

定义 Lyapunov 函数为$V(t)=\dfrac{1}{2}\boldsymbol{s}^2(t)$，对其求导得

$$\begin{aligned}\dot{V}(t)&=\boldsymbol{s}(t)\dot{\boldsymbol{s}}(t)\\&=\begin{cases}\boldsymbol{s}(t)(\dot{\boldsymbol{e}}_s(t)-\dot{\boldsymbol{\eta}}(t)) & \boldsymbol{e}_s(t)>\boldsymbol{\eta}(t)\\ 0, & |\boldsymbol{e}_s(t)|\leqslant\boldsymbol{\eta}(t)\\ \boldsymbol{s}(t)(\dot{\boldsymbol{e}}_s(t)+\dot{\boldsymbol{\eta}}(t)) & \boldsymbol{e}_s(t)<-\boldsymbol{\eta}(t)\end{cases}\\&=\boldsymbol{s}(t)(\dot{\boldsymbol{e}}_s(t)-\dot{\boldsymbol{\eta}}(t)\mathrm{sgn}(\boldsymbol{s}(t)))\\&=\boldsymbol{s}(t)\left[\sum_{j=2}^{n}\lambda_{j-1}e_j+\boldsymbol{g}(\boldsymbol{y})+\Delta\boldsymbol{g}(\boldsymbol{y})+\boldsymbol{u}(t)-\boldsymbol{f}(\boldsymbol{x})-\Delta\boldsymbol{f}(\boldsymbol{x})-\boldsymbol{\varXi}^{\mathrm{T}}\boldsymbol{\xi}(\boldsymbol{x})-\right.\\&\qquad\left.\boldsymbol{\varTheta}^{\mathrm{T}}(t)\boldsymbol{\xi}(x)-\boldsymbol{d}(t)+K\boldsymbol{\eta}(t)\mathrm{sgn}(\boldsymbol{s}(t)))\right]\\&=\boldsymbol{s}(t)\left(\sum_{j=2}^{n}\lambda_{j-1}e_j+\boldsymbol{g}(\boldsymbol{y})+\Delta\boldsymbol{g}(\boldsymbol{y})+\boldsymbol{u}(t)-\boldsymbol{f}(\boldsymbol{x})-\Delta\boldsymbol{f}(\boldsymbol{x})-\boldsymbol{\varXi}^{\mathrm{T}}\boldsymbol{\xi}(\boldsymbol{x})-\right.\\&\qquad\left.\boldsymbol{\varTheta}^{\mathrm{T}}(t)\boldsymbol{\xi}(\boldsymbol{x})-\boldsymbol{d}(t)+K\boldsymbol{e}_s(t)\right)-K\boldsymbol{s}^2(t)\end{aligned} \tag{6-20}$$

式中利用了如下等式：

$$\begin{aligned}&\boldsymbol{s}(t)(-K\boldsymbol{e}_s(t)+K\boldsymbol{\eta}(t)\mathrm{sgn}(\boldsymbol{s}(t)))\\&=\boldsymbol{s}(t)(-K\boldsymbol{s}(t)-K\boldsymbol{\eta}(t)\mathrm{sat}(\boldsymbol{e}_s(t)/\boldsymbol{\eta}(t))+K\boldsymbol{\eta}(t)\mathrm{sgn}\,\boldsymbol{s}(t)))\\&=-K\boldsymbol{s}^2(t)-K\boldsymbol{\eta}(t)|\boldsymbol{s}(t)|+K\boldsymbol{\eta}(t)|\boldsymbol{s}(t)|\\&=-K\boldsymbol{s}^2(t)\end{aligned} \tag{6-21}$$

将系统的不确定性表示为$\boldsymbol{U}(\boldsymbol{x},\boldsymbol{y})=\Delta\boldsymbol{g}(\boldsymbol{y})-\Delta\boldsymbol{f}(\boldsymbol{x})$，用神经网络对$\boldsymbol{U}(\boldsymbol{x},\boldsymbol{y})$进行估计，即

$$\boldsymbol{U}(\boldsymbol{x},\boldsymbol{y})=\boldsymbol{W}^{*\mathrm{T}}\boldsymbol{\phi}(z)+\boldsymbol{\varepsilon}(\boldsymbol{Z}) \tag{6-22}$$

式中，$\boldsymbol{Z}=[\boldsymbol{x}^{\mathrm{T}},\boldsymbol{y}^{\mathrm{T}}]^{\mathrm{T}}\in\mathbf{R}^{2n}$；设$l$为神经网络神经元的个数，$\boldsymbol{W}^*\in\mathbf{R}^l$为最优的神经网络权值；$\boldsymbol{\phi}(\boldsymbol{Z})=[\phi_1(\boldsymbol{Z}),\phi_2(\boldsymbol{Z}),\cdots,\phi_l(\boldsymbol{Z})]^{\mathrm{T}}$，高斯基函数为$\phi_i(\boldsymbol{Z})=\mathrm{e}^{-\frac{\|\boldsymbol{Z}-\mu_i\|^2}{\eta_i^2}}$，$i=1,2,\cdots,l$；$\boldsymbol{\varepsilon}(\boldsymbol{Z})$为神经网络逼近误差，则式（6-20）可转化为

$$\begin{aligned}\dot{V}(t)=\boldsymbol{s}(t)&\left(\sum_{j=2}^{n}\lambda_{j-1}e_j+\boldsymbol{g}(\boldsymbol{y})+\boldsymbol{W}^{*\mathrm{T}}\boldsymbol{\phi}(\boldsymbol{Z})+\boldsymbol{u}(t)-\boldsymbol{f}(\boldsymbol{x})-\boldsymbol{\varXi}^{\mathrm{T}}\boldsymbol{\xi}(\boldsymbol{x})-\right.\\&\left.\boldsymbol{\varTheta}^{\mathrm{T}}(t)\boldsymbol{\xi}(\boldsymbol{x})+\boldsymbol{\varepsilon}(\boldsymbol{Z})-\boldsymbol{d}(t)+K\boldsymbol{e}_s(t)\right)-K\boldsymbol{s}^2(t)\end{aligned} \tag{6-23}$$

根据神经网络的特性，有$|\boldsymbol{\varepsilon}(\boldsymbol{Z})-\boldsymbol{d}(t)|\leqslant\rho$，$\rho$为未知的常数上界。

设计同步控制律为

$$u=-\sum_{j=2}^{n}\lambda_{j-1}e_j-\boldsymbol{g}(\boldsymbol{y})-\hat{\boldsymbol{W}}^{\mathrm{T}}\boldsymbol{\phi}(\boldsymbol{Z})+\boldsymbol{f}(\boldsymbol{x})+\hat{\boldsymbol{\Xi}}^{\mathrm{T}}\boldsymbol{\xi}(\boldsymbol{x})+\hat{\boldsymbol{\Theta}}^{\mathrm{T}}(t)\boldsymbol{\xi}(\boldsymbol{x})-\\ \hat{\rho}\tanh(\hat{\rho}\boldsymbol{s}(t)\omega\mathrm{e}^{-k_1t})-K\boldsymbol{e}_s(t) \tag{6-24}$$

式中，$K,k_1,\omega>0$ 为设计参数；$\hat{\boldsymbol{W}}$、$\hat{\boldsymbol{\Xi}}$、$\hat{\boldsymbol{\Theta}}(t)$、$\hat{\rho}$ 分别为 $\boldsymbol{W}^*$、$\boldsymbol{\Xi}$、$\boldsymbol{\Theta}(t)$、ρ 的估计值。

设计参数自适应律为

$$\hat{\boldsymbol{\Theta}}(t)=\begin{cases}0 & t\in[-T,0)\\ -q_0(t)\boldsymbol{\xi}(\boldsymbol{x})\boldsymbol{s}(t) & t\in[0,T)\\ \hat{\boldsymbol{\Theta}}(t-T)-q_1\boldsymbol{\xi}(\boldsymbol{x})\boldsymbol{s}(t) & t\in[T,\infty)\end{cases} \tag{6-25}$$

$$\dot{\hat{\boldsymbol{W}}}=q_2\boldsymbol{s}(t)\boldsymbol{\phi}(\boldsymbol{Z}) \tag{6-26}$$

$$\dot{\hat{\boldsymbol{\Xi}}}=-q_3\boldsymbol{\xi}(\boldsymbol{x})\boldsymbol{s}(t) \tag{6-27}$$

$$\dot{\hat{\rho}}=q_4|\boldsymbol{s}(t)| \tag{6-28}$$

式中，$q_1,q_2,q_3,q_4>0$ 为设计参数；$q_0(t)$ 为单调递增的连续函数，且 $q_0(0)=\alpha>0$，$q_0(T)=q_1$。

注 6-4　$\hat{\boldsymbol{\Theta}}(t)=0$，$t\in(-\infty,0)$ 不具有实际意义，仅用于下面的分析。

引理 6-1　$\hat{\boldsymbol{\Theta}}(t)$，$\forall t\in[0,\infty)$ 是连续的。

证明： 由于 $\boldsymbol{\xi}(\boldsymbol{x})$ 是连续函数，因此 $\hat{\boldsymbol{\Theta}}(t)$ 在 $t\in[kT,(k+1)T)$（$k=0,1,2,\cdots$）上的连续性是显而易见的。下面分两种情况考虑在 $t=kT$ 处 $\hat{\boldsymbol{\Theta}}(t)$ 的连续性。

（1）当 $k=1$ 时，由式（6-25）表示的参数自适应律及 $q_0(0)=0$ 和 $q_0(T)=q_1$ 可知

$$\begin{aligned}\lim_{t\to T^-}\hat{\boldsymbol{\Theta}}(t)&=\lim_{t\to T^-}[-q_0(t)\boldsymbol{\xi}(\boldsymbol{x})\boldsymbol{s}(t)]\\&=-q_1\boldsymbol{\xi}(\boldsymbol{x}(T))\boldsymbol{s}(T)\end{aligned}$$

$$\begin{aligned}\lim_{t\to T^+}\hat{\boldsymbol{\Theta}}(t)&=\lim_{t\to T^+}[\hat{\boldsymbol{\Theta}}(t-T)-q_1\boldsymbol{\xi}(\boldsymbol{x})\boldsymbol{s}(t)]\\&=-q_1\boldsymbol{\xi}(\boldsymbol{x}(T))\boldsymbol{s}(T)\end{aligned}$$

因此，$\hat{\boldsymbol{\Theta}}(t)$ 在 $t=T$ 处是连续的。

（2）当 $k\geqslant 2$ 时，有

$$\begin{aligned}\lim_{t\to kT^-}\hat{\Theta}(t)&=\lim_{t\to kT^-}[\hat{\boldsymbol{\Theta}}(t-T)-q_1\boldsymbol{\xi}(\boldsymbol{x})\boldsymbol{s}(t)]\\&=\hat{\boldsymbol{\Theta}}((k-1)T^-)-q_1\boldsymbol{\xi}(\boldsymbol{x}(kT))\boldsymbol{s}(kT)\end{aligned}$$

$$\begin{aligned}\lim_{t\to kT^+}\hat{\boldsymbol{\Theta}}(t)&=\lim_{t\to kT^+}[\hat{\boldsymbol{\Theta}}(t-T)-q_1\boldsymbol{\xi}(\boldsymbol{x})\boldsymbol{s}(t)]\\&=\hat{\boldsymbol{\Theta}}((k-1)T^+)-q_1\boldsymbol{\xi}(\boldsymbol{x}(kT))\boldsymbol{s}(kT)\end{aligned}$$

由于 $\boldsymbol{\xi}(\boldsymbol{x})$ 和 $\boldsymbol{e}_s(t)$ 是连续的，因此 $\hat{\boldsymbol{\Theta}}(t)$ 在 $t=kT$ 处的连续性依赖 $\hat{\boldsymbol{\Theta}}(t)$ 在 $t=(k-1)T$ 处的连续性，由于已经证明了 $\hat{\boldsymbol{\Theta}}(t)$ 在 $t=T$ 处是连续的，因此 $\hat{\boldsymbol{\Theta}}(t)$ 在 $t=2T$ 处是连续的，进一步可以得知 $\hat{\boldsymbol{\Theta}}(t)$ 在 $t=kT$($k\geqslant 2$)处是连续的。

综上所述，$\hat{\boldsymbol{\Theta}}(t)$，$\forall t\in[0,\infty)$ 是连续的。证毕。

由式（6-28）表示的参数自适应律可知 $\hat{\rho}>0$。将式（6-24）表示的控制律代入式（6-23）并考虑引理 4-2，可得

$$\begin{aligned}\dot{V}(t)&\leqslant -Ks^2(t)-\boldsymbol{s}(t)(\tilde{\boldsymbol{W}}^{\mathrm{T}}\boldsymbol{\phi}(\boldsymbol{Z})-\tilde{\boldsymbol{\Xi}}^{\mathrm{T}}\boldsymbol{\xi}(\boldsymbol{x})-\tilde{\boldsymbol{\Theta}}^{\mathrm{T}}(t)\boldsymbol{\xi}(\boldsymbol{x}))+\rho|\boldsymbol{s}(t)|-\\&\quad\hat{\rho}\boldsymbol{s}(t)\tanh(\hat{\rho}\boldsymbol{s}(t)/\omega\mathrm{e}^{-k_1t})\\&=-K\boldsymbol{s}^2(t)-\boldsymbol{s}(t)(\tilde{\boldsymbol{W}}^{\mathrm{T}}\boldsymbol{\phi}(\boldsymbol{Z})-\tilde{\boldsymbol{\Xi}}^{\mathrm{T}}\boldsymbol{\xi}(\boldsymbol{x})-\tilde{\boldsymbol{\Theta}}^{\mathrm{T}}(t)\boldsymbol{\xi}(\boldsymbol{x}))+\rho|\boldsymbol{s}(t)|-\\&\quad\hat{\rho}|\boldsymbol{s}(t)|+\hat{\rho}|\boldsymbol{s}(t)|-\rho\boldsymbol{s}(t)\tanh(\hat{\rho}\boldsymbol{s}(t)/\omega\mathrm{e}^{-k_1t})\\&\leqslant -K\boldsymbol{s}^2(t)-\boldsymbol{s}(t)(\tilde{\boldsymbol{W}}^{\mathrm{T}}\boldsymbol{\phi}(\boldsymbol{Z})-\tilde{\boldsymbol{\Xi}}^{\mathrm{T}}\boldsymbol{\xi}(\boldsymbol{x})-\tilde{\boldsymbol{\Theta}}^{\mathrm{T}}(t)\boldsymbol{\xi}(\boldsymbol{x}))-\tilde{\rho}|\boldsymbol{s}(t)|+\beta\omega\mathrm{e}^{-k_1t}\end{aligned}\tag{6-29}$$

式中，$\tilde{*}=\hat{*}-*$ 表示参数估计误差。

6.3.2　稳定性分析

定义一个类 Lyapunov 复合能量函数：

$$\begin{aligned}E(t)&=V(t)+\frac{1}{2q_1}\int_{t-T}^{t}\tilde{\boldsymbol{\Theta}}^{\mathrm{T}}(\sigma)\tilde{\boldsymbol{\Theta}}(\sigma)\mathrm{d}\sigma+\frac{1}{2q_2}\tilde{\boldsymbol{W}}^{\mathrm{T}}(t)\tilde{\boldsymbol{W}}(t)+\\&\quad\frac{1}{2q_3}\tilde{\boldsymbol{\Xi}}^{\mathrm{T}}(t)\tilde{\boldsymbol{\Xi}}(t)+\frac{1}{2q_4}\tilde{\rho}^2(t)\end{aligned}\tag{6-30}$$

下面的证明过程包括 3 部分。

（1）$E(t)$ 的差分。

计算 $E(t)$ 在 $[t-T,t)$ 上的差分：

$$\begin{aligned}\Delta E(t)&=E(t)-E(t-T)\\&=V(t)-V(t-T)+\frac{1}{2q_1}\int_{t-T}^{t}[\tilde{\boldsymbol{\Theta}}^{\mathrm{T}}(\sigma)\tilde{\boldsymbol{\Theta}}(\sigma)-\tilde{\boldsymbol{\Theta}}^{\mathrm{T}}(\sigma-T)\tilde{\boldsymbol{\Theta}}(\sigma-T)]\,\mathrm{d}\sigma+\\&\quad\frac{1}{2q_2}[\tilde{\boldsymbol{W}}^{\mathrm{T}}(t)\tilde{\boldsymbol{W}}(t)-\tilde{\boldsymbol{W}}^{\mathrm{T}}(t-T)\tilde{\boldsymbol{W}}(t-T)]+\\&\quad\frac{1}{2q_3}[\tilde{\boldsymbol{\Xi}}^{\mathrm{T}}(t)\tilde{\boldsymbol{\Xi}}(t)-\tilde{\boldsymbol{\Xi}}^{\mathrm{T}}(t-T)\tilde{\boldsymbol{\Xi}}(t-T)]+\frac{1}{2q_4}[\tilde{\rho}^2(t)-\tilde{\rho}^2(t-T)]\end{aligned}\tag{6-31}$$

由式（6-29）可知

$$\begin{aligned}&V(t)-V(t-T)\\&\leqslant\int_{t-T}^{t}[-K\boldsymbol{s}^2(\sigma)-\boldsymbol{s}(\sigma)(\tilde{\boldsymbol{W}}^{T}\boldsymbol{\phi}(\boldsymbol{Z})-\tilde{\boldsymbol{\Xi}}^{\mathrm{T}}\boldsymbol{\xi}(\boldsymbol{x})-\tilde{\boldsymbol{\Theta}}^{\mathrm{T}}(\sigma)\boldsymbol{\xi}(\boldsymbol{x}))-\\&\quad\tilde{\rho}|\boldsymbol{s}(\sigma)|+\beta\omega\mathrm{e}^{-k_1\sigma}]\,\mathrm{d}\sigma\end{aligned}\tag{6-32}$$

由式（6-25）表示的参数自适应律可得

$$\begin{aligned}&\frac{1}{2q_1}\int_{t-T}^{t}[\tilde{\boldsymbol{\Theta}}^{\mathrm{T}}(\sigma)\tilde{\boldsymbol{\Theta}}(\sigma)-\tilde{\boldsymbol{\Theta}}^{\mathrm{T}}(\sigma-T)\tilde{\boldsymbol{\Theta}}(\sigma-T)]\,\mathrm{d}\sigma\\&=\frac{1}{2q_1}\int_{t-T}^{t}[\tilde{\boldsymbol{\Theta}}^{\mathrm{T}}(\sigma)\tilde{\boldsymbol{\Theta}}(\sigma)-(\tilde{\boldsymbol{\Theta}}(\sigma)+q_1\boldsymbol{\xi}(\boldsymbol{x})\boldsymbol{s}(\sigma))^{\mathrm{T}}(\tilde{\boldsymbol{\Theta}}(\sigma)+q_1\boldsymbol{\xi}(\boldsymbol{x})\boldsymbol{s}(\sigma))]\,\mathrm{d}\sigma\\&=-\int_{t-T}^{t}\tilde{\boldsymbol{\Theta}}(\sigma)\boldsymbol{\xi}(\boldsymbol{x})\boldsymbol{s}(\sigma)\mathrm{d}\sigma-\frac{q_1}{2}\int_{t-T}^{t}\boldsymbol{s}^2(\sigma)\|\boldsymbol{\xi}(\boldsymbol{x})\|^2\mathrm{d}\sigma\end{aligned}\tag{6-33}$$

由式（6-26）表示的参数自适应律可得

$$\begin{aligned}&\frac{1}{2q_2}[\tilde{\boldsymbol{W}}^{\mathrm{T}}(t)\tilde{\boldsymbol{W}}(t)-\tilde{\boldsymbol{W}}^{\mathrm{T}}(t-T)\tilde{\boldsymbol{W}}(t-T)]\\&=\frac{1}{q_2}\int_{t-T}^{t}\tilde{\boldsymbol{W}}^{\mathrm{T}}(t)\dot{\tilde{\boldsymbol{W}}}(t)\mathrm{d}\sigma\\&=\int_{t-T}^{t}\boldsymbol{s}(t)\tilde{\boldsymbol{W}}^{\mathrm{T}}(t)\boldsymbol{\phi}(\boldsymbol{Z})\mathrm{d}\sigma\end{aligned}\tag{6-34}$$

同理，可得

$$\frac{1}{2q_3}[\tilde{\boldsymbol{\Xi}}^{\mathrm{T}}(t)\tilde{\boldsymbol{\Xi}}(t)-\tilde{\boldsymbol{\Xi}}^{\mathrm{T}}(t-T)\tilde{\boldsymbol{\Xi}}(t-T)]=-\int_{t-T}^{t}\tilde{\boldsymbol{\Xi}}^{\mathrm{T}}(\sigma)\boldsymbol{\xi}(\boldsymbol{x})\boldsymbol{s}(\sigma)\mathrm{d}\sigma\tag{6-35}$$

$$\frac{1}{2q_4}[\tilde{\rho}^2(t)-\tilde{\rho}^2(t-T)]=\int_{t-T}^{t}\tilde{\rho}(\sigma)|\boldsymbol{s}(\sigma)|\mathrm{d}\sigma\tag{6-36}$$

将式（6-33）～式（6-36）代入式（6-31），可得

$$\begin{aligned}\Delta E(t)&\leqslant-\int_{t-T}^{t}K\boldsymbol{s}^2(\sigma)\mathrm{d}\sigma+\int_{t-T}^{t}\beta\omega\mathrm{e}^{-k_1\sigma}\mathrm{d}\sigma-\frac{q_1}{2}\int_{t-T}^{t}\boldsymbol{s}^2(\sigma)\|\boldsymbol{\xi}(\boldsymbol{x})\|^2\mathrm{d}\sigma\\&\leqslant-\int_{t-T}^{t}K\boldsymbol{s}^2(\sigma)\mathrm{d}\sigma+\frac{1}{k_1}\beta\omega(\mathrm{e}^{-k_1(t-T)}-\mathrm{e}^{-k_1t})\end{aligned}\tag{6-37}$$

（2）$E(t)$ 在 $[0,T)$ 上的有界性。

当 $t\in[0,T)$ 时，$E(t)$ 的形式为

$$\begin{aligned}E(t)=V(t)&+\frac{1}{2q_1}\int_0^t\tilde{\boldsymbol{\Theta}}^{\mathrm{T}}(\sigma)\tilde{\boldsymbol{\Theta}}(\sigma)\mathrm{d}\sigma+\frac{1}{2q_2}\tilde{\boldsymbol{W}}^{\mathrm{T}}(t)\tilde{\boldsymbol{W}}(t)+\\&\frac{1}{2q_3}\tilde{\boldsymbol{\Xi}}^{\mathrm{T}}(t)\tilde{\boldsymbol{\Xi}}(t)+\frac{1}{2q_4}\tilde{\rho}^2(t)\end{aligned}\tag{6-38}$$

对上式求导并考虑式（6-25）～式（6-28）表示的参数自适应律，可得

$$\begin{aligned}\dot{E}(t)&=\dot{V}(t)+\frac{1}{2q_1}\tilde{\boldsymbol{\Theta}}^{\mathrm{T}}(t)\tilde{\boldsymbol{\Theta}}(t)+\frac{1}{q_2}\tilde{\boldsymbol{W}}^{\mathrm{T}}(t)\dot{\tilde{\boldsymbol{W}}}(t)+\frac{1}{q_3}\tilde{\boldsymbol{\Xi}}^{\mathrm{T}}(t)\dot{\tilde{\boldsymbol{\Xi}}}(t)+\frac{1}{q_4}\tilde{\rho}(t)\dot{\tilde{\rho}}(t)\\&\leqslant-K\boldsymbol{s}^2(t)+\boldsymbol{s}(t)\tilde{\boldsymbol{\Theta}}^{\mathrm{T}}(t)\boldsymbol{\xi}(\boldsymbol{x})+\frac{1}{2q_1}\tilde{\boldsymbol{\Theta}}^{\mathrm{T}}(t)\tilde{\boldsymbol{\Theta}}(t)+\beta\omega\mathrm{e}^{-k_1t}\end{aligned}\tag{6-39}$$

由参数自适应律可知 $\hat{\boldsymbol{\Theta}}(t)=-q_0(t)\boldsymbol{\xi}(\boldsymbol{x})\boldsymbol{s}(t)$，$t\in[0,T)$，有

$$\begin{aligned}&\boldsymbol{s}(t)\tilde{\boldsymbol{\Theta}}^{\mathrm{T}}(t)\boldsymbol{\xi}(\boldsymbol{x})+\frac{1}{2q_1}\tilde{\boldsymbol{\Theta}}^{\mathrm{T}}(t)\tilde{\boldsymbol{\Theta}}(t)\\&=-\frac{1}{q_0(t)}\tilde{\boldsymbol{\Theta}}^{\mathrm{T}}(t)\hat{\boldsymbol{\Theta}}(t)+\frac{1}{2q_1}\tilde{\boldsymbol{\Theta}}^{\mathrm{T}}(t)\tilde{\boldsymbol{\Theta}}(t)\\&=-\frac{1}{q_0(t)}\tilde{\boldsymbol{\Theta}}^{\mathrm{T}}(t)(\tilde{\boldsymbol{\Theta}}(t)+\boldsymbol{\Theta}(t))+\frac{1}{2q_1}\tilde{\boldsymbol{\Theta}}^{\mathrm{T}}(t)\tilde{\boldsymbol{\Theta}}(t)\\&=-\left(\frac{1}{q_0(t)}-\frac{1}{2q_1}\right)\tilde{\boldsymbol{\Theta}}^{\mathrm{T}}(t)\tilde{\boldsymbol{\Theta}}(t)-\frac{1}{q_0(t)}\tilde{\boldsymbol{\Theta}}^{\mathrm{T}}(t)\boldsymbol{\Theta}(t)\\&=-\frac{1}{2}\left(\frac{1}{q_0(t)}-\frac{1}{q_1}\right)\tilde{\boldsymbol{\Theta}}^{\mathrm{T}}(t)\tilde{\boldsymbol{\Theta}}(t)-\frac{1}{2q_0(t)}(\tilde{\boldsymbol{\Theta}}(t)+\boldsymbol{\Theta}(t))^{\mathrm{T}}(\tilde{\boldsymbol{\Theta}}(t)+\boldsymbol{\Theta}(t))+\end{aligned}\tag{6-40}$$

$$
\begin{aligned}
&\frac{1}{2q_0(t)}\boldsymbol{\Theta}^{\mathrm{T}}(t)\boldsymbol{\Theta}(t)\\
&\leqslant \frac{1}{2q_0(t)}\boldsymbol{\Theta}^{\mathrm{T}}(t)\boldsymbol{\Theta}(t)
\end{aligned}
$$

因此，式（6-39）可以转化为

$$
\begin{aligned}
\dot{E}(t) &= \dot{V}(t) + \frac{1}{2q_1}\tilde{\boldsymbol{\Theta}}^{\mathrm{T}}(t)\dot{\tilde{\boldsymbol{\Theta}}}(t) + \frac{1}{q_2}\tilde{\boldsymbol{W}}^{\mathrm{T}}(t)\dot{\tilde{\boldsymbol{W}}}(t) + \frac{1}{q_3}\tilde{\boldsymbol{\Xi}}^{\mathrm{T}}(t)\dot{\tilde{\boldsymbol{\Xi}}}(t) + \frac{1}{q_4}\tilde{\rho}(t)\dot{\tilde{\rho}}(t)\\
&\leqslant -K\boldsymbol{s}^2(t) + \frac{1}{2q_0(t)}\boldsymbol{\Theta}^{\mathrm{T}}(t)\boldsymbol{\Theta}(t) + \beta\omega \mathrm{e}^{-k_1 t}
\end{aligned} \tag{6-41}
$$

由于 $\boldsymbol{\Theta}(t)$ 是有界的，因此设 $L = \max\limits_{t\in[0,T)}\{\boldsymbol{\Theta}^{\mathrm{T}}(t)\boldsymbol{\Theta}(t)/(2q_0(t))\}$，则对式（6-41）在 $[0,t)$ 上求积分可得

$$
\begin{aligned}
E(t) &\leqslant E(0) - \int_0^t K\boldsymbol{s}^2(\sigma)\mathrm{d}\sigma + \int_0^t L\mathrm{d}\sigma + \int_0^t \beta\omega\mathrm{e}^{-k_1\sigma}\mathrm{d}\sigma\\
&\leqslant E(0) + Lt + \frac{1}{k_1}\beta\omega(1-\mathrm{e}^{-k_1 t})
\end{aligned} \tag{6-42}
$$

根据假设 6-1 及自适应律可知 $E(0)=0$，因此

$$
E(t) \leqslant Lt + \frac{1}{k_1}\beta\omega(1-\mathrm{e}^{-k_1 t}) \tag{6-43}
$$

显然，当 $t\in[0,T)$ 时，$E(t)$ 是有界的。当 $t\in[0,T)$ 时，用 t_0 来标记 t，此时式（6-43）变为

$$
E(t_0) \leqslant Lt_0 + \frac{1}{k_1}\beta\omega(1-\mathrm{e}^{-k_1 t_0}) \tag{6-44}
$$

（3）同步误差学习的收敛性。

对于 $t\in[kT,(k+1)T)$（$k=1,2,3,\cdots$），可表示为 $t=t_0+kT$。此时，对于 $t\in[kT,(k+1)T)$，有

$$
\begin{aligned}
E(t) &= E(t_0) + \sum_{j=0}^{k-1}\Delta E(t-jT)\\
&\leqslant E(t_0) - \sum_{j=0}^{k-1}\int_{t-(j+1)T}^{t-jT} K\boldsymbol{s}^2(\sigma)\mathrm{d}\sigma + \sum_{j=0}^{k-1}\frac{1}{k_1}\beta\omega(\mathrm{e}^{-k_1(t-(j+1)T)} - \mathrm{e}^{-k_1(t-jT)})\\
&= E(t_0) - \sum_{j=0}^{k-1}\int_{t-(j+1)T}^{t-jT} K\boldsymbol{s}^2(\sigma)\mathrm{d}\sigma + \frac{1}{k_1}\beta\omega(\mathrm{e}^{-k_1(t-kT)} - \mathrm{e}^{-k_1 t})
\end{aligned} \tag{6-45}
$$

可得

$$
\begin{aligned}
\sum_{j=0}^{k-1}\int_{t-(j+1)T}^{t-jT} K\boldsymbol{s}^2(\sigma)\mathrm{d}\sigma &\leqslant E(t_0) - E(t) + \frac{1}{k_1}\beta\omega(\mathrm{e}^{-k_1(t-kT)} - \mathrm{e}^{-k_1 t})\\
&\leqslant E(t_0) + \frac{1}{k_1}\beta\omega(\mathrm{e}^{-k_1(t-kT)} - \mathrm{e}^{-k_1 t})
\end{aligned} \tag{6-46}
$$

对上式求极限，可得

$$\lim_{k\to\infty}\sum_{j=0}^{k-1}\int_{t-(j+1)T}^{t-jT}K\boldsymbol{s}^2(\sigma)\mathrm{d}\sigma \leqslant E(t_0)+\lim_{t\to\infty}\frac{1}{k_1}\beta\omega(\mathrm{e}^{-k_1(t-kT)}-\mathrm{e}^{-k_1 t})=E(t_0) \tag{6-47}$$

根据级数收敛的必要条件，可知 $\lim_{t\to\infty}\int_{t-T}^{t}\boldsymbol{s}^2(\sigma)\mathrm{d}\sigma=0$，等价于 $\lim_{t\to\infty}\int_{t-T}^{t}\left|\boldsymbol{s}(\sigma)\right|\mathrm{d}\sigma=0$。由 $\boldsymbol{s}(t)$ 的定义可知 $\lim_{t\to\infty}\left|\boldsymbol{e}_s(t)\right|\leqslant\lim_{t\to\infty}\boldsymbol{\eta}(t)=0$，进一步有 $\lim_{t\to\infty}e_i(t)=0$，$i=1,2,\cdots,n$。

6.3.3 仿真分析

下面验证本章所提的自适应重复学习控制的有效性。驱动系统动态模型如式（6-14）所示，系统参数取为 $\boldsymbol{\varXi}=[-a_1,b_1]^{\mathrm{T}}$，$\boldsymbol{\Theta}(t)=[0.1\sin(0.1t),0.1\cos(0.1t)]^{\mathrm{T}}$，$\boldsymbol{\xi}(\boldsymbol{x})=[x_1,x_2]^{\mathrm{T}}$，$\boldsymbol{f}(\boldsymbol{x})=c_1\mathrm{Hys}(d_1x_1)$，$\Delta\boldsymbol{f}(\boldsymbol{x})=0.05\sin(x_1x_2)$，$\boldsymbol{d}(t)=0.1\mathrm{rand}$；参数取值为 $a_1=1$，$b_1=0.125$，$c_1=1$，$d_1=1$，$m=4$；响应系统为

$$\begin{aligned}\dot{y}_1&=y_2\\ \dot{y}_2&=-a_2y_1+b_2y_2+c_2\mathrm{Hys}(d_2y_1)+\Delta\boldsymbol{g}(\boldsymbol{y})+\boldsymbol{u}(t)\end{aligned} \tag{6-48}$$

式中，$\Delta\boldsymbol{g}(\boldsymbol{y})=0.05\cos(y_1y_2)$，$T=20\pi$。首先给出不施加控制时的系统跟踪误差曲线及系统相图，如图 6-5、图 6-6 所示。然后对系统施加控制并进行仿真。设计控制参数为 $K=5$，$\varepsilon_1=1$，$\varepsilon_2=1$，$\lambda=2$，$\omega=\varepsilon=\lambda\varepsilon_1+\varepsilon_2=3$，$k_1=5$，$q_1=1$，$q_2=0.01$，$q_3=0.2$，$q_4=0.01$，$q_0(t)=[100+(t-T)]/100$；神经网络参数为 $l=20$，神经网络中心为 $\boldsymbol{\mu}_j=\frac{1}{l}(2j-l)[6,3,6,3]^{\mathrm{T}}$，中心值 $\eta_j=2$，$j=1,2,\cdots,l$。仿真结果如图 6-7～图 6-11 所示。

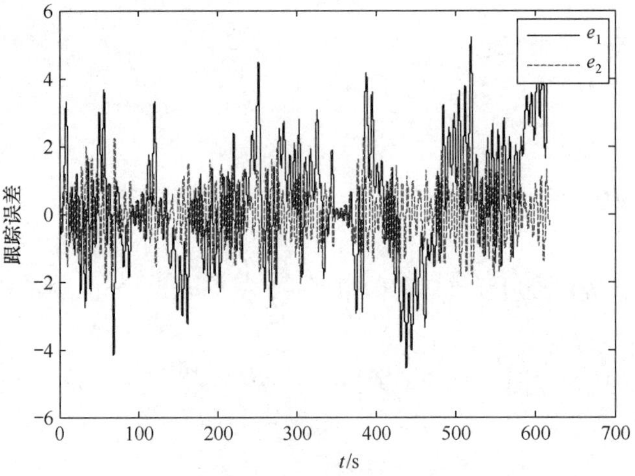

图 6-5　系统跟踪误差曲线（不施加控制）

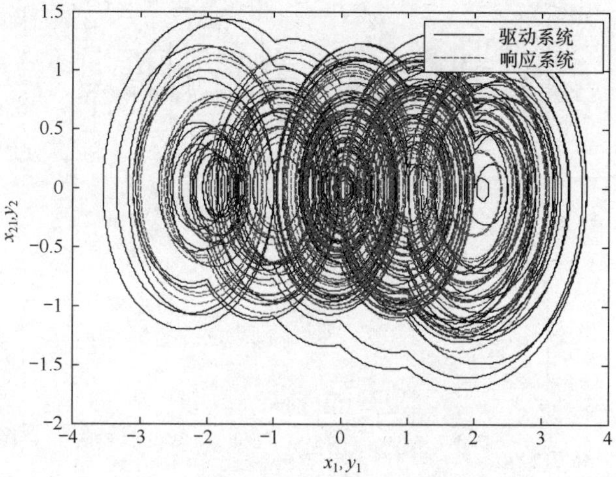

图 6-6　驱动系统和响应系统相图（不施加控制）

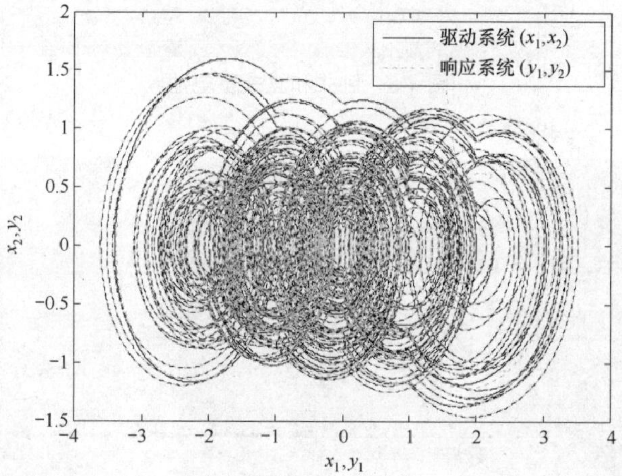

图 6-7　驱动系统和响应系统相图

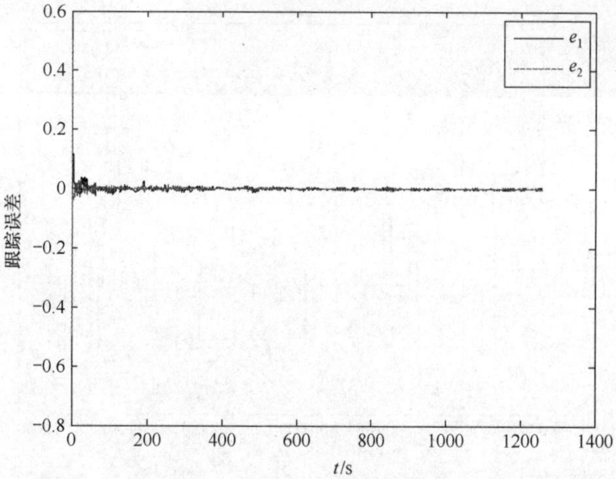

图 6-8　系统跟踪误差曲线

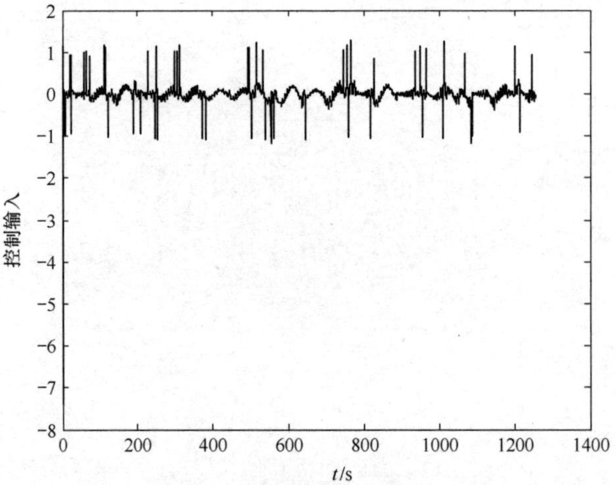

图 6-9　控制输入曲线

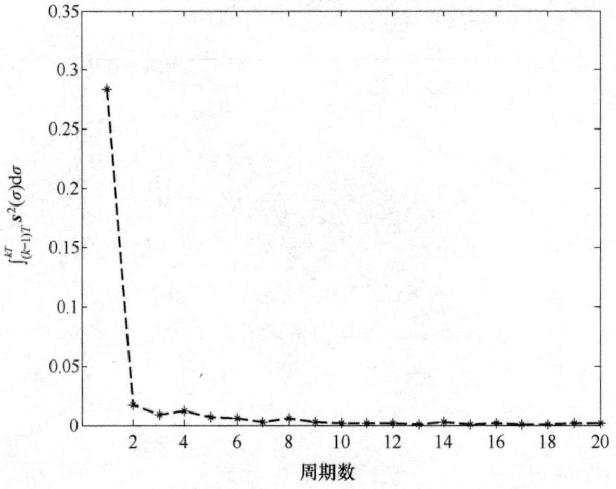

图 6-10　误差积分曲线

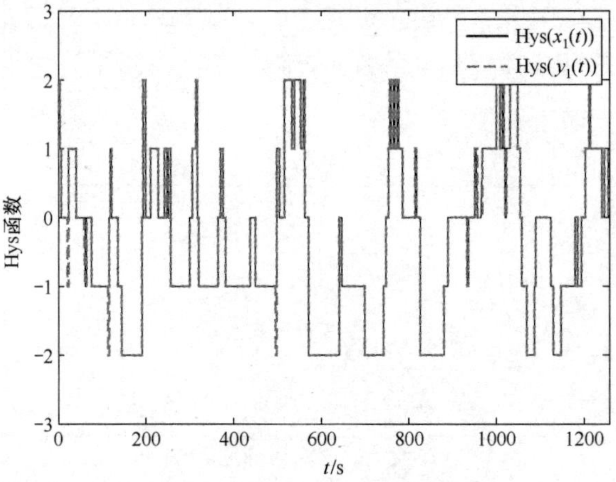

图 6-11　Hys 函数曲线

6.4　不确定分数阶多涡卷混沌系统自适应重复学习同步控制

6.4.1　控制原理

下面考虑分数阶系统时变参数的影响，将时变参数引入混沌系统。

驱动系统的形式为

$$\begin{cases} D^{\alpha}x_i = x_{i+1}, \ i=1,2,\cdots,n-1 \\ D^{\alpha}x_n = \boldsymbol{f}(\boldsymbol{x}) \end{cases} \tag{6-49}$$

式中，$\boldsymbol{x}=[x_1,x_2,\cdots,x_n]^{\mathrm{T}}$；$\boldsymbol{f}(\boldsymbol{x})$ 为已知的光滑非线性函数。

响应系统模型为

$$\begin{aligned} &D^{\alpha}y_i = y_{i+1}, \ i=1,2,\cdots,n-1 \\ &D^{\alpha}y_n = \boldsymbol{g}(\boldsymbol{y})+\Delta\boldsymbol{g}(\boldsymbol{y})+\boldsymbol{\theta}^{\mathrm{T}}(t)\boldsymbol{\xi}(\boldsymbol{y})+\boldsymbol{d}(t)+\boldsymbol{u}(t) \end{aligned} \tag{6-50}$$

式中，$\boldsymbol{y}=[y_1,y_2,\ldots,y_n]^{\mathrm{T}}$；$\boldsymbol{g}(\boldsymbol{y})$ 为已知的非线性函数；$\Delta\boldsymbol{g}(\boldsymbol{y})$ 为未知的不确定项；$\boldsymbol{u}(t)$ 为同步控制律；$\boldsymbol{\xi}(\boldsymbol{y})\in\mathbf{R}^m$ 为已知的函数；$\boldsymbol{d}(t)$ 为未知有界的外部扰动；$\boldsymbol{\theta}(t)\in\mathbf{R}^m$ 为未知的连续周期时变参数，且 $\boldsymbol{\theta}(t)=\boldsymbol{\varXi}+\boldsymbol{\varTheta}(t)$，其中，$\boldsymbol{\varXi}$ 为未知常数参数，$\boldsymbol{\varTheta}(t)$ 为未知连续周期时变参数且其周期为 T。系统中既包含了参数化不确定项，又包含了非参数化不确定项，参数化不确定项中既包含了常数参数化不确定项，又包含了时变参数化不确定项。

6.4.2　同步控制律设计

对式（6-49）表示的系统进行研究，定义同步误差为 $e_i=y_i-x_i$，$i=1,2$，$\boldsymbol{e}=[e_1,e_2,\ldots,e_n]^{\mathrm{T}}$，由式（6-49）和式（6-50）可知同步误差动态系统为

$$\begin{aligned} &D^{\alpha}e_i = e_{i+1}, \ i=1,2,\cdots,n-1 \\ &D^{\alpha}e_n = \boldsymbol{g}(\boldsymbol{y})+\Delta\boldsymbol{g}(\boldsymbol{y})+\boldsymbol{\theta}^{\mathrm{T}}(t)\boldsymbol{\xi}(\boldsymbol{y})+\boldsymbol{d}(t)+\boldsymbol{u}(t)-\boldsymbol{f}(\boldsymbol{x}) \end{aligned} \tag{6-51}$$

定义 $\boldsymbol{e}_s(t)=[\boldsymbol{\varLambda}^{\mathrm{T}}\quad 1]^{\mathrm{T}}\boldsymbol{e}(t)$，$\boldsymbol{\varLambda}=[\lambda_1,\lambda_2,\cdots,\lambda_{n-1}]^{\mathrm{T}}$，其中 $\lambda_i>0$，$i=1,2,\cdots,n-1$。$\boldsymbol{\varLambda}$ 的选取应使下面的矩阵满足引理 3-1：

$$\boldsymbol{A}=\begin{bmatrix} 0 & & \\ \vdots & \boldsymbol{I}_{n-2} & \\ 0 & & \\ -\lambda_1 & \cdots & -\lambda_{n-1} \end{bmatrix} \tag{6-52}$$

式中，$\boldsymbol{I}_{n-2}$ 为 $n-2$ 维单位矩阵。

控制目标是设计合适的同步控制律，使系统同步误差收敛于零。

假设 6-2　假设初始同步误差是有界的，即 $|e_i(0)|\leqslant\varepsilon_i$，$i=1,2,\cdots,n$。

对 $\boldsymbol{e}_s$ 求 α 阶微分得

$$D^{\alpha}\boldsymbol{e}_s = D^{\alpha}e_n + D^{\alpha}\left(\sum_{i=1}^{n-1}\lambda_i e_i\right) = D^{\alpha}e_n + \sum_{i=1}^{n-1}\lambda_i D^{\alpha}e_i \tag{6-53}$$

为了处理初始同步误差问题，引入 Mittag-Leffler 定义的边界层函数：

$$\boldsymbol{\eta}(t)=\boldsymbol{\varepsilon}E_{\alpha}(-Kt),\quad K>0 \tag{6-54}$$

式中，$\boldsymbol{\varepsilon}=[\boldsymbol{\Lambda}^{\mathrm{T}}\quad 1][\varepsilon_1,\varepsilon_2,\cdots,\varepsilon_n]^{\mathrm{T}}$。

根据 Mittag-Leffler 定义可知，$\boldsymbol{\eta}(t)$ 是随着时间递减的，且 $\boldsymbol{\eta}(0)=\boldsymbol{\varepsilon}$，$D^{\alpha}\boldsymbol{\eta}(t)=\boldsymbol{\varepsilon}D^{\alpha}E_{\alpha}(-Kt)=-K\boldsymbol{\varepsilon}E_{\alpha}(-Kt)=-K\boldsymbol{\eta}(t)$。

根据假设 6-1、引理 3-2，以及式（6-18）和式（6-19）可以得到辅助误差变量的等价频率分布模型：

$$\begin{cases}\dfrac{\partial \boldsymbol{z}(\omega,t)}{\partial t}=-\omega \boldsymbol{z}(\omega,t)+D^{\alpha}\boldsymbol{s}(t)\\ \boldsymbol{s}(t)=\displaystyle\int_0^{\infty}\mu(\omega)\boldsymbol{z}(\omega,t)\mathrm{d}\omega\end{cases}\tag{6-55}$$

式中，权值函数为 $\mu(\omega)=\sin(\alpha\pi)/\pi\omega^{\alpha}$；$\boldsymbol{z}(\omega,t)\in\mathbf{R}^n$ 为实际误差变量。为方便表达，下面用 $D^{\alpha}\boldsymbol{s}$ 代替 $D^{\alpha}\boldsymbol{s}(t)$。

定义 Lyapunov 函数为 $V_s(t)=\dfrac{1}{2}\displaystyle\int_0^{\infty}\mu(\omega)\boldsymbol{z}^2(\omega,t)\mathrm{d}\omega$，对其求导得

$$\begin{aligned}\dot{V}_{\mathrm{s}}(t)&=\int_0^{\infty}\mu(\omega)\boldsymbol{z}(\omega,t)\frac{\partial \boldsymbol{z}(\omega,t)}{\partial t}\mathrm{d}\omega\\
&=\int_0^{\infty}\mu(\omega)\boldsymbol{z}(\omega,t)(-\omega\boldsymbol{z}(\omega,t)+D^{\alpha}\boldsymbol{s})\mathrm{d}\omega\\
&=-\int_0^{\infty}\mu(\omega)\omega\boldsymbol{z}^2(\omega,t)\mathrm{d}\omega+\boldsymbol{s}D^{\alpha}\boldsymbol{s}\\
&=\begin{cases}-\displaystyle\int_0^{\infty}\mu(\omega)\omega\boldsymbol{z}^2(\omega,t)\mathrm{d}\omega+\boldsymbol{s}(t)(D^{\alpha}\boldsymbol{e}_s(t)-D^{\alpha}\boldsymbol{\eta}(t)) & \boldsymbol{e}_s(t)>\boldsymbol{\eta}(t)\\
-\displaystyle\int_0^{\infty}\mu(\omega)\omega\boldsymbol{z}^2(\omega,t)\mathrm{d}\omega & |\boldsymbol{e}_s(t)|\leqslant\boldsymbol{\eta}(t)\\
-\displaystyle\int_0^{\infty}\mu(\omega)\omega\boldsymbol{z}^2(\omega,t)\mathrm{d}\omega+\boldsymbol{s}(t)(D^{\alpha}\boldsymbol{e}_s(t)+D^{\alpha}\boldsymbol{\eta}(t)) & \boldsymbol{e}_s(t)<-\boldsymbol{\eta}(t)\end{cases}\\
&=-\int_0^{\infty}\mu(\omega)\omega\boldsymbol{z}^2(\omega,t)\mathrm{d}\omega+\boldsymbol{s}(t)(D^{\alpha}\boldsymbol{e}_s(t)-D^{\alpha}\boldsymbol{\eta}(t)\mathrm{sgn}(\boldsymbol{s}(t)))\\
&\leqslant \boldsymbol{s}(t)\left(\sum_{j=2}^{n}\lambda_{j-1}e_j+\boldsymbol{g}(\boldsymbol{y})+\Delta\boldsymbol{g}(\boldsymbol{y})+\boldsymbol{\Xi}^{\mathrm{T}}\boldsymbol{\xi}(\boldsymbol{y})+\boldsymbol{\Theta}^{\mathrm{T}}(t)\boldsymbol{\xi}(\boldsymbol{y})+\right.\\
&\qquad\left.\boldsymbol{d}(t)+\boldsymbol{u}(t)-\boldsymbol{f}(\boldsymbol{x})+K\boldsymbol{\eta}(t)\mathrm{sgn}(\boldsymbol{s}(t))\right)\\
&=\boldsymbol{s}(t)\left(\sum_{j=2}^{n}\lambda_{j-1}e_j+\boldsymbol{g}(\boldsymbol{y})+\Delta\boldsymbol{g}(\boldsymbol{y})+\boldsymbol{\Xi}^{\mathrm{T}}\boldsymbol{\xi}(\boldsymbol{y})+\boldsymbol{\Theta}^{\mathrm{T}}(t)\boldsymbol{\xi}(\boldsymbol{y})+\right.\\
&\qquad\left.\boldsymbol{d}(t)+\boldsymbol{u}(t)-\boldsymbol{f}(\boldsymbol{x})+K\boldsymbol{e}_s(t)\right)-K\boldsymbol{s}^2(t)\end{aligned}\tag{6-56}$$

式中，利用了等式（6-21）。

用神经网络对 $\Delta\boldsymbol{g}(\boldsymbol{y})$ 进行估计，即

$$\Delta\boldsymbol{g}(\boldsymbol{y})=\boldsymbol{W}^{*\mathrm{T}}\boldsymbol{\phi}(\boldsymbol{y})+\boldsymbol{\varepsilon}(\boldsymbol{y})\tag{6-57}$$

设 l 为神经网络神经元的个数，$\boldsymbol{W}^*\in\mathbf{R}^l$ 为最优的神经网络权值，$\boldsymbol{\phi}(\boldsymbol{y})=[\phi_1(\boldsymbol{y}),\phi_2(\boldsymbol{y}),\cdots,\phi_l(\boldsymbol{y})]^{\mathrm{T}}$，高斯基函数为 $\phi_i(\boldsymbol{y})=\mathrm{e}^{-\frac{\|\boldsymbol{y}-\mu_i\|^2}{\eta_i^2}}$（$i=1,2,\cdots,l$），$\boldsymbol{\varepsilon}(\boldsymbol{y})$ 为神经网络逼近误差，则式(6-56)

可转化为

$$\dot{V}_s(t)=\boldsymbol{s}(t)\left(\sum_{j=2}^{n}\lambda_{j-1}e_j+\boldsymbol{g}(\boldsymbol{y})+\boldsymbol{W}^{*\mathrm{T}}\boldsymbol{\phi}(\boldsymbol{y})+\boldsymbol{u}(t)-\boldsymbol{f}(\boldsymbol{x})+\boldsymbol{\Xi}^{\mathrm{T}}\boldsymbol{\xi}(\boldsymbol{y})+\right.$$
$$\left.\boldsymbol{\Theta}^{\mathrm{T}}(t)\boldsymbol{\xi}(\boldsymbol{y})+\boldsymbol{\varepsilon}(\boldsymbol{y})-\boldsymbol{d}(t)+K\boldsymbol{e}_s(t)\right)-K\boldsymbol{s}^2(t) \tag{6-58}$$

根据神经网络的特性，有$|\boldsymbol{\varepsilon}(\boldsymbol{y})-\boldsymbol{d}(t)|\leqslant\rho$，$\rho$为未知的常数上界。

设计同步控制律为

$$\boldsymbol{u}=-\sum_{j=2}^{n}\lambda_{j-1}e_j-\boldsymbol{g}(\boldsymbol{y})-\hat{\boldsymbol{W}}^{\mathrm{T}}\boldsymbol{\phi}(\boldsymbol{Z})+\boldsymbol{f}(\boldsymbol{x})-\hat{\boldsymbol{\Xi}}^{\mathrm{T}}\boldsymbol{\xi}(\boldsymbol{y})-\hat{\Theta}^{\mathrm{T}}(t)\boldsymbol{\xi}(\boldsymbol{y})-$$
$$\hat{\rho}\tanh(\hat{\rho}\boldsymbol{s}(t)/\omega\mathrm{e}^{-k_1 t})-K\boldsymbol{e}_s(t) \tag{6-59}$$

设计参数自适应律为

$$\hat{\boldsymbol{\Theta}}(t)=\begin{cases}0 & t\in[-T,0)\\ q_0(t)\boldsymbol{\xi}(\boldsymbol{x})\boldsymbol{s}(t) & t\in[0,T)\\ \hat{\boldsymbol{\Theta}}(t-T)+q_1\boldsymbol{\xi}(\boldsymbol{x})\boldsymbol{s}(t) & t\in[T,\infty)\end{cases} \tag{6-60}$$

$$D^{\alpha}\hat{\boldsymbol{W}}=q_2\boldsymbol{s}(t)\boldsymbol{\phi}(\boldsymbol{Z}) \tag{6-61}$$

$$D^{\alpha}\hat{\boldsymbol{\Xi}}=q_3\boldsymbol{\xi}(\boldsymbol{y})\boldsymbol{s}(t) \tag{6-62}$$

$$D^{\alpha}\hat{\rho}=q_4|\boldsymbol{s}(t)| \tag{6-63}$$

式中，$q_1,q_2,q_3,q_4>0$为设计参数；$q_0(t)$是一个单调递增的连续函数，且$q_0(0)=\alpha>0$，$q_0(T)=q_1$。

注 6-5　$\hat{\boldsymbol{\Theta}}(t)=0$，$t\in(-\infty,0)$不具有实际意义，仅用于下面的分析。

引理 6-2　$\hat{\boldsymbol{\Theta}}(t)$，$\forall t\in[0,\infty)$是连续的。

证明： 由于$\boldsymbol{\xi}(\boldsymbol{x})$是连续函数，因此$\hat{\boldsymbol{\Theta}}(t)$在$t\in[kT,(k+1)T)$（$k=0,1,2,\cdots$）上的连续性是显而易见的。下面分两种情况考虑在$t=kT$处$\hat{\boldsymbol{\Theta}}(t)$的连续性。

（1）当$k=1$时，由式（6-60）表示的参数自适应律及$q_0(0)=0$和$q_0(T)=q_1$可知

$$\begin{aligned}\lim_{t\to T^-}\hat{\boldsymbol{\Theta}}(t)&=\lim_{t\to T^-}[q_0(t)\boldsymbol{\xi}(\boldsymbol{y})\boldsymbol{s}(t)]\\&=q_1\boldsymbol{\xi}(\boldsymbol{y}(T))\boldsymbol{s}(T)\end{aligned}$$

$$\begin{aligned}\lim_{t\to T^+}\hat{\boldsymbol{\Theta}}(t)&=\lim_{t\to T^+}[\hat{\boldsymbol{\Theta}}(t-T)-q_1\boldsymbol{\xi}(\boldsymbol{y})\boldsymbol{s}(t)]\\&=-q_1\boldsymbol{\xi}(\boldsymbol{y}(T))\boldsymbol{s}(T)\end{aligned}$$

因此，$\hat{\boldsymbol{\Theta}}(t)$在$t=T$处是连续的。

（2）当$k\geqslant2$时，有

$$\begin{aligned}\lim_{t\to kT^-}\hat{\boldsymbol{\Theta}}(t)&=\lim_{t\to kT^-}[\hat{\boldsymbol{\Theta}}(t-T)-q_1\boldsymbol{\xi}(\boldsymbol{y})\boldsymbol{s}(t)]\\&=\hat{\boldsymbol{\Theta}}((k-1)T^-)-q_1\boldsymbol{\xi}(\boldsymbol{y}(kT))\boldsymbol{s}(kT)\end{aligned}$$

$$\begin{aligned}\lim_{t\to kT^+}\hat{\boldsymbol{\Theta}}(t)&=\lim_{t\to kT^+}[\hat{\Theta}(t-T)-q_1\boldsymbol{\xi}(\boldsymbol{x})\boldsymbol{s}(t)]\\&=\hat{\boldsymbol{\Theta}}((k-1)T^+)-q_1\boldsymbol{\xi}(\boldsymbol{x}(kT))\boldsymbol{s}(kT)\end{aligned}$$

由于 $\boldsymbol{\xi}(\boldsymbol{y})$ 和 $\boldsymbol{e}_s(t)$ 是连续的，因此 $\hat{\boldsymbol{\Theta}}(t)$ 在 $t=kT$ 处的连续性依赖 $\hat{\boldsymbol{\Theta}}(t)$ 在 $t=(k-1)T$ 处的连续性，因为已经证明了 $\hat{\boldsymbol{\Theta}}(t)$ 在 $t=T$ 处是连续的，所以 $\hat{\boldsymbol{\Theta}}(t)$ 在 $t=2T$ 处是连续的，进一步可以得知 $\hat{\boldsymbol{\Theta}}(t)$ 在 $t=kT(k\geqslant 2)$ 处是连续的。

综上所述，$\hat{\boldsymbol{\Theta}}(t)$，$\forall t\in[0,\infty)$ 是连续的。证毕。

由式（6-63）表示的参数自适应律可知 $\hat{\rho}>0$。将式（6-59）代入式（6-58）并考虑引理 4-2，可得

$$\begin{aligned}\dot{V}_s(t)\leqslant&-Ks^2(t)-s(t)(\tilde{\boldsymbol{W}}^{\mathrm{T}}\boldsymbol{\phi}(\boldsymbol{Z})+\tilde{\boldsymbol{\Xi}}^{\mathrm{T}}\boldsymbol{\xi}(\boldsymbol{y})+\tilde{\boldsymbol{\Theta}}^{\mathrm{T}}(t)\boldsymbol{\xi}(\boldsymbol{y}))+\rho|s(t)|-\\&\hat{\rho}s(t)\tanh(\hat{\rho}s(t)/\omega\mathrm{e}^{-k_1t})\\=&-Ks^2(t)-s(t)(\tilde{\boldsymbol{W}}^{\mathrm{T}}\boldsymbol{\phi}(\boldsymbol{Z})+\tilde{\boldsymbol{\Xi}}^{\mathrm{T}}\boldsymbol{\xi}(\boldsymbol{y})+\tilde{\boldsymbol{\Theta}}^{\mathrm{T}}(t)\boldsymbol{\xi}(\boldsymbol{y}))+\rho|s(t)|-\\&\hat{\rho}|s(t)|+\hat{\rho}|s(t)|-\rho s(t)\tanh(\hat{\rho}s(t)/\omega\mathrm{e}^{-k_1t})\\\leqslant&-Ks^2(t)-s(t)(\tilde{\boldsymbol{W}}^{\mathrm{T}}\boldsymbol{\phi}(\boldsymbol{Z})+\tilde{\boldsymbol{\Xi}}^{\mathrm{T}}\boldsymbol{\xi}(\boldsymbol{y})+\tilde{\boldsymbol{\Theta}}^{\mathrm{T}}(t)\boldsymbol{\xi}(\boldsymbol{y}))-\tilde{\rho}|s(t)|+\beta\omega\mathrm{e}^{-k_1t}\end{aligned}\tag{6-64}$$

式中，$\tilde{*}=\hat{*}-*$ 表示参数估计误差。因此可知

$$\begin{cases}D^{\alpha}\tilde{\boldsymbol{W}}=D^{\alpha}\hat{\boldsymbol{W}}-D^{\alpha}\boldsymbol{W}^*=D^{\alpha}\hat{\boldsymbol{W}}\\D^{\alpha}\tilde{\boldsymbol{\Xi}}=D^{\alpha}\hat{\boldsymbol{\Xi}}-D^{\alpha}\boldsymbol{\Xi}=D^{\alpha}\hat{\boldsymbol{\Xi}}\\D^{\alpha}\tilde{\rho}=D^{\alpha}\hat{\rho}-D^{\alpha}\rho=D^{\alpha}\hat{\rho}\end{cases}\tag{6-65}$$

根据引理 3-2，得到如下频率分布模型：

$$\begin{cases}\dfrac{\partial \boldsymbol{z}_W(\omega,t)}{\partial t}=-\omega\boldsymbol{z}_W(\omega,t)+q_2s(t)\boldsymbol{\phi}(\boldsymbol{Z})\\\tilde{\boldsymbol{W}}(t)=\displaystyle\int_0^{\infty}\mu(\omega)\boldsymbol{z}_W(\omega,t)\mathrm{d}\omega\end{cases}\tag{6-66}$$

$$\begin{cases}\dfrac{\partial \boldsymbol{z}_{\Xi}(\omega,t)}{\partial t}=-\omega\boldsymbol{z}_{\Xi}(\omega,t)+q_3\boldsymbol{\xi}(\boldsymbol{x})s(t)\\\tilde{\boldsymbol{\Xi}}(t)=\displaystyle\int_0^{\infty}\mu(\omega)\boldsymbol{z}_{\Xi}(\omega,t)\mathrm{d}\omega\end{cases}\tag{6-67}$$

$$\begin{cases}\dfrac{\partial z_{\rho}(\omega,t)}{\partial t}=-\omega z_{\rho}(\omega,t)+q_4|s(t)|\\\tilde{\rho}(t)=\displaystyle\int_0^{\infty}\mu(\omega)z_{\rho}(\omega,t)\mathrm{d}\omega\end{cases}\tag{6-68}$$

式中，$\boldsymbol{z}_W(\omega,t)$、$\boldsymbol{z}_{\Xi}(\omega,t)$ 和 $z_{\rho}(\omega,t)$ 为实际的误差变量。

定义一个参数估计误差的正函数：

$$\begin{aligned}V_p(t)=&\frac{1}{2q_2}\int_0^{\infty}\mu(\omega)\boldsymbol{z}_W^{\mathrm{T}}(\omega,t)\boldsymbol{z}_W(\omega,t)\mathrm{d}\omega+\frac{1}{2q_3}\int_0^{\infty}\mu(\omega)\boldsymbol{z}_{\Xi}^{\mathrm{T}}(\omega,t)\boldsymbol{z}_{\Xi}(\omega,t)\mathrm{d}\omega+\\&\frac{1}{2q_4}\int_0^{\infty}\mu(\omega)z_{\rho}^2(\omega,t)\mathrm{d}\omega\end{aligned}\tag{6-69}$$

对其求导可得

$$\begin{aligned}\dot{V}_p(t) &= \frac{1}{q_2}\int_0^\infty \mu(\omega)\omega \boldsymbol{z}_W^{\mathrm{T}}(\omega,t)\frac{\partial \boldsymbol{z}_W(\omega,t)}{\partial t}\mathrm{d}\omega + \frac{1}{q_3}\int_0^\infty \mu(\omega)\boldsymbol{z}_\Xi^{\mathrm{T}}(\omega,t)\left(\frac{\partial \boldsymbol{z}_\Xi(\omega,t)}{\partial t}\right)\mathrm{d}\omega + \\ &\quad \frac{1}{q_4}\int_0^\infty \mu(\omega)\boldsymbol{z}_\rho(\omega,t)\frac{\partial \boldsymbol{z}_\rho(\omega,t)}{\partial t}\mathrm{d}\omega \\ &= -\frac{1}{q_2}\int_0^\infty \mu(\omega)\omega \boldsymbol{z}_W^{\mathrm{T}}(\omega,t)\boldsymbol{z}_W(\omega,t)\mathrm{d}\omega + \int_0^\infty \mu(\omega)\boldsymbol{z}_W^{\mathrm{T}}(\omega,t)\mathrm{d}\omega \boldsymbol{s}(t)\boldsymbol{\phi}(\boldsymbol{Z}) - \\ &\quad \frac{1}{q_3}\int_0^\infty \mu(\omega)\omega \boldsymbol{z}_\Xi^{\mathrm{T}}(\omega,t)\boldsymbol{z}_\Xi(\omega,t)\mathrm{d}\omega + \int_0^\infty \mu(\omega)\boldsymbol{z}_\Xi^{\mathrm{T}}(\omega,t)\mathrm{d}\omega \boldsymbol{\xi}(\boldsymbol{y})\boldsymbol{s}(t) - \\ &\quad \frac{1}{q_4}\int_0^\infty \mu(\omega)\omega \boldsymbol{z}_\rho^2(\omega,t)\mathrm{d}\omega + \int_0^\infty \mu(\omega)\omega \boldsymbol{z}_\rho(\omega,t)\mathrm{d}\omega|\boldsymbol{s}(t)| \\ &\leqslant \boldsymbol{s}(t)\tilde{\boldsymbol{W}}\boldsymbol{\phi}(\boldsymbol{Z}) + \boldsymbol{s}(t)\tilde{\boldsymbol{\Xi}}\boldsymbol{\xi}(\boldsymbol{y}) + \tilde{\rho}|\boldsymbol{s}(t)|\end{aligned} \tag{6-70}$$

定义 Lyapunov 函数为 $V(t)=V_s(t)+V_p(t)$，结合式（6-64）和式（6-70）可知其导数满足

$$\dot{V}(t) \leqslant -K\boldsymbol{s}^2(t) - \boldsymbol{s}(t)\tilde{\boldsymbol{\Theta}}^{\mathrm{T}}(t)\boldsymbol{\xi}(\boldsymbol{y}) + \beta\omega \mathrm{e}^{-k_1 t} \tag{6-71}$$

6.4.3　稳定性分析

定义一个类 Lyapunov 复合能量函数：

$$E(t) = V(t) + \frac{1}{2q_1}\int_{t-T}^{t} \tilde{\boldsymbol{\Theta}}^{\mathrm{T}}(\sigma)\tilde{\boldsymbol{\Theta}}(\sigma)\mathrm{d}\sigma \tag{6-72}$$

下面的证明过程包括 3 部分。

（1）$E(t)$ 的差分。

计算 $E(t)$ 在 $[t-T,t)$ 上的差分：

$$\begin{aligned}\Delta E(t) &= E(t) - E(t-T) \\ &= V(t) - V(t-T) + \frac{1}{2q_1}\int_{t-T}^{t}[\tilde{\boldsymbol{\Theta}}^{\mathrm{T}}(\sigma)\tilde{\boldsymbol{\Theta}}(\sigma) - \tilde{\boldsymbol{\Theta}}^{\mathrm{T}}(\sigma-T)\tilde{\boldsymbol{\Theta}}(\sigma-T)]\mathrm{d}\sigma\end{aligned} \tag{6-73}$$

由式（6-71）可知

$$\begin{aligned}& V(t) - V(t-T) \\ & \leqslant \int_{t-T}^{t}[-K\boldsymbol{s}^2(\sigma) - \boldsymbol{s}(\sigma)\tilde{\boldsymbol{\Theta}}^{\mathrm{T}}(\sigma)\boldsymbol{\xi}(\boldsymbol{y}) + \beta\omega \mathrm{e}^{-k_1\sigma}]\mathrm{d}\sigma\end{aligned} \tag{6-74}$$

由式（6-25）表示的参数自适应律可得

$$\begin{aligned}& \frac{1}{2q_1}\int_{t-T}^{t}[\tilde{\boldsymbol{\Theta}}^{\mathrm{T}}(\sigma)\tilde{\boldsymbol{\Theta}}(\sigma) - \tilde{\boldsymbol{\Theta}}^{\mathrm{T}}(\sigma-T)\tilde{\boldsymbol{\Theta}}(\sigma-T)]\mathrm{d}\sigma \\ &= \frac{1}{2q_1}\int_{t-T}^{t}[\tilde{\boldsymbol{\Theta}}^{\mathrm{T}}(\sigma)\tilde{\boldsymbol{\Theta}}(\sigma) - (\tilde{\boldsymbol{\Theta}}(\sigma) + q_1\boldsymbol{\xi}(\boldsymbol{y})\boldsymbol{s}(\sigma))^{\mathrm{T}}(\tilde{\boldsymbol{\Theta}}(\sigma) + q_1\boldsymbol{\xi}(\boldsymbol{y})\boldsymbol{s}(\sigma))]\mathrm{d}\sigma \\ &= \int_{t-T}^{t}\tilde{\boldsymbol{\Theta}}(\sigma)\boldsymbol{\xi}(\boldsymbol{y})\boldsymbol{s}(\sigma)\mathrm{d}\sigma - \frac{q_1}{2}\int_{t-T}^{t}\boldsymbol{s}^2(\sigma)\|\boldsymbol{\xi}(\boldsymbol{y})\|^2\mathrm{d}\sigma\end{aligned} \tag{6-75}$$

将式（6-74）和式（6-75）代入式（6-73），可得

$$\begin{aligned}\Delta E(t) &\leqslant -\int_{t-T}^{t} K\boldsymbol{s}^2(\sigma)\mathrm{d}\sigma + \int_{t-T}^{t} \beta\omega \mathrm{e}^{-k_1\sigma}\mathrm{d}\sigma - \frac{q_1}{2}\int_{t-T}^{t} \boldsymbol{s}^2(\sigma)\|\boldsymbol{\xi}(\boldsymbol{y})\|^2 \mathrm{d}\sigma \\ &\leqslant -\int_{t-T}^{t} K\boldsymbol{s}^2(\sigma)\mathrm{d}\sigma + \frac{1}{k_1}\beta\omega(\mathrm{e}^{-k_1(t-T)} - \mathrm{e}^{-k_1 t})\end{aligned} \tag{6-76}$$

（2）$E(t)$ 在 $[0,T)$ 上的有界性。

当 $t\in[0,T)$ 时，$E(t)$ 的形式为

$$E(t) = V(t) + \frac{1}{2q_1}\int_0^t \tilde{\boldsymbol{\Theta}}^{\mathrm{T}}(\sigma)\tilde{\boldsymbol{\Theta}}(\sigma)\mathrm{d}\sigma \tag{6-77}$$

对上式求导并考虑式（6-60）～式（6-63）表示的参数自适应律，可得

$$\begin{aligned}\dot{E}(t) &= \dot{V}(t) + \frac{1}{2q_1}\tilde{\boldsymbol{\Theta}}^{\mathrm{T}}(t)\tilde{\boldsymbol{\Theta}}(t) \\ &\leqslant -K\boldsymbol{s}^2(t) - \boldsymbol{s}(t)\tilde{\boldsymbol{\Theta}}^{\mathrm{T}}(t)\boldsymbol{\xi}(\boldsymbol{y}) + \frac{1}{2q_1}\tilde{\boldsymbol{\Theta}}^{\mathrm{T}}(t)\tilde{\boldsymbol{\Theta}}(t) + \beta\omega \mathrm{e}^{-k_1 t}\end{aligned} \tag{6-78}$$

由式（6-60）表示的参数自适应律可知 $\hat{\boldsymbol{\Theta}}(t) = q_0(t)\boldsymbol{\xi}(\boldsymbol{y})\boldsymbol{s}(t)$，$t\in[0,T)$ 有

$$\begin{aligned}& -\boldsymbol{s}(t)\tilde{\boldsymbol{\Theta}}^{\mathrm{T}}(t)\boldsymbol{\xi}(y) + \frac{1}{2q_1}\tilde{\boldsymbol{\Theta}}^{\mathrm{T}}(t)\tilde{\boldsymbol{\Theta}}(t) \\ &= -\frac{1}{q_0(t)}\tilde{\boldsymbol{\Theta}}^{\mathrm{T}}(t)\hat{\boldsymbol{\Theta}}(t) + \frac{1}{2q_1}\tilde{\boldsymbol{\Theta}}^{\mathrm{T}}(t)\tilde{\boldsymbol{\Theta}}(t) \\ &= -\frac{1}{q_0(t)}\tilde{\boldsymbol{\Theta}}^{\mathrm{T}}(t)(\tilde{\boldsymbol{\Theta}}(t)+\boldsymbol{\Theta}(t)) + \frac{1}{2q_1}\tilde{\boldsymbol{\Theta}}^{\mathrm{T}}(t)\tilde{\boldsymbol{\Theta}}(t) \\ &= -\left(\frac{1}{q_0(t)} - \frac{1}{2q_1}\right)\tilde{\boldsymbol{\Theta}}^{\mathrm{T}}(t)\tilde{\boldsymbol{\Theta}}(t) - \frac{1}{q_0(t)}\tilde{\boldsymbol{\Theta}}^{\mathrm{T}}(t)\boldsymbol{\Theta}(t) \\ &= -\frac{1}{2}\left(\frac{1}{q_0(t)} - \frac{1}{q_1}\right)\tilde{\boldsymbol{\Theta}}^{\mathrm{T}}(t)\tilde{\boldsymbol{\Theta}}(t) - \frac{1}{2q_0(t)}(\tilde{\boldsymbol{\Theta}}(t)+\boldsymbol{\Theta}(t))^{\mathrm{T}}(\tilde{\boldsymbol{\Theta}}(t)+\boldsymbol{\Theta}(t)) + \\ &\quad \frac{1}{2q_0(t)}\boldsymbol{\Theta}^{\mathrm{T}}(t)\boldsymbol{\Theta}(t) \\ &\leqslant \frac{1}{2q_0(t)}\boldsymbol{\Theta}^{\mathrm{T}}(t)\boldsymbol{\Theta}(t)\end{aligned} \tag{6-79}$$

因此，式（6-78）可以转化为

$$\begin{aligned}\dot{E}(t) &= \dot{V}(t) + \frac{1}{2q_1}\tilde{\boldsymbol{\Theta}}^{\mathrm{T}}(t)\tilde{\boldsymbol{\Theta}}(t) \\ &\leqslant -K\boldsymbol{s}^2(t) + \frac{1}{2q_0(t)}\boldsymbol{\Theta}^{\mathrm{T}}(t)\boldsymbol{\Theta}(t) + \beta\omega \mathrm{e}^{-k_1 t}\end{aligned} \tag{6-80}$$

由于 $\boldsymbol{\Theta}(t)$ 是有界的，设 $L = \max\limits_{t\in[0,T)}\{\boldsymbol{\Theta}^{\mathrm{T}}(t)\boldsymbol{\Theta}(t)/2q_0(t)\}$，则对式（6-77）在 $[0,t)$ 上求积分可得

$$\begin{aligned}E(t) &\leqslant E(0) - \int_0^t K\boldsymbol{s}^2(\sigma)\mathrm{d}\sigma + \int_0^t L\mathrm{d}\sigma + \int_0^t \beta\omega \mathrm{e}^{-k_1\sigma}\mathrm{d}\sigma \\ &\leqslant E(0) + Lt + \frac{1}{k_1}\beta\omega(1-\mathrm{e}^{-k_1 t})\end{aligned} \tag{6-81}$$

根据假设 6-2 及参数自适应律可知 $E(0)=V_p(0)$，其值取决于初始的参数估计误差，因此

$$E(t)\leqslant V_p(0)+Lt+\frac{1}{k_1}\beta\omega(1-\mathrm{e}^{-k_1 t}) \tag{6-82}$$

显然，当 $t\in[0,T)$ 时，$E(t)$ 是有界的。当 $t\in[0,T)$ 时，用 t_0 来标记 t，此时式（6-82）转化为

$$E(t_0)\leqslant V_p(0)+Lt_0+\frac{1}{k_1}\beta\omega(1-\mathrm{e}^{-k_1 t_0}) \tag{6-83}$$

显然，$E(t_0)$ 是有界的。

（3）参数估计误差学习的收敛性。

对于 $t\in[kT,(k+1)T)$（$k=1,2,3,\cdots$），可表示为 $t=t_0+kT$。对于 $t\in[kT,(k+1)T)$，有

$$\begin{aligned}E(t)&=E(t_0)+\sum_{j=0}^{k-1}\Delta E(t-jT)\\&\leqslant E(t_0)-\sum_{j=0}^{k-1}\int_{t-(j+1)T}^{t-jT}Ks^2(\sigma)\mathrm{d}\sigma+\sum_{j=0}^{k-1}\frac{1}{k_1}\beta\omega(\mathrm{e}^{-k_1(t-(j+1)T)}-\mathrm{e}^{-k_1(t-jT)})\\&=E(t_0)-\sum_{j=0}^{k-1}\int_{t-(j+1)T}^{t-jT}K\boldsymbol{s}^2(\sigma)\mathrm{d}\sigma+\frac{1}{k_1}\beta\omega(\mathrm{e}^{-k_1(t-kT)}-\mathrm{e}^{-k_1 t})\end{aligned} \tag{6-84}$$

可得

$$\begin{aligned}\sum_{j=0}^{k-1}\int_{t-(j+1)T}^{t-jT}K\boldsymbol{s}^2(\sigma)\mathrm{d}\sigma&\leqslant E(t_0)-E(t)+\frac{1}{k_1}\beta\omega(\mathrm{e}^{-k_1(t-kT)}-\mathrm{e}^{-k_1 t})\\&\leqslant E(t_0)+\frac{1}{k_1}\beta\omega(\mathrm{e}^{-k_1(t-kT)}-\mathrm{e}^{-k_1 t})\end{aligned} \tag{6-85}$$

对上式求极限，可得

$$\lim_{k\to\infty}\sum_{j=0}^{k-1}\int_{t-(j+1)T}^{t-jT}K\boldsymbol{s}^2(\sigma)\mathrm{d}\sigma\leqslant E(t_0)+\lim_{t\to\infty}\frac{1}{k_1}\beta\omega(\mathrm{e}^{-k_1(t-kT)}-\mathrm{e}^{-k_1 t})=E(t_0) \tag{6-86}$$

根据级数收敛的必要条件，可知 $\lim_{t\to\infty}\int_{t-T}^{t}\boldsymbol{s}^2(\sigma)\mathrm{d}\sigma=0$，即 $\lim_{t\to\infty}\int_{t-T}^{t}|\boldsymbol{s}(\sigma)|\mathrm{d}\sigma=0$。因此，由 $\boldsymbol{s}(t)$ 的定义可知 $\lim_{t\to\infty}|\boldsymbol{e}_s(t)|\leqslant\lim_{t\to\infty}\boldsymbol{\eta}(t)=0$，进一步有 $\lim_{t\to\infty}e_i(t)=0$，$i=1,2,\cdots,n$。

6.4.4　仿真分析

选取基于滞环非线性函数的多涡卷混沌系统作为仿真对象，对 6.2 节提出的多涡卷混沌系统进行拓展研究，产生一类分数阶多涡卷混沌系统模型，具体如下：

$$\begin{aligned}&D^{\alpha}x_1=x_2\\&D^{\alpha}x_2=-a_1x_1+b_1x_2+c_1\mathrm{Hys}(d_1x_1)\end{aligned} \tag{6-87}$$

式中，x_1 和 x_2 为状态变量；a_1、b_1 和 c_1 为驱动系统参数；$\mathrm{Hys}(x_1)$ 为向第三象限拓展后的滞环非线性函数，形式为 $\mathrm{Hys}(d_1x_1)=\sum_{j=1}^{m}\mathrm{hys}_j(d_1x_1)$，$m=1,2,4,6,\cdots$，$\mathrm{hys}_j(d_1x_1)$ 的表达形式如式（6-2）和式（6-3）所示。

下面验证本章所提的自适应重复学习控制的有效性。选取式（6-87）表示的系统为驱动系统，系统参数取值为$a_1 = 1$，$b_1 = 0.125$，$c_1 = 1$，$d_1 = 1$，$m = 2$。响应系统为

$$\begin{aligned} D^{\alpha} y_1 &= y_2 \\ D^{\alpha} y_2 &= \boldsymbol{\theta}(t)\boldsymbol{\xi}(\boldsymbol{y}) + c_2 \mathrm{Hys}(d_2 y_1) + \Delta \boldsymbol{g}(\boldsymbol{y}) + \boldsymbol{d}(t) + \boldsymbol{u}(t) \end{aligned} \tag{6-88}$$

式中，$\boldsymbol{\Theta}(t) = \boldsymbol{\Xi} + \boldsymbol{\Theta}(t)$，其中，$\boldsymbol{\Xi} = [-a_2, b_2]^{\mathrm{T}}$，$\boldsymbol{\Theta}(t) = [0.1\sin t, 0.1\cos t]^{\mathrm{T}}$；$\boldsymbol{\xi}(\boldsymbol{y}) = [y_1, y_2]^{\mathrm{T}}$；$\Delta \boldsymbol{g}(\boldsymbol{y}) = 0.05\cos(y_1 y_2)$，$\boldsymbol{\theta}(t) = \boldsymbol{\Xi} + \boldsymbol{\Theta}(t)$，$\boldsymbol{d}(t) = 0.1\sin t$，$T = 20\pi$。控制参数取值为$K = 5$，$\varepsilon_1 = 1$，$\varepsilon_2 = 1$，$\lambda = 2$，$\omega = \varepsilon = \lambda\varepsilon_1 + \varepsilon_2 = 3$，$k_1 = 5$，$q_1 = 2$，$q_2 = 0.9$，$q_3 = 0.8$，$q_4 = 0.01$，$q_0(t) = [200 + (t - T)/100]$，神经网络中心值为$\mu_j = \dfrac{1}{l}(2j - l)[6,3]^{\mathrm{T}}$，神经网络参数为$l = 20$，中心值$\eta_j = 2$，$j = 1,2,\cdots,l$。仿真结果如图 6-12～图 6-17 所示。

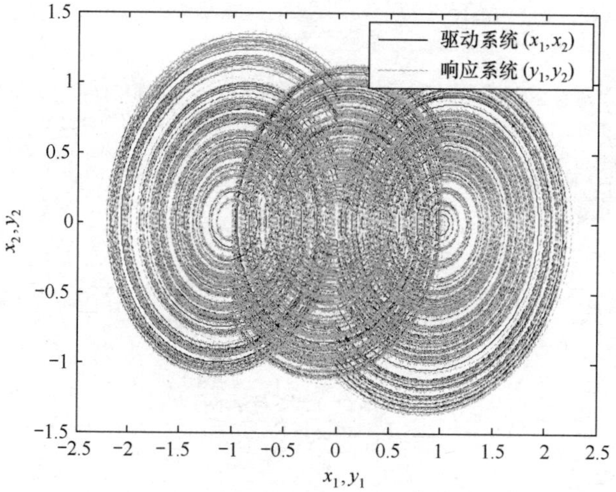

图 6-12　驱动系统和响应系统相图

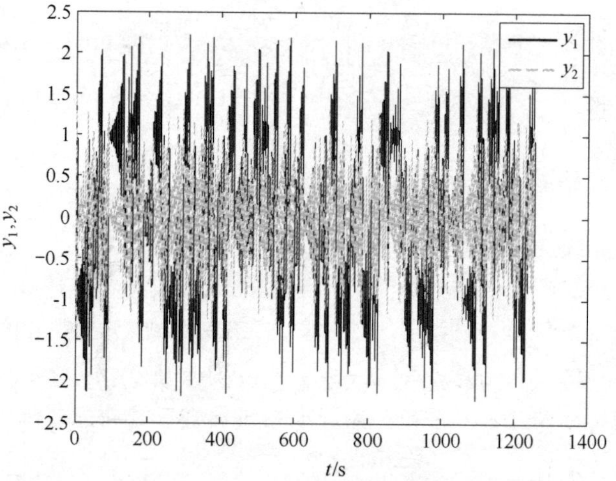

图 6-13　响应系统时序图

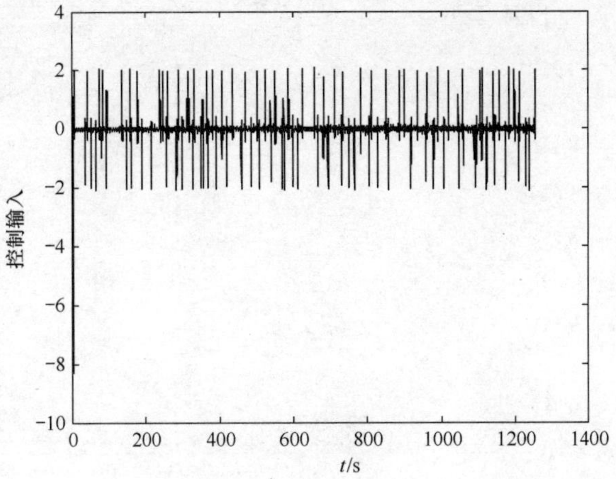

图 6-14　控制输入曲线

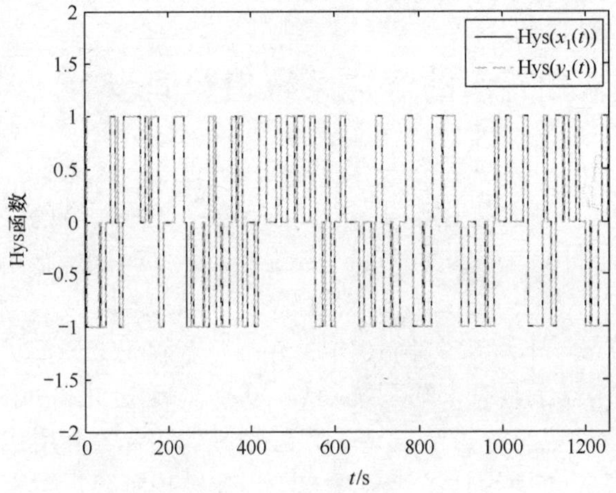

图 6-15　Hys 函数曲线

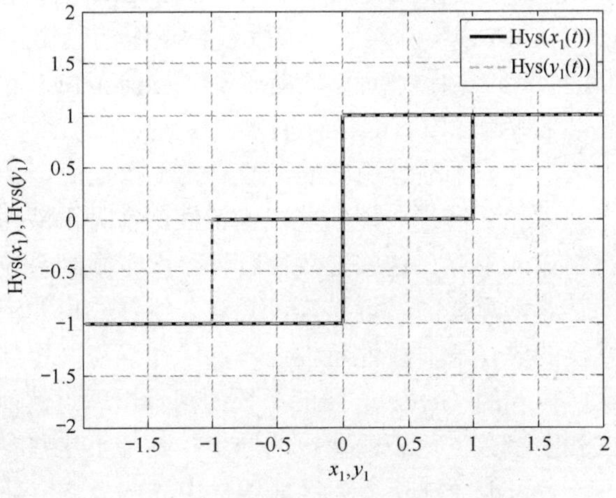

图 6-16　滞环函数相图

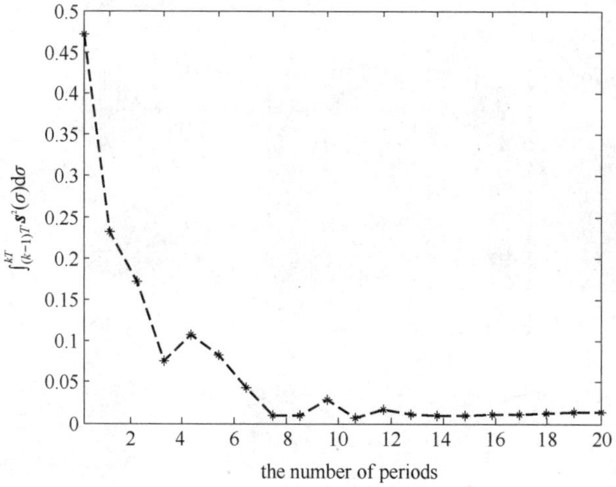

图 6-17　误差积分曲线

6.5　不确定未知死区的混沌系统指数同步

在过去的二十多年里，混沌系统的控制和同步问题引起了人们的广泛关注。混沌理论在安全通信、生物系统、信号发生器、化学反应等很多工程领域的潜在应用使得人们对它的兴趣日益浓厚。混沌同步首先在文献[1]中被提出，从那时起，很多可以实现同步的控制方法不断涌现，如 OGY 方法、主动控制、自适应控制、反步方法、脉冲控制等[2-9]。

Genesio-Tesi 系统最早出现在文献[10]中。随后，多篇论文研究了此类系统的混沌控制和同步问题。Han 等考虑了具有未知系统参数、系统不确定性和外部扰动的 Genesio-Tesi 混沌系统，并且利用自适应滑模方法设计了跟踪控制律。Lu 等利用线性矩阵不等式（LMI）方法给出了 LMI 条件，进而设计了一种动态输出反馈控制律，用来稳定具有已知参数的 Genesio-Tesi 系统。Lu 等提出了一种被称为反步的系统设计方法，用来实现两个相同或几乎相同的 Genesio-Tesi 系统的同步。在文献[14]中，文献[12]的控制思想被推广至设计自适应同步控制律。Cafagna 和 Grassi 引入了一般非线性系统的稳定性理论，以改善现有的 Genesio-Tesi 系统控制和同步的结果。然而，上述关于 Genesio-Tesi 系统的文献存在两个主要的缺点：一是所使用的控制信号没有非线性输入，并且控制方法中没有考虑输入非线性；二是大多数同步控制方法都是基于渐近稳定的，没有实现指数稳定。

众所周知，死区、间隙和迟滞是典型的非线性特性，常见于液压执行器、电动伺服电机等。现有文献表明控制输入中存在这些非线性特性会严重限制系统性能。因此，在控制设计中考虑非线性输入是非常重要的。近年来，具有非线性约束的混沌同步问题受到了广泛关注。死区作为最重要的非光滑非线性特性之一，已在混沌同步问题中得以研究。特别地，人们提出了具有死区输入的 Genesio-Tesi 系统的同步原理。然而，值得注意的是，其中的控制律设计使用了死区参数，这表明所提的同步控制基于这些参数是精确已知的。但是，在实际情况下，设计者可能无法获得死区非线性中的部分或全部参数。

另外，与渐近稳定性相比，指数稳定性是一种更强的稳定性。如果能够保证同步误差的指数收敛性，则可以在短时间内快速实现两个相同混沌系统之间的主从同步。近年来，文献中已经解决了几类混沌系统的指数主从同步问题。但是，当同步控制设计中考虑非线性输入时，指数主从同步问题变得更加困难和复杂。上述提出了具有系统不确定性和死区输入的 Genesio-Tesi 系统的几乎指数同步控制方法。然而，值得注意的是，该方法仍未能保证同步误差渐近收敛于零。更准确地说，推导出的是具有指数性能的有界同步误差。

受上述文献的启发，我们进一步研究具有系统不确定性和死区输入的两个相同的 Genesio-Tesi 系统之间的指数主从同步问题，本节提出了一种新的自适应同步控制方法，其中在控制律中引入了一个递减指数函数以实现同步误差指数收敛。与现有文献不同的是，本节通过使用自适应方法消除了不确定函数和死区模型中参数已知的限制性假设，并且参数估计值是根据具有递增指数项的自适应律来更新的。结果表明，同步误差可以指数收敛到零。

6.5.1　准备工作和问题表述

在给出问题表述之前，下面先介绍几个有用的引理并给出死区非线性的模型。

引理 6-3：如果一个连续可微实函数 $s(t)$ 满足的不等式为

$$\dot{s}(t) \leqslant g(t) - 2\alpha s(t), \ \forall t \geqslant 0 \tag{6-89}$$

式中，$\alpha > 0$ 且 $g(t)$ 是实函数，因此有

$$s(t) \leqslant \mathrm{e}^{-2\alpha t} s(0) + \mathrm{e}^{-2\alpha t} \int_0^t \mathrm{e}^{2\alpha\tau} g(\tau) \mathrm{d}\tau, \ \forall t \geqslant 0 \tag{6-90}$$

证明：式（6-89）乘以 $\mathrm{e}^{2\alpha t}$ 可得

$$\mathrm{e}^{2\alpha t} \dot{s}(t) + \mathrm{e}^{2\alpha t} 2\alpha s(t) \leqslant \mathrm{e}^{2\alpha t} g(t), \ \forall t \geqslant 0 \tag{6-91}$$

即

$$\frac{\mathrm{d}}{\mathrm{d}t}[\mathrm{e}^{2\alpha t} s(t)] \leqslant \mathrm{e}^{2\alpha t} g(t), \ \forall t \geqslant 0 \tag{6-92}$$

在 $[0,t]$ 上对式（6-92）求积分，可得

$$\mathrm{e}^{2\alpha t} s(t) - s(0) \leqslant \int_0^t \mathrm{e}^{2\alpha\tau} g(\tau) \mathrm{d}\tau \tag{6-93}$$

进而，式（6-90）可以直接由式（6-93）得出。

引理 6-4：如果引理 6-3 中的 $g(t) = l\mathrm{e}^{-2\beta t}$，其中，$l$ 和 β 是正常数且 $\beta > \alpha$，则

$$s(t) \leqslant \left[s(0) + \frac{l}{2(\beta - \alpha)} \right] \mathrm{e}^{-2\alpha t} \tag{6-94}$$

证明：由式（6-90）可知

$$\begin{aligned} s(t) &\leqslant \mathrm{e}^{-2\alpha t} s(0) + l\mathrm{e}^{-2\alpha t} \int_0^t \mathrm{e}^{-2(\beta-\alpha)\tau} \mathrm{d}\tau \\ &= \mathrm{e}^{-2\alpha t} s(0) + \frac{l\mathrm{e}^{-2\alpha t}}{2(\beta - \alpha)} [1 - \mathrm{e}^{-2(\beta-\alpha)t}] \end{aligned} \tag{6-95}$$

注意到 $\beta > \alpha$，因此由式（6-95）进一步可得

$$s(t) \leqslant \mathrm{e}^{-2\alpha t}s(0) + \frac{l\mathrm{e}^{-2\alpha t}}{2(\beta-\alpha)} = \left[s(0) + \frac{l}{2(\beta-\alpha)}\right]\mathrm{e}^{-2\alpha t} \tag{6-96}$$

至此，证毕。

注 6-6：如果$g(t)=b$，其中，$b\in\mathbf{R}$为常数，则式（6-90）变为

$$\begin{aligned} s(t) &\leqslant \mathrm{e}^{-2\alpha t}s(0) + b\mathrm{e}^{-2\alpha t}\int_0^t \mathrm{e}^{2\alpha\tau}\mathrm{d}\tau \\ &= \mathrm{e}^{-2\alpha t}s(0) + \frac{b}{2\alpha}[1-\mathrm{e}^{-2\alpha t}] \\ &= \left[s(0) - \frac{b}{2\alpha}\right]\mathrm{e}^{-2\alpha t} + \frac{b}{2\alpha} \end{aligned} \tag{6-97}$$

在这种情况下，式（6-90）被简化为文献[22]中的引理 1。因此，引理 6-3 是更一般的情况。引理 6-4 可以看作引理 1 的推论，是本节指数主从同步的基础。

定义 6-1：死区非线性$D(u,m,\overline{r},\underline{r})$描述为

$$\Delta\phi(u) = \begin{cases} m(u-\overline{r}) & u \geqslant r \\ 0 & -r < u < r \\ m(u+\underline{r}) & u \leqslant -r \end{cases} \tag{6-98}$$

式中，$m>0$是死区特性的斜率；$\overline{r}>0$和$\underline{r}>0$表示断点。

引理 6-5：非线性函数式（6-98）可以表示为

$$\Delta\phi(u) = mu + d(t) \tag{6-99}$$

式中

$$d(t) = \begin{cases} -m\overline{r} & u \geqslant \overline{r} \\ -mu & -\underline{r} < u < \overline{r} \\ m\underline{r} & u \leqslant -\underline{r} \end{cases} \tag{6-100}$$

并且

$$|d(t)| \leqslant m\overline{d},\ \overline{d} = \max\{\overline{r},\underline{r}\} \tag{6-101}$$

本节考虑 Genesio-Tesi 混沌系统的同步问题。主系统和具有死区输入的从系统分别定义如下。

主系统：

$$\begin{aligned} \dot{x}_1 &= x_2 \\ \dot{x}_2 &= x_3 \\ \dot{x}_3 &= -a_1x_1 - b_1x_2 - c_1x_3 + x_1^2 - \Delta f_1(t,x_1,x_2,x_3) \end{aligned} \tag{6-102}$$

从系统：

$$\begin{aligned} \dot{z}_1 &= z_2 \\ \dot{z}_2 &= z_3 \\ \dot{z}_3 &= -a_1z_1 - b_1z_2 - c_1z_3 + z_1^2 - \Delta f_2(t,z_1,z_2,z_3) - \Delta\phi(u) \end{aligned} \tag{6-103}$$

式中，x_i 和 z_i（$i=1,2,3$）为系统的状态；a_1、b_1、c_1 为已知的系统参数；Δf_1 和 Δf_2 为系统的不确定性；$\Delta\phi(u)$ 为死区非线性，其定义如式(6-98)所示，u 为期望控制输入。当 $a_1=6$，$b_1=2.92$，$c_1=1.2$ 时，满足 $\Delta f_1=0$ 的系统［见式（6-102）］是混沌的。式（6-102）和式（6-103）表示的系统之间的同步误差定义为

$$e_1=x_1-z_1,\quad e_2=x_2-z_2,\quad e_3=x_3-z_3 \tag{6-104}$$

其动态方程表示为

$$\begin{aligned}\dot{e}_1&=e_2\\ \dot{e}_2&=e_3\\ \dot{e}_3&=-a_1e_1-b_1e_2-c_1e_3+x_1^2-z_1^2-\Delta f_1+\Delta f_2+\Delta\phi(u)\end{aligned} \tag{6-105}$$

本节的控制目标是设计控制律 $u(t)$ 和参数更新律以保证同步误差的指数稳定性。为此，我们对不确定性做出如下假设。

假设 6-3　存在两个已知的连续函数 $f_1(t,r_1,r_2,r_3)\geqslant 0$，$f_2(t,r_1,r_2,r_3)\geqslant 0$ 和两个未知参数 $\theta_1>0$，$\theta_2>0$，使得

$$\begin{aligned}\left|\Delta f_1(t,r_1,r_2,r_3)\right|&\leqslant\theta_1 f_1(t,r_1,r_2,r_3)\\ \left|\Delta f_2(t,r_1,r_2,r_3)\right|&\leqslant\theta_2 f_2(t,r_1,r_2,r_3)\end{aligned} \tag{6-106}$$

假设 6-4 死区参数 m、$\overline{r}$、$\underline{r}$ 是未知的。

注 6-7 在本节中，我们考虑了与文献[22]相同的系统模型。然而，不同的是，不确定函数 f_1 和 f_2 与死区函数 $\Delta\phi$ 中的参数假定是未知的。在假设 6-3 中，Δf_i 的上界是部分已知的。假设 6-4 意味着式（6-101）中的 $\overline{d}$ 及 $d(t)$ 的上界都是未知的。因此，本节大大放宽了对不确定性的假设条件。

在给出主要结果之前，先给出指数主从同步的定义。

定义 6-2 如果存在控制律 $u(t)$、参数更新律和两个正实数 A、B，使得同步误差满足 $\|\boldsymbol{e}(t)\|\leqslant A\mathrm{e}^{-Bt}$，$\forall t\geqslant 0$，其中 $\boldsymbol{e}(t)=[e_1(t),e_2(t),e_3(t)]^{\mathrm{T}}$，$B$ 称为指数收敛速度。称从系统［见式（6-103）］与主系统［见式（6-102）］是指数同步的。

注 6-8 实际上，指数同步的概念与文献[2，25]中的概念相同。文献[22]定义了几乎同步，且仅实现了具有指数性能的有界误差同步。而在本节中，完全指数同步得以保证。

6.5.2　同步控制律设计

首先将式（6-105）重写为

$$\dot{e}(t)=\boldsymbol{A}\boldsymbol{e}+\boldsymbol{b}[x_1^2-z_1^2-\Delta f_1+\Delta f_2+\Delta\phi(u)] \tag{6-107}$$

式中

$$\boldsymbol{A}=\begin{bmatrix}0&1&0\\0&0&1\\-a_1&-b_1&-c_1\end{bmatrix},\quad \boldsymbol{b}=\begin{bmatrix}0\\0\\1\end{bmatrix} \tag{6-108}$$

容易验证 $(\boldsymbol{A},\boldsymbol{b})$ 是可控的。因此，对于给定的 $\alpha>0$，$(\boldsymbol{A}+\alpha\boldsymbol{I},\boldsymbol{b})$ 也是可控的，进而可以选

择一个向量 $\boldsymbol{k}$ ，使得 $(\boldsymbol{A}+\alpha\boldsymbol{I})+\boldsymbol{bk}$ 是稳定的。因此，对于任何给定的 $\boldsymbol{Q}>0$ ，存在 $\boldsymbol{P}>0$ ，满足

$$[(\boldsymbol{A}+\alpha\boldsymbol{I})+\boldsymbol{bk}]^{\mathrm{T}}\boldsymbol{P}+\boldsymbol{P}[(\boldsymbol{A}+\alpha\boldsymbol{I})+\boldsymbol{bk}]=-\boldsymbol{Q} \tag{6-109}$$

这进一步表明

$$(\boldsymbol{A}+\boldsymbol{bk})^{\mathrm{T}}\boldsymbol{P}+\boldsymbol{P}(\boldsymbol{A}+\boldsymbol{bk})=-\boldsymbol{Q}-2\alpha\boldsymbol{P}<-2\alpha\boldsymbol{P} \tag{6-110}$$

定义

$$\theta=\max\left\{\frac{1}{m},\frac{\theta_1}{m},\frac{\theta_2}{m},\bar{d}\right\} \tag{6-111}$$

$$f=\left|x_1^2-z_1^2-\boldsymbol{ke}\right|+f_1+f_2+1 \tag{6-112}$$

接下来介绍本节的主要理论结果。

定理 6-1 如果将控制律 $u(t)$ 设计为

$$u=-\frac{\hat{\theta}^2\boldsymbol{e}^{\mathrm{T}}\boldsymbol{Pb}f^2}{\hat{\theta}\left|\boldsymbol{e}^{\mathrm{T}}\boldsymbol{Pb}\right|f+l\mathrm{e}^{-2\beta t}} \tag{6-113}$$

式中，$\hat{\theta}$ 是 θ 的估计值，估计误差为 $\tilde{\theta}=\theta-\hat{\theta}$，其更新律设计为

$$\dot{\hat{\theta}}=\gamma\mathrm{e}^{2\alpha t}\left|\boldsymbol{e}^{\mathrm{T}}\boldsymbol{Pb}\right|f,\ \ \hat{\theta}(0)\geqslant 0 \tag{6-114}$$

γ 是自适应增益；l 和 β 是正的设计参数，选择合适的 β，使得

$$\beta>\alpha \tag{6-115}$$

则从系统与主系统是指数同步的。

证明：首先，通过加上和减去 $\boldsymbol{bk}$ ，式（6-107）变为

$$\dot{e}=(\boldsymbol{A}+\boldsymbol{bk})\boldsymbol{e}+\boldsymbol{b}[x_1^2-z_1^2-\boldsymbol{ke}-\Delta f_1+\Delta f_2+\Delta\phi(u)] \tag{6-116}$$

定义候选 Lyapunov 函数为

$$V=\boldsymbol{e}^{\mathrm{T}}\boldsymbol{Pe}+\frac{m}{\gamma}\mathrm{e}^{-2\alpha t}\tilde{\theta}^2(t) \tag{6-117}$$

其沿着轨迹，即式（6-114）和式（6-116）的时间导数为

$$\begin{aligned}\dot{V}=&\boldsymbol{e}^{\mathrm{T}}[\boldsymbol{P}(\boldsymbol{A}+\boldsymbol{bk})+(\boldsymbol{A}+\boldsymbol{bk})^{\mathrm{T}}\boldsymbol{P}]\boldsymbol{e}+2\boldsymbol{e}^{\mathrm{T}}\boldsymbol{Pb}[x_1^2-z_1^2-\boldsymbol{ke}-\Delta f_1+\Delta f_2+\\&\Delta\phi(u)]-\frac{2\alpha m}{\gamma}\mathrm{e}^{-2\alpha t}\tilde{\theta}^2(t)-\frac{2m}{\gamma}\mathrm{e}^{-2\alpha t}\tilde{\theta}\dot{\tilde{\theta}}\end{aligned} \tag{6-118}$$

结合式（6-110）、式（6-114）、式（6-117）、式（6-118）及引理 6-5，有

$$\begin{aligned}\dot{V}\leqslant&-2\alpha\boldsymbol{e}^{\mathrm{T}}\boldsymbol{Pe}-\frac{2\alpha m}{\gamma}\mathrm{e}^{-2\alpha t}\tilde{\theta}^2(t)-2m\tilde{\theta}\left|\boldsymbol{e}^{\mathrm{T}}\boldsymbol{Pb}\right|f+\\&2\boldsymbol{e}^{\mathrm{T}}\boldsymbol{Pb}[x_1^2-z_1^2-\boldsymbol{ke}-\Delta f_1+\Delta f_2+mu+\boldsymbol{d}(t)]\\=&-2\alpha V-2m\tilde{\theta}\left|\boldsymbol{e}^{\mathrm{T}}\boldsymbol{Pb}\right|f+2m\boldsymbol{e}^{\mathrm{T}}\boldsymbol{Pb}u+\\&2\boldsymbol{e}^{\mathrm{T}}\boldsymbol{Pb}[x_1^2-z_1^2-\boldsymbol{ke}-\Delta f_1+\Delta f_2+\boldsymbol{d}(t)]\end{aligned} \tag{6-119}$$

然后，根据式（6-101）、式（6-106）、式（6-111）和式（6-112）可得

$$\begin{aligned}&\boldsymbol{e}^{\mathrm{T}}\boldsymbol{Pb}[x_1^2-z_1^2-\boldsymbol{ke}-\Delta f_1+\Delta f_2+\boldsymbol{d}(t)]\\&\leqslant\left|\boldsymbol{e}^{\mathrm{T}}\boldsymbol{Pb}\right|[\left|x_1^2-z_1^2-\boldsymbol{ke}\right|+\theta_1 f_1+\theta_2 f_2+m\bar{d}]\\&=m\left|\boldsymbol{e}^{\mathrm{T}}\boldsymbol{Pb}\right|\left[\frac{1}{m}\left|x_1^2-z_1^2-\boldsymbol{ke}\right|+\frac{\theta_1}{m}f_1+\frac{\theta_2}{m}f_2+\bar{d}\right]\\&\leqslant m\theta\left|\boldsymbol{e}^{\mathrm{T}}\boldsymbol{Pb}\right|f\end{aligned}\tag{6-120}$$

基于式（6-119）和式（6-120）可知

$$\begin{aligned}\dot{V}&\leqslant-2\alpha V-2m\tilde{\theta}\left|\boldsymbol{e}^{\mathrm{T}}\boldsymbol{Pb}\right|f+2m\boldsymbol{e}^{\mathrm{T}}\boldsymbol{Pb}u+2m\theta\left|\boldsymbol{e}^{\mathrm{T}}\boldsymbol{Pb}\right|f\\&=-2\alpha V+2m\hat{\theta}\left|\boldsymbol{e}^{\mathrm{T}}\boldsymbol{Pb}\right|f+2m\boldsymbol{e}^{\mathrm{T}}\boldsymbol{Pb}u\end{aligned}\tag{6-121}$$

将式（6-113）代入式（6-121）可得

$$\begin{aligned}\dot{V}&\leqslant-2\alpha V+2m\hat{\theta}\left|\boldsymbol{e}^{\mathrm{T}}\boldsymbol{Pb}\right|f-\frac{2m\hat{\theta}^2(\boldsymbol{e}^{\mathrm{T}}\boldsymbol{Pb})^2f^2}{\hat{\theta}\left|\boldsymbol{e}^{\mathrm{T}}\boldsymbol{Pb}\right|f+l\mathrm{e}^{-2\beta t}}\\&=-2\alpha V+\frac{\hat{\theta}\left|\boldsymbol{e}^{\mathrm{T}}\boldsymbol{Pb}\right|f}{\hat{\theta}\left|\boldsymbol{e}^{\mathrm{T}}\boldsymbol{Pb}\right|f+l\mathrm{e}^{-2\beta t}}2ml\mathrm{e}^{-2\beta t}\end{aligned}\tag{6-122}$$

由式（6-112）和式（6-114）可知 $f\geqslant1$，$\hat{\theta}\geqslant0$，$\forall t\geqslant0$。利用不等式 $a/(a+b)\leqslant1$，$a\geqslant0$，$b>0$，并根据式（6-122）可得

$$\dot{V}\leqslant-2\alpha V+2ml\mathrm{e}^{-2\beta t}\tag{6-123}$$

结合式（6-115）及引理 6-4，由式（6-123）可得

$$V(t)\leqslant\left[V(0)+\frac{ml}{\beta-\alpha}\right]\mathrm{e}^{-2\alpha t}\tag{6-124}$$

因此，由式（6-117）和式（6-124）可得

$$\begin{aligned}&\boldsymbol{e}^{\mathrm{T}}\boldsymbol{Pe}\leqslant\left[V(0)+\frac{ml}{\beta-\alpha}\right]\mathrm{e}^{-2\alpha t}\\&\frac{m}{\gamma}\mathrm{e}^{-2\alpha t}\tilde{\theta}^2(t)\leqslant\left[V(0)+\frac{ml}{\beta-\alpha}\right]\mathrm{e}^{-2\alpha t}\end{aligned}\tag{6-125}$$

进而可得

$$\|\boldsymbol{e}\|^2\leqslant\frac{\left[V(0)+\dfrac{ml}{\beta-\alpha}\right]}{\lambda_{\min}(\boldsymbol{P})}\mathrm{e}^{-2\alpha t},\ \tilde{\theta}^2(t)\leqslant\frac{\gamma\left[V(0)+\dfrac{ml}{\beta-\alpha}\right]}{m}\tag{6-126}$$

式中，$\lambda_{\min}(\cdot)$ 表示矩阵的最小特征值，即

$$\|\boldsymbol{e}\|\leqslant\sqrt{\frac{\left[V(0)+\dfrac{ml}{\beta-\alpha}\right]}{\lambda_{\min}(\boldsymbol{P})}}\mathrm{e}^{-\alpha t},\ \left|\tilde{\theta}(t)\right|\leqslant\sqrt{\frac{\gamma\left[V(0)+\dfrac{ml}{\beta-\alpha}\right]}{m}}\tag{6-127}$$

根据定义 6-2 可知同步误差 $\boldsymbol{e}(t)$ 可以指数收敛到零并且 $\hat{\theta}$ 是有界的。因此，从系统［见

式(6-103)]通过所提的自适应控制律[见式(6-113)～式(6-115)]与主系统[见式(6-102)]同步。证毕。

6.5.3　仿真验证

本节通过数值仿真来验证上述理论结果的有效性和正确性。这里采用与文献[22]中相同的数值例子。

主系统：

$$\begin{aligned}\dot{x}_1 &= x_2 \\ \dot{x}_2 &= x_3 \\ \dot{x}_3 &= -6x_1 - 2.92x_2 - 1.2x_3 + x_1^2 - \Delta a x_2^2\end{aligned} \tag{6-128}$$

从系统：

$$\begin{aligned}\dot{z}_1 &= z_2 \\ \dot{z}_2 &= z_3 \\ \dot{z}_3 &= -6z_1 - 2.92z_2 - 1.2z_3 + z_1^2 - \Delta b\sin(\mathrm{t}) - \Delta\phi(u)\end{aligned} \tag{6-129}$$

式中

$$-0.1 \leqslant \Delta a \leqslant 0.1,\ -0.1 \leqslant \Delta b \leqslant 0.1,\ \Delta\phi(u) \in D(u, m, \overline{r}, \underline{r})$$

显然

$$a_1 = 6,\ b_1 = 2.92,\ c_1 = 1.2$$
$$\Delta f_1 = \Delta a x_2^2,\ \Delta f_2 = \Delta b\sin(\mathrm{t})$$

因此，如果选择

$$f_1 = x_2^2,\ f_2 = |\sin(\mathrm{t})| \tag{6-130}$$

则假设 6-3 成立。选择$\alpha = 0.01$，$\boldsymbol{k} = [5, 0.1, 0.1]$，$\boldsymbol{Q} = 0.1\boldsymbol{I}_3$。求解 Lyapunov 方程，即式(6-107)，可得

$$\boldsymbol{P} = \begin{bmatrix} 0.2259 & 0.1776 & 0.0523 \\ 0.1776 & 0.3780 & 0.0820 \\ 0.0523 & 0.0820 & 0.1211 \end{bmatrix}$$

根据定理 6-1，可以得到控制律和自适应律。仿真参数如下：

$$\begin{array}{llll} \Delta a = 0.1 & \Delta b = 0.1 & m = 2 & \overline{r} = 0.5 \quad \underline{r} = 0.6 \\ l = 0.06 & \beta = 0.06 & \gamma = 0.01 & \\ x_1(0) = 5 & x_2(0) = -2.5 & x_3(0) = 2 & \\ z_1(0) = 0 & z_2(0) = 0 & z_3(0) = 0 & \hat{\theta}(0) = 0 \end{array}$$

仿真结果如图 6-18～图 6-21 所示。从图 6-19 中可以看出，同步误差迅速收敛到零。

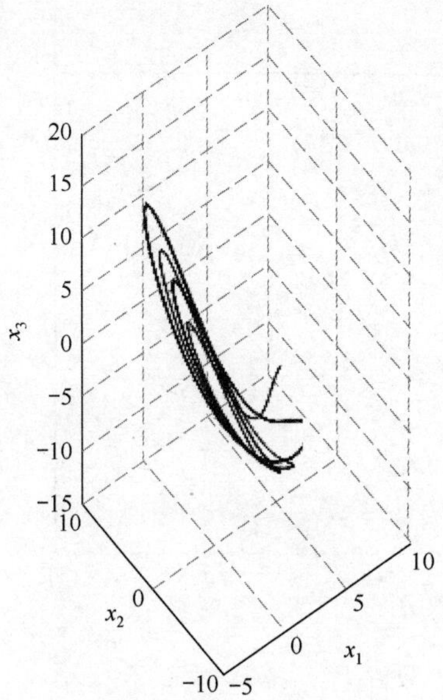

(a) 主系统的状态轨迹 x_1-x_2-x_3

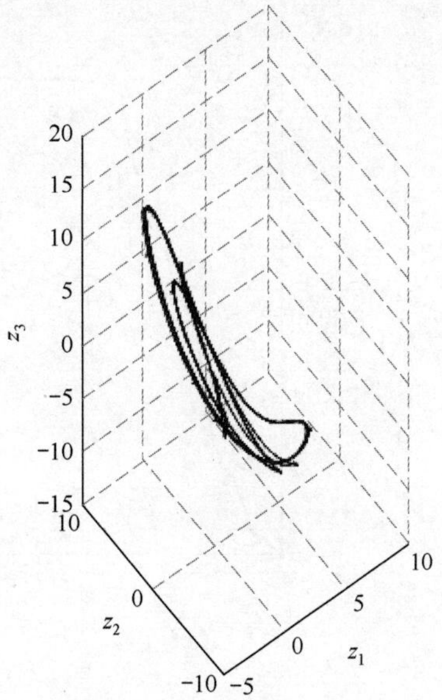

(b) 从系统的状态轨迹 z_1-z_2-z_3

图 6-18　主、从系统的状态轨迹

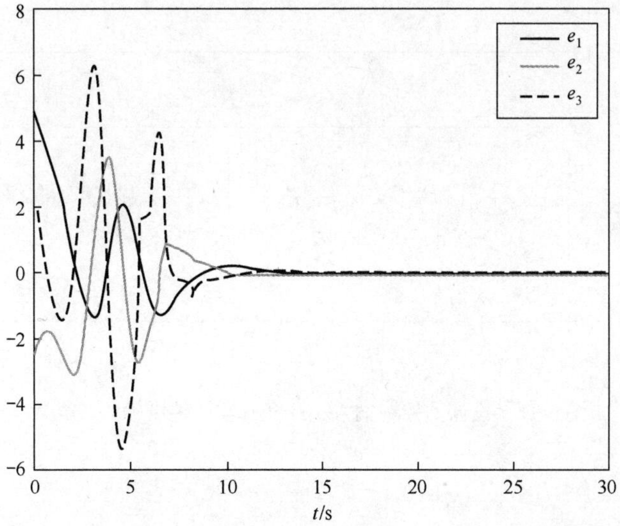

图 6-19　同步误差

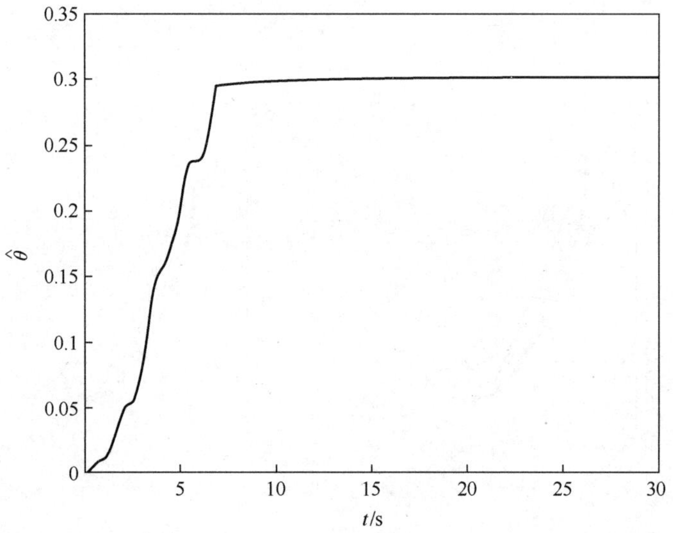

图 6-20　参数估计

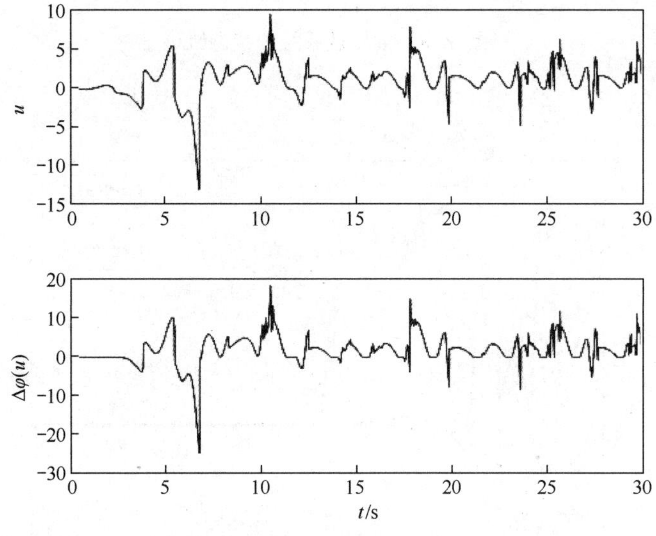

图 6-21　设计的控制输入 $u(t)$ 和真实的控制输入 $\Delta\phi(u)$

6.5.4　结论

本节研究了具有部分已知不确定性和完全未知死区非线性的两个相同的 Genesio-Tesi 混沌系统的自适应同步问题。本节提出了一种简易的同步控制律，并且给出了参数估计的更新律。结果表明，同步误差可以指数收敛到零。本节最后通过数值仿真验证了所提的同步控制方法的有效性。

6.6 不确定混沌系统自适应反馈同步控制

在过去的几十年里，混沌同步因其在安全通信、化学工程和信息处理等诸多领域的潜在应用而备受关注。众所周知，混沌系统具有非常复杂的非线性行为，并且本质上具有抗同步性。因此，如何设计控制律来实现同步是一个有趣且重要的问题。到目前为止，人们已经提出了各种各样的同步设计方法，如自适应控制、滑模控制、反步控制、脉冲控制、基于观测器的控制等。

另外，不确定性在现实世界中是无法避免的。常见的不确定性包括参数变化、未知非线性函数和外部扰动。它们可能导致给定的系统进入意想不到的状态，甚至破坏同步。因此，研究鲁棒同步以抵消不确定性的影响是十分必要的。这个问题已经被很多学者研究过。例如，针对含有参数未知的非线性函数和外部扰动的两种不同的混沌系统，禹思敏等提出了一种自适应滑模同步方案；Yu 等引入了新的同步概念，并且研究了一对具有不匹配参数、外部激励和混沌振动的 Duffing-Holmes 振荡器的混沌同步问题。利用自学习终端滑模控制，禹思敏等研究了具有系统不确定性和外部扰动的两个旋转摆之间的同步与反同步问题。禹思敏和丘水生研究了具有部分已知不确定性和完全未知死区输入的两个相同的 Genesio-Tesi 混沌系统的指数同步问题。2004 年，禹思敏考虑了不确定统一混沌系统，并且提出了两种鲁棒自适应同步控制方法。文献[24]将文献[23]的设计思想扩展到了更一般形式的不确定混沌系统。

受现有成果的启发，我们在本节中解决了统一混沌系统的同步控制问题，该混沌系统具有以下特点：①存在参数变化；②存在系统不确定性；③存在外部扰动。本节的重点是设计鲁棒自适应同步控制律，使得同步误差动态系统是渐近稳定的。本节的主要贡献如下。

（1）放宽了对不确定非线性的限制性假设（见假设 6-5）。在文献[23,24]中，假定系统的不确定性是由已知的非线性函数或未知常数界定的。然而，在本节设计中，不确定函数的上界是部分已知的，即未知的非线性函数由一个具有未知常系数的已知函数界定。

（2）进一步扩展了干扰的情况。在文献[23]中，假设外部扰动是有界的，考虑了两种情形：一种情形是所有的扰动都是平方可积的，另一种情形是所有的扰动都不是平方可积的。显然，这种分类是不完整的，因为有些扰动可能属于 $L_2[0,\infty]$，而其他扰动则可能不属于。在本节中，我们考虑了 3 种可能的干扰情形，并针对每种情形提出了相应的同步方案。

（3）给出了一个保证渐近同步的稳定引理（见引理 6-8）。基于这一引理，本节提出了 3 种自适应同步方案。另外，在同步控制律和更新律中还引入了一个正的可积时变函数，并在本节最后证明了自适应参数和控制信号是有界的，且同步误差可以渐近收敛到零。

6.6.1 准备工作和问题表述

1. 系统模型

统一混沌系统的动力学方程描述为

$$\begin{aligned}\dot{x}_1 &= (25\alpha+10)(y_1-x_1)\\ \dot{y}_1 &= (28-35\alpha)x_1+(29\alpha-1)y_1-x_1z_1\\ \dot{z}_1 &= x_1y_1-\frac{8+\alpha}{3}z_1\end{aligned} \tag{6-131}$$

式中，x_1、y_1、z_1是状态变量；α是常数，满足$0\leqslant\alpha\leqslant1$。例如，当参数$\alpha=0$，$\alpha=0.8$，$\alpha=1$时，系统是混沌的，分别对应Lorenz系统、Lü系统和Chen系统。为了观察统一混沌系统的同步行为，设式（6-131）表示的系统为驱动系统，其中，参数α是完全未知的且不同于响应系统的参数。不确定响应系统定义为

$$\begin{aligned}\dot{x}_2 &= (25\beta+10)(y_2-x_2)+\Delta f_1(t,x_2,y_2,z_2)+\\ &\quad d_1(t)+u_1(t)\\ \dot{y}_2 &= (28-35\beta)x_2+(29\beta-1)y_2-x_2z_2+\\ &\quad \Delta f_2(t,x_2,y_2,z_2)+d_2(t)+u_2(t)\\ \dot{z}_2 &= x_2y_2-\frac{8+\beta}{3}z_2+\Delta f_3(t,x_2,y_2,z_2)+\\ &\quad d_3(t)+u_3(t)\end{aligned} \tag{6-132}$$

式中，x_2、y_2、z_2是状态变量；β是不确定参数；Δf_i、d_i（$i=1,2,3$）分别是系统的不确定性与外部扰动，方便起见，这里省略了Δf_i的自变量；u_i（$i=1,2,3$）是使得两个混沌系统同步的控制律。

定义同步误差为

$$\begin{aligned}e_1(t) &= x_2(t)-x_1(t)\\ e_2(t) &= y_2(t)-y_1(t)\\ e_3(t) &= z_2(t)-z_1(t)\end{aligned} \tag{6-133}$$

控制目标是设计控制律u_i，使得驱动系统［见式（6-131）］和响应系统［见式（6-132）］是同步的，即使得$\lim\limits_{t\to\infty}e_i(t)=0$，$i=1,2,3$。为此，对不确定函数做出如下假设。

假设 6-5　存在已知的连续函数$M_i(x_2,y_2,z_2)\geqslant0(i=1,2,3)$和未知的常参数$\theta_i>0(i=1,2,3)$，使得

$$\left|\Delta f_i(t,x_2,y_2,z_2)\right|\leqslant\theta_iM_i(x_2,y_2,z_2),\ \ i=1,2,3 \tag{6-134}$$

假设 6-6　干扰$d_i(t)$是有界的，即$d_i(t)\in L_\infty$，$i=1,2,3$。

注 6-9　在文献[23,24]中，不确定函数Δf_i（$i=1,2,3$）的参数假设是未知的。不同于文献[23,24]，在假设6-5中，Δf_i的上界是部分已知的。此外，当干扰信号有界时，它的界不需要是已知的。

注 6-10　在实际中，干扰有很多种类型。一个有界信号有可能不属于$L_2[0,\infty]$。另外，如果一个干扰信号是平方可积的，那么它不一定是有界的。只有当一个平方可积信号进一步增强为连续信号时，才可以确定该信号是有界的。鉴于此，后面的内容将涉及两种情况，即$d_i(t)\in L_2[0,\infty]$和$d_i(t)\notin L_2[0,\infty]$，$i=1,2,3$。

2. 初步结果

对于同步控制设计，首先引入几个有用的引理。

引理 6-6　对任意实向量 $\boldsymbol{x}$、$\boldsymbol{y}$ 和任意具有适当维数的实矩阵 $\boldsymbol{P}>0$，以下不等式成立：

$$2\boldsymbol{x}^{\mathrm{T}}\boldsymbol{y}\leqslant \boldsymbol{x}^{\mathrm{T}}\boldsymbol{P}\boldsymbol{x}+\boldsymbol{y}^{\mathrm{T}}\boldsymbol{P}^{-1}\boldsymbol{y}$$

引理 6-7　对任意的 $\epsilon>0$ 和 $\eta\in\mathbf{R}$，以下不等式成立：

$$0\leqslant|\eta|-\eta\tanh\left(\frac{\eta}{}\right)\leqslant k$$

式中，$\tanh(\cdot)$ 是双曲正切函数；k 是一个常数，满足 $k=\mathrm{e}^{-(\kappa+1)}$，即 $k=0.2785$。

引理 6-8　令 $V,W:[0,\infty]\mapsto\mathbf{R}$，$V(t)\geqslant 0$，$W(t)\geqslant 0$，$\forall t\geqslant 0$。如果以下不等式成立：

$$\dot{V}\leqslant -cW+\sigma(t),\ \forall t\geqslant 0 \tag{6-135}$$

式中，$c>0$ 是一个适当的常数，且 $\sigma(t)$ 满足

$$\sigma(t)>0,\ \int_0^t\sigma(\tau)\mathrm{d}\tau\leqslant\bar{\sigma}<\infty,\ \forall t\geqslant 0 \tag{6-136}$$

式中，$\bar{\sigma}$ 是正常数，那么有以下结论。

（1）$V\in L_\infty$，即 $V(t)\leqslant V(0)+\bar{\sigma}$，$\forall t\geqslant 0$。

（2）$W\in L_1$，即 $\int_0^t W(\tau)\mathrm{d}\tau\leqslant\frac{1}{c}(V(0)+\bar{\sigma})$，$\forall t\geqslant 0$。

证明：在 $[0,t]$ 上对式（6-135）进行积分可得

$$V(t)-V(0)\leqslant -c\int_0^t W(\tau)\mathrm{d}\tau+\int_0^t\sigma(\tau)\mathrm{d}\tau,\ \forall t\geqslant 0$$

结合式（6-136），有

$$V(t)+c\int_0^t W(\tau)\mathrm{d}\tau\leqslant V(0)+\bar{\sigma},\ \forall t\geqslant 0$$

由此可直接得到结论（1）和（2）。

6.6.2　同步控制设计与分析

根据外部扰动的类型，提出 3 种不同的同步方案来处理参数变化、系统不确定性和外部扰动。首先，建立同步误差的动态方程。用式（6-132）减去式（6-131）得到如下误差系统：

$$\begin{aligned}
\dot{e}_1&=25(\beta y_2-\alpha y_1)-25(\beta x_2-\alpha x_1)+10(y_2-x_2)-\\
&\quad 10(y_1-x_1)+\Delta f_1+d_1(t)+u_1\\
\dot{e}_2&=25x_2-28x_1-35\beta x_2+35\alpha x_1+29\beta y_2-29\alpha y_1-\\
&\quad y_2+y_1-x_2z_2+x_1z_1+\Delta f_2+d_2(t)+u_2\\
\dot{e}_3&=x_2y_2-x_1y_1-\frac{8}{3}z_2+\frac{8}{3}z_1-\frac{\beta}{3}z_2+\frac{\alpha}{3}z_1+\\
&\quad \Delta f_3+d_3(t)+u_3
\end{aligned} \tag{6-137}$$

通过加和减相同的项并结合式（6-133），有

$$\begin{aligned}
25(\beta y_2-\alpha y_1)&=25(\beta y_2-\beta y_1+\beta y_1-\alpha y_1)\\
&=25(\beta e_2-\tilde{\alpha}y_1)
\end{aligned} \tag{6-138}$$

$$\begin{aligned}25(\beta x_2-\alpha x_1)&=25(\beta x_2-\beta x_1+\beta x_1-\alpha x_1)\\&=25(\beta e_1-\tilde{\alpha}x_1)\end{aligned}\tag{6-139}$$

式中

$$\tilde{\alpha}=\alpha-\beta(t)\tag{6-140}$$

类似地，可以得到

$$-35\beta x_2+35\alpha x_1=-35\beta e_1+35x_1\tilde{\alpha}\tag{6-141}$$

$$29\beta y_2-29\alpha y_1=29\beta e_2-29y_1\tilde{\alpha}\tag{6-142}$$

$$-x_2z_2+x_1z_1=-x_2e_3-e_1z_1\tag{6-143}$$

$$x_2y_2-x_1y_1=x_2e_2+e_1y_1\tag{6-144}$$

$$-\frac{\beta}{3}z_2+\frac{\alpha}{3}z_1=\frac{1}{3}(\tilde{\alpha}z_1-\beta e_3)\tag{6-145}$$

将式（6-138）～式（6-145）代入式（6-137）并结合式（6-133）可得

$$\begin{aligned}\dot{e}_1&=(-10-25\beta)e_1+(25\beta+10)e_2+\\&\quad(25x_1-25y_1)\tilde{\alpha}+\Delta f_1+d_1(t)+u_1\\\dot{e}_2&=(28-35\beta-z_1)e_1+(29\beta-1)e_2-x_2e_3+\\&\quad(35x_1-29y_1)\tilde{\alpha}+\Delta f_2+d_2(t)+u_2\\\dot{e}_3&=y_1e_1+x_2e_2+\left(-\frac{8}{3}-\frac{1}{3}\beta\right)e_3+\\&\quad\frac{1}{3}z_1\tilde{\alpha}+\Delta f_3+d_3(t)+u_3\end{aligned}\tag{6-146}$$

定义

$$\begin{aligned}&\boldsymbol{e}(t)=[e_1,e_2,e_3]^{\mathrm{T}},\ \Delta\boldsymbol{f}=[\Delta f_1,\Delta f_2,\Delta f_3]^{\mathrm{T}}\\&\boldsymbol{d}(t)=[d_1(t),d_2(t),d_3(t)]^{\mathrm{T}},\ \boldsymbol{u}=[u_1,u_2,u_3]^{\mathrm{T}}\\&\boldsymbol{A}=\begin{bmatrix}-10-25\beta & 25\beta+10 & 0\\28-35\beta-z_1 & 29\beta-1 & -x_2\\y_1 & x_2 & -\frac{8}{3}-\frac{1}{3}\beta\end{bmatrix},\ \boldsymbol{B}=\begin{bmatrix}25x_1-25y_1\\35x_1-29y_1\\\frac{1}{3}z_1\end{bmatrix}\end{aligned}\tag{6-147}$$

则式（6-146）可以进一步描述为

$$\dot{\boldsymbol{e}}=\boldsymbol{A}\boldsymbol{e}+\boldsymbol{B}\tilde{\alpha}+\Delta\boldsymbol{f}+\boldsymbol{d}(t)+\boldsymbol{u}\tag{6-148}$$

注 6-11　式（6-143）和式（6-144）可以分别改写为

$$-x_2z_2+x_1z_1=-e_1z_2-e_3x_1\tag{6-149}$$

$$x_2y_2-x_1y_1=e_1y_2+x_1e_2\tag{6-150}$$

这意味着矩阵 $\boldsymbol{A}$ 应该有 4 种不同的形式。对于每种形式，后续的同步控制律都可以相应地用于实现渐近同步。

接下来提出驱动系统[见式（6-131）]和响应系统[见式（6-132）]之间的同步控制方案。

情形 Ⅰ：$d_i(t)\in L_2[0,\infty]$，$i=1,2,3$。在这种情形下，假设存在一个常数 $\bar{D}_{1i}$，使得 $\int_0^t d_i^2(\tau)\mathrm{d}\tau\leqslant\bar{D}_{1i}$，$\forall t\geqslant 0$，$i=1,2,3$。为响应系统设计以下控制律：

$$\boldsymbol{u}=-\boldsymbol{A}\boldsymbol{e}-\boldsymbol{K}_1\boldsymbol{e}+\bar{\boldsymbol{u}} \tag{6-151}$$

$$\bar{\boldsymbol{u}}=[\bar{u}_1,\bar{u}_2,\bar{u}_3]^{\mathrm{T}} \tag{6-152}$$

$$\bar{u}_1=-\hat{\theta}_{11}M_1\tanh\left(\frac{e_1M_1}{\delta_{11}(t)}\right) \tag{6-153}$$

$$\bar{u}_2=-\hat{\theta}_{12}M_2\tanh\left(\frac{e_2M_2}{\delta_{12}(t)}\right) \tag{6-154}$$

$$\bar{u}_3=-\hat{\theta}_{13}M_3\tanh\left(\frac{e_3M_3}{\delta_{13}(t)}\right) \tag{6-155}$$

式中，$\boldsymbol{K}_1$ 是正定矩阵；M_i 表示 $M_i(x_2,y_2,z_2)$，$i=1,2,3$；$\delta_{1i}(t)$ 满足

$$\delta_{1i}(t)>0,\ \int_0^t\delta_{1i}(\tau)\mathrm{d}\tau\leqslant\bar{\delta}_{1i}<\infty,\ \forall t\geqslant 0 \tag{6-156}$$

$\bar{\delta}_{1i}$ 是正常数（$i=1,2,3$）。以下是 $\hat{\theta}_{11}$、$\hat{\theta}_{12}$、$\hat{\theta}_{13}$、β 的更新律：

$$\dot{\hat{\theta}}_{11}=\gamma_{11}e_1M_1\tanh\left(\frac{e_1M_1}{\delta_{11}(t)}\right) \tag{6-157}$$

$$\dot{\hat{\theta}}_{12}=\gamma_{12}e_2M_2\tanh\left(\frac{e_2M_2}{\delta_{12}(t)}\right) \tag{6-158}$$

$$\dot{\hat{\theta}}_{13}=\gamma_{13}e_3M_3\tanh\left(\frac{e_3M_3}{\delta_{13}(t)}\right) \tag{6-159}$$

$$\dot{\beta}=\gamma_{14}\boldsymbol{e}^{\mathrm{T}}\boldsymbol{B} \tag{6-160}$$

式中，$\gamma_{1i}>0(i=1,2,3,4)$ 是自适应增益。

注 6-12　式（6-156）表明 $\delta_{1i}(t)$ 是严格正可积函数。例如，非线性函数 $\alpha\mathrm{e}^{-\beta t}$ 和 $1/(\gamma t^p+q)$，其中，$\alpha>0$，$\beta>0$，$\gamma>0$，$p>1$，$q>0$ 都是实数。需要强调的是，$\delta_{1i}(t)$ 的可积性在收敛性分析中起着重要作用。

情形 I 的主要结果可以总结为以下定理。

定理 6-2　对于任意给定的初始条件 $(x_1(0),y_1(0),z_1(0))$ 和 $(x_2(0),y_2(0),z_2(0))$，式（6-131）表示的驱动系统和式（6-132）表示的响应系统将通过式（6-151）～式（6-155）表示的控制律和式（6-157）～式（6-160）表示的更新律实现渐近同步。

证明：定义候选 Lyapunov 函数为

$$V_1=\frac{1}{2}(\boldsymbol{e}^{\mathrm{T}}\boldsymbol{e}+\gamma_{11}^{-1}\tilde{\theta}_{11}^2+\gamma_{12}^{-1}\tilde{\theta}_{12}^2+\gamma_{13}^{-1}\tilde{\theta}_{13}^2+\gamma_{14}^{-1}\tilde{\alpha}^2) \tag{6-161}$$

式中

$$\tilde{\theta}_{11}=\theta_1-\hat{\theta}_{11} \tag{6-162}$$

$$\tilde{\theta}_{12}=\theta_2-\hat{\theta}_{12} \tag{6-163}$$

$$\tilde{\theta}_{13}=\theta_3-\hat{\theta}_{13} \tag{6-164}$$

$\tilde{\alpha}$ 的定义见式（6-140）。V_1 沿着轨迹，即式（6-148）的导数为

$$\dot{V}_1 = \boldsymbol{e}^{\mathrm{T}}[\boldsymbol{A}\boldsymbol{e} + \boldsymbol{B}\tilde{\alpha} + \Delta\boldsymbol{f} + \boldsymbol{d}(t) + \boldsymbol{u}] - \gamma_{11}^{-1}\tilde{\theta}_{11}\dot{\hat{\theta}}_{11} - \gamma_{12}^{-1}\tilde{\theta}_{12}\dot{\hat{\theta}}_{12} - \gamma_{13}^{-1}\tilde{\theta}_{13}\dot{\hat{\theta}}_{13} - \gamma_{14}^{-1}\tilde{\alpha}\dot{\beta} \tag{6-165}$$

将式（6-151）代入式（6-165）可得

$$\dot{V}_1 = -\boldsymbol{e}^{\mathrm{T}}\boldsymbol{K}_1\boldsymbol{e} + \boldsymbol{e}^{\mathrm{T}}\boldsymbol{B}\tilde{\alpha} + \boldsymbol{e}^{\mathrm{T}}\Delta\boldsymbol{f} + \boldsymbol{e}^{\mathrm{T}}\boldsymbol{d}(t) + \boldsymbol{e}^{\mathrm{T}}\bar{\boldsymbol{u}} - \gamma_{11}^{-1}\tilde{\theta}_{11}\dot{\hat{\theta}}_{11} - \gamma_{12}^{-1}\tilde{\theta}_{12}\dot{\hat{\theta}}_{12} - \gamma_{13}^{-1}\tilde{\theta}_{13}\dot{\hat{\theta}}_{13} - \gamma_{14}^{-1}\tilde{\alpha}\dot{\beta} \tag{6-166}$$

由假设 6-5 可知

$$\begin{aligned}\boldsymbol{e}^{\mathrm{T}}\Delta\boldsymbol{f} &= e_1\Delta f_1 + e_2\Delta f_2 + e_3\Delta f_3 \\ &\leqslant \theta_1|e_1|M_1 + \theta_2|e_2|M_2 + \theta_3|e_3|M_3\end{aligned} \tag{6-167}$$

利用引理 6-6，有

$$\boldsymbol{e}^{\mathrm{T}}\boldsymbol{d}(t) \leqslant \frac{1}{2}\boldsymbol{e}^{\mathrm{T}}\boldsymbol{P}\boldsymbol{e} + \frac{1}{2}\boldsymbol{d}^{\mathrm{T}}(t)\boldsymbol{P}^{-1}\boldsymbol{d}(t) \tag{6-168}$$

式中，$\boldsymbol{P}$ 是仅用于分析的适维矩阵。选择合适的 $\boldsymbol{P}$，使得 $0 < \boldsymbol{P} < 2\boldsymbol{K}_1$。结合式（6-166）～式（6-168），可得

$$\begin{aligned}\dot{V}_1 \leqslant{}& \boldsymbol{e}^{\mathrm{T}}\bar{\boldsymbol{K}}\boldsymbol{e} + \boldsymbol{e}^{\mathrm{T}}\boldsymbol{B}\tilde{\alpha} + \theta_1|e_1|M_1 + \theta_2|e_2|M_2 + \theta_3|e_3|M_3 + \\ & e_1\bar{u}_1 + e_2\bar{u}_2 + e_3\bar{u}_3 - \gamma_{11}^{-1}\tilde{\theta}_{11}\dot{\hat{\theta}}_1 - \gamma_{12}^{-1}\tilde{\theta}_{12}\dot{\hat{\theta}}_2 \\ & \gamma_{13}^{-1}\tilde{\theta}_{13}\dot{\hat{\theta}}_3 - \gamma_{14}^{-1}\tilde{\alpha}\dot{\beta} + \frac{1}{2}\boldsymbol{d}^{\mathrm{T}}(t)\boldsymbol{P}^{-1}\boldsymbol{d}(t)\end{aligned} \tag{6-169}$$

式中

$$\bar{\boldsymbol{K}}_1 = \boldsymbol{K}_1 - \frac{1}{2}\boldsymbol{P} > 0 \tag{6-170}$$

根据式（6-153）～式（6-155）、式（6-157）～式（6-160）及式（6-162）～式（6-164），有

$$\begin{aligned}\dot{V}_1 \leqslant{}& -\boldsymbol{e}^{\mathrm{T}}\boldsymbol{K}_1\boldsymbol{e} + \frac{1}{2}\boldsymbol{d}^{\mathrm{T}}(t)\boldsymbol{P}^{-1}\boldsymbol{d}(t) + \theta_1|e_1|M_1 + \theta_2|e_2|M_2 + \theta_3|e_3|M_3 - \\ & \hat{\theta}_{11}e_1M_1\,\mathrm{thnh}\left(\frac{e_1M_1}{\delta_{11}(t)}\right) - \hat{\theta}_{12}e_2M_2\,\mathrm{thnh}\left(\frac{e_2M_2}{\delta_{12}(t)}\right) - \\ & \hat{\theta}_{13}e_3M_3\,\mathrm{thnh}\left(\frac{e_3M_3}{\delta_{13}(t)}\right) - \tilde{\theta}_{11}e_1M_1\,\mathrm{thnh}\left(\frac{e_1M_1}{\delta_{11}(t)}\right) - \\ & \tilde{\theta}_{12}e_2M_2\,\mathrm{thnh}\left(\frac{e_2M_2}{\delta_{12}(t)}\right) - \tilde{\theta}_{13}e_3M_3\,\mathrm{thnh}\left(\frac{e_3M_3}{\delta_{13}(t)}\right) \\ ={}& -\boldsymbol{e}^{\mathrm{T}}\bar{\boldsymbol{K}}_1\boldsymbol{e} + \frac{1}{2}\boldsymbol{d}^{\mathrm{T}}(t)\boldsymbol{P}^{-1}\boldsymbol{d}(t) + \theta_1|e_1|M_1 - \theta_1e_1M_1\,\mathrm{thnh}\left(\frac{e_1M_1}{\delta_{11}(t)}\right) + \\ & \theta_2|e_2|M_2 - \theta_2e_2M_2\tanh\left(\frac{e_2M_2}{\delta_{12}(t)}\right) + \theta_3|e_3|M_3 - \theta_3e_3M_3\tanh\left(\frac{e_3M_3}{\delta_{13}(t)}\right)\end{aligned} \tag{6-171}$$

利用引理 6-7 可得

$$\theta_1|e_1|M_1 - \theta_1e_1M_1\tanh\left(\frac{e_1M_1}{\delta_{11}(t)}\right) \leqslant \theta_1\kappa\delta_{11}(t) \tag{6-172}$$

$$\theta_2|e_2|M_2-\theta_2e_2M_2\tanh\left(\frac{e_2M_2}{\delta_{12}(t)}\right)\leqslant\theta_2k\delta_{12}(t) \tag{6-173}$$

$$\theta_3|e_3|M_3-\theta_3e_3M_3\tanh\left(\frac{e_3M_3}{\delta_{13}(t)}\right)\leqslant\theta_3k\delta_{13}(t) \tag{6-174}$$

另外，还有以下不等式成立：

$$\frac{1}{2}\boldsymbol{d}^{\mathrm{T}}(t)\boldsymbol{P}^{-1}\boldsymbol{d}(t)\leqslant\frac{1}{2}\lambda_{\max}(\boldsymbol{P}^{-1})\boldsymbol{d}^{\mathrm{T}}(t)\boldsymbol{d}(t) \tag{6-175}$$

式中，$\lambda_{\max}(\cdot)$ 表示矩阵的最大特征值。因此，有

$$\dot{V}_1\leqslant-\boldsymbol{e}^{\mathrm{T}}\bar{\boldsymbol{K}}_1\boldsymbol{e}+\sigma_1(t) \tag{6-176}$$

式中

$$\sigma_1(t)=\theta_1k\delta_{11}(t)+\theta_2k\delta_{12}(t)+\theta_3k\delta_{13}(t)+\frac{1}{2}\lambda_{\max}(\boldsymbol{P}^{-1})\boldsymbol{d}^{\mathrm{T}}(t)\boldsymbol{d}(t) \tag{6-177}$$

由式（6-156），以及对 $\boldsymbol{d}(t)$ 的假设可知 $\sigma_1(t)>0$ 且

$$\begin{aligned}\int_0^t\sigma_1(\tau)\mathrm{d}\tau=\theta_1\kappa\int_0^t\delta_{11}(\tau)\mathrm{d}\tau+\theta_2k\int_0^t\delta_{12}(\tau)\mathrm{d}\tau+\\ \theta_3k\int_0^t\delta_{13}(\tau)\mathrm{d}\tau+\frac{1}{2}\lambda_{\max}(\boldsymbol{P}^{-1})\int_0^t\boldsymbol{d}^{\mathrm{T}}(\tau)\boldsymbol{d}(\tau)\mathrm{d}\tau\leqslant\\ \theta_1k\bar{\delta}_{11}+\theta_2k\bar{\delta}_{12}+\theta_3k\bar{\delta}_{13}+\frac{1}{2}\lambda_{\max}(\boldsymbol{P}^{-1})\sum_{i=1}^{3}\bar{D}_{1i}\end{aligned} \tag{6-178}$$

根据引理 6-8，由式（6-176）可得 $V_1\in L_\infty$ 和 $\boldsymbol{e}^{\mathrm{T}}\bar{\boldsymbol{K}}_1\boldsymbol{e}\in L_1$。由式（6-140）和式（6-161）～式（6-164）可得 $\boldsymbol{e}$、β、$\hat{\theta}_{11}$、$\hat{\theta}_{12}$ 和 $\hat{\theta}_{13}$ 是有界的。由混沌系统的本质可知 x_1、y_1、z_1 是有界的。因此，由 $\boldsymbol{e}$ 的有界性可以得到状态 x_2、y_2、z_2 的有界性。利用性质 $\tanh(\cdot)\leqslant1$，可得 $|\bar{u}_i|\leqslant|\hat{\theta}_{1i}|M_i$（$i=1,2,3$），结合 $\hat{\theta}_{11}$、$\hat{\theta}_{12}$、$\hat{\theta}_{13}$、x_2、y_2、z_2 的有界性和函数 M_1、M_2、M_3 的连续性可证明 $\boldsymbol{u}$ 是有界的。由 $\bar{\boldsymbol{K}}_1$ 的正定性，可得

$$\int_0^t\boldsymbol{e}^{\mathrm{T}}(\tau)\boldsymbol{e}(\tau)\mathrm{d}\tau\leqslant\frac{1}{\lambda_{\min}(\bar{\boldsymbol{K}}_1)}\int_0^t\boldsymbol{e}^{\mathrm{T}}(\tau)\bar{\boldsymbol{K}}_1\boldsymbol{e}(\tau)\mathrm{d}\tau \tag{6-179}$$

即 $\boldsymbol{e}\in L_2$。此外，根据假设 6-5 和假设 6-6 及上述分析中的信号有界性，可以得到 $\dot{e}_1$、$\dot{e}_2$、$\dot{e}_3$ 是有界的。根据 Barbalat 引理，可知当 $t\to\infty$ 时，$e_i(t)\to0$，$i=1,2,3$。因此，式（6-132）表示的响应系统与式（6-131）表示的驱动系统渐近同步。证毕。

情形Ⅱ：$d_i(t)\notin L_2[0,\infty]$，$i=1,2,3$。在这种情形下，仅假设 $d_i(t)$ 是有界的。令 $\sup_{t\geqslant0}d_i(t)=\bar{D}_{2i}$，$i=1,2,3$。首先，定义一些变量：

$$\theta_{21}=\max\{\theta_1,\bar{D}_{21}\},\quad\theta_{22}=\max\{\theta_2,\bar{D}_{22}\},\quad\theta_{23}=\max\{\theta_3,\bar{D}_{23}\} \tag{6-180}$$

$$N_1(x_2,y_2,z_2)=M_1(x_2,y_2,z_2)+1 \tag{6-181}$$

$$N_2(x_2,y_2,z_2)=M_2(x_2,y_2,z_2)+1 \tag{6-182}$$

$$N_3(x_2,y_2,z_2)=M_3(x_2,y_2,z_2)+1 \tag{6-183}$$

然后，设计如下形式的自适应同步控制方案：

$$\boldsymbol{u} = -\boldsymbol{A}\boldsymbol{e} - \boldsymbol{K}_2\boldsymbol{e} + \bar{\boldsymbol{v}} \tag{6-184}$$

$$\bar{\boldsymbol{v}} = [\bar{v}_1, \bar{v}_2, \bar{v}_3]^{\mathrm{T}} \tag{6-185}$$

$$\bar{v}_1 = -\hat{\theta}_{21}N_1\tanh\left(\frac{e_1N_1}{\delta_{21}(t)}\right) \tag{6-186}$$

$$\bar{v}_2 = -\hat{\theta}_{22}N_2\tanh\left(\frac{e_2N_2}{\delta_{22}(t)}\right) \tag{6-187}$$

$$\bar{v}_3 = -\hat{\theta}_{23}N_3\tanh\left(\frac{e_3N_3}{\delta_{23}(t)}\right) \tag{6-188}$$

$$\dot{\hat{\theta}}_{21} = \gamma_{21}e_1N_1\tanh\left(\frac{e_1N_1}{\delta_{21}(t)}\right) \tag{6-189}$$

$$\dot{\hat{\theta}}_{22} = \gamma_{22}e_2N_2\tanh\left(\frac{e_2N_2}{\delta_{22}(t)}\right) \tag{6-190}$$

$$\dot{\hat{\theta}}_{23} = \gamma_{23}e_3N_3\tanh\left(\frac{e_3N_3}{\delta_{23}(t)}\right) \tag{6-191}$$

$$\dot{\beta} = \gamma_{24}\boldsymbol{e}^{\mathrm{T}}\boldsymbol{B} \tag{6-192}$$

式中，$\boldsymbol{K}_2$ 是正定矩阵；N_i 表示 $N_i(x_2, y_2, z_2)$，$i=1,2,3$；$\delta_{2i}(t)$ 具有与式（6-156）相同的性质，即满足

$$\delta_{2i}(t) > 0,\ \int_0^t \delta_{2i}(\tau)\mathrm{d}\tau \leqslant \bar{\delta}_{2i} < \infty,\ \forall t \geqslant 0 \tag{6-193}$$

式中，$\bar{\delta}_{2i} > 0 (i=1,2,3)$。$\gamma_{2i} > 0\ (i=1,2,3,4)$ 是自适应增益。情形Ⅱ的主要结果可以总结为以下定理。

定理 6-3　如果设计自适应控制律 $\boldsymbol{u}(t)$ 为式（6-184）～式（6-192），则式（6-132）表示的响应系统与式（6-131）表示的驱动系统同步。

证明： 定义候选 Lyapunov 函数为

$$V_2 = \frac{1}{2}(\boldsymbol{e}^{\mathrm{T}}\boldsymbol{e} + \gamma_{21}^{-1}\tilde{\theta}_{21}^2 + \gamma_{22}^{-1}\tilde{\theta}_{22}^2 + \gamma_{23}^{-1}\tilde{\theta}_{23}^2 + \gamma_{24}^{-1}\tilde{\alpha}^2) \tag{6-194}$$

$$\tilde{\theta}_{21} = \theta_{21} - \hat{\theta}_{21} \tag{6-195}$$

$$\tilde{\theta}_{22} = \theta_{22} - \hat{\theta}_{22} \tag{6-196}$$

$$\tilde{\theta}_{23} = \theta_{23} - \hat{\theta}_{23} \tag{6-197}$$

V_2 沿着轨迹，即式（6-148）的导数为

$$\begin{aligned}\dot{V}_2 = {} & \boldsymbol{e}^{\mathrm{T}}\left[\boldsymbol{A}\boldsymbol{e} + \boldsymbol{B}\tilde{\alpha} + \Delta\boldsymbol{f} + \boldsymbol{d}(t) + \boldsymbol{u}\right] - \gamma_{21}^{-1}\tilde{\theta}_{21}\dot{\hat{\theta}}_{21} - \\ & \gamma_{22}^{-1}\tilde{\theta}_{22}\dot{\hat{\theta}}_{22} - \gamma_{23}^{-1}\tilde{\theta}_{23}\dot{\hat{\theta}}_{23} - \gamma_{24}^{-1}\tilde{\alpha}\dot{\beta}\end{aligned} \tag{6-198}$$

将式（6-184）代入式（6-198）可得

$$\begin{aligned}\dot{V}_2 = &-\boldsymbol{e}^{\mathrm{T}}\boldsymbol{K}_2\boldsymbol{e} + \boldsymbol{e}^{\mathrm{T}}\boldsymbol{B}\tilde{\alpha} + \boldsymbol{e}^{\mathrm{T}}[\Delta\boldsymbol{f} + \boldsymbol{d}(t)] + \boldsymbol{e}^{\mathrm{T}}\bar{\boldsymbol{v}} - \gamma_{21}^{-1}\tilde{\theta}_{21}\dot{\hat{\theta}}_{21} - \\ &\gamma_{22}^{-1}\tilde{\theta}_{22}\dot{\hat{\theta}}_{22} - \gamma_{23}^{-1}\tilde{\theta}_{23}\dot{\hat{\theta}}_{23} - \gamma_{24}^{-1}\tilde{\alpha}\dot{\beta}\end{aligned} \tag{6-199}$$

根据假设 6-5 和假设 6-6 及式（6-180）～式（6-183），有

$$\begin{aligned}\boldsymbol{e}^{\mathrm{T}}[\Delta\boldsymbol{f} + \boldsymbol{d}(t)] &= e_1(\Delta f_1 + d_1(t)) + e_2(\Delta f_2 + d_2(t)) + e_3(\Delta f_3 + d_3(t)) \\ &\leqslant |e_1|(\theta_1 M_1 + \bar{D}_{21}) + |e_2|(\theta_2 M_2 + \bar{D}_{22}) + |e_3|(\theta_3 M_3 + \bar{D}_{23}) \\ &\leqslant |e_1|\theta_{21}(M_1 + 1) + |e_2|\theta_{22}(M_2 + 1) + |e_3|\theta_{23}(M_3 + 1) \\ &= |e_1|\theta_{21}N_1 + |e_2|\theta_{22}N_2 + |e_3|\theta_{23}N_3\end{aligned} \tag{6-200}$$

由式（6-199）和式（6-200）可得

$$\begin{aligned}\dot{V}_2 \leqslant &-\boldsymbol{e}^{\mathrm{T}}\boldsymbol{K}_2\boldsymbol{e} + \boldsymbol{e}^{\mathrm{T}}\boldsymbol{B}\tilde{\alpha} + \theta_{21}|e_1|N_1 + \theta_{22}|e_2|N_2 + \\ &\theta_{23}|e_3|N_3 + e_1\bar{v}_1 + e_2\bar{v}_2 + e_3\bar{v}_3 - \gamma_{21}^{-1}\tilde{\theta}_{21}\dot{\hat{\theta}}_{21} - \\ &\gamma_{22}^{-1}\tilde{\theta}_{22}\dot{\hat{\theta}}_{22} - \gamma_{23}^{-1}\tilde{\theta}_{23}\dot{\hat{\theta}}_{23} - \gamma_{24}^{-1}\tilde{\alpha}\dot{\beta}\end{aligned} \tag{6-201}$$

注意到，除了式（6-169）中的第一项和最后一项，式（6-169）和式（6-201）具有相同的形式。类似于式（6-171）、式（6-172）的处理方式，可得

$$\dot{V}_2 \leqslant -\boldsymbol{e}^{\mathrm{T}}\boldsymbol{K}_2\boldsymbol{e} + \sigma_2(t) \tag{6-202}$$

式中

$$\sigma_2(t) = \theta_{21}k\delta_{21}(t) + \theta_{22}k\delta_{22}(t) + \theta_{23}k\delta_{23}(t) \tag{6-203}$$

显然，$\sigma_2(t) > 0$ 且满足

$$\int_0^t \sigma_2(\tau)\mathrm{d}\tau \leqslant \theta_{21}k\bar{\delta}_{21} + \theta_{22}k\bar{\delta}_{22} + \theta_{23}k\bar{\delta}_{23} \tag{6-204}$$

这样一来，证明的其余部分与情形 I 相同，为简洁起见，此处省略。证毕。

情形Ⅲ：存在一个或两个干扰属于 $L_2(0,\infty)$，其他干扰不属于 $L_2[0,\infty]$。例如，$d_1(t) \in L_2[0,\infty]$，$d_2(t) \in L_2[0,\infty]$，$d_3(t) \notin L_2[0,\infty]$。在这种情形下，继续采用情形 I 和情形 II 中的部分数学符号，并提出如下自适应同步控制律：

$$\boldsymbol{u} = -\boldsymbol{A}\boldsymbol{e} - \boldsymbol{K}_3\boldsymbol{e} + \bar{\boldsymbol{w}} \tag{6-205}$$

$$\bar{\boldsymbol{w}} = [\bar{w}_1, \bar{w}_2, \bar{w}_3]^{\mathrm{T}} \tag{6-206}$$

$$\bar{w}_1 = -\hat{\theta}_{31}M_1\tanh\left(\frac{e_1M_1}{\delta_{31}(t)}\right) \tag{6-207}$$

$$\bar{w}_2 = -\hat{\theta}_{32}M_2\tanh\left(\frac{e_2M_2}{\delta_{32}(t)}\right) \tag{6-208}$$

$$\bar{w}_3 = -\hat{\theta}_{33}N_3\tanh\left(\frac{e_3N_3}{\delta_{33}(t)}\right) \tag{6-209}$$

式中，更新律为

$$\dot{\hat{\theta}}_{31} = \gamma_{31}e_1M_1\tanh\left(\frac{e_1M_1}{\delta_{31}(t)}\right) \tag{6-210}$$

$$\dot{\hat{\theta}}_{32}=\gamma_{32}e_2M_2\tanh\left(\frac{e_2M_2}{\delta_{32}(t)}\right) \tag{6-211}$$

$$\dot{\hat{\theta}}_{33}=\gamma_{33}e_3N_3\tanh\left(\frac{e_3N_3}{\delta_{33}(t)}\right) \tag{6-212}$$

$$\dot{\beta}=\gamma_{34}\boldsymbol{e}^{\mathrm{T}}\boldsymbol{B} \tag{6-213}$$

式中，$\boldsymbol{K}_3>0$ 是适维矩阵；M_1、M_2、N_3 的定义与之前相同；$\delta_{3i}(t)$ 具有与式（6-156）和式（6-193）相同的性质，$\bar{\delta}_{3i}>0$，$i=1,2,3$；$\gamma_{3i}>0$（$i=1,2,3,4$）是自适应增益。此时，可以得到以下统一混沌系统[见式（6-131）和式（6-132）]同步的定理。

定理 6-4　对于任意给定的初始条件 $(x_1(0),y_1(0),z_1(0))$ 和 $(x_2(0),y_2(0),z_2(0))$，在式（6-205）～式（6-209）表示的控制律和式（6-210）～式（6-213）表示的更新律的作用下，两个系统是渐近同步的。

证明：考虑 Lyapunov 函数

$$V_3=\frac{1}{2}(\boldsymbol{e}^{\mathrm{T}}\boldsymbol{e}+\gamma_{31}^{-1}\tilde{\theta}_{31}^2+\gamma_{32}^{-1}\tilde{\theta}_{32}^2+\gamma_{33}^{-1}\tilde{\theta}_{33}^2+\gamma_{34}^{-1}\tilde{\alpha}^2) \tag{6-214}$$

式中

$$\tilde{\theta}_{31}=\theta_{31}-\hat{\theta}_{31} \tag{6-215}$$

$$\tilde{\theta}_{32}=\theta_{32}-\hat{\theta}_{32} \tag{6-216}$$

$$\tilde{\theta}_{33}=\theta_{33}-\hat{\theta}_{33},\quad \theta_{33}=\theta_{23} \tag{6-217}$$

类似于式（6-196）和式（6-199），计算 V_3 的导数可得

$$\begin{aligned}\dot{V}_3&=\boldsymbol{e}^{\mathrm{T}}[\boldsymbol{A}\boldsymbol{e}+\boldsymbol{B}\tilde{\alpha}+\Delta\boldsymbol{f}+\boldsymbol{d}(t)+\boldsymbol{u}]-\\&\quad\gamma_{31}^{-1}\tilde{\theta}_{31}\dot{\hat{\theta}}_{31}-\gamma_{32}^{-1}\tilde{\theta}_{32}\dot{\hat{\theta}}_{32}-\gamma_{33}^{-1}\tilde{\theta}_{33}\dot{\hat{\theta}}_{33}-\gamma_{34}^{-1}\tilde{\alpha}\dot{\beta}\\&=-\boldsymbol{e}^{\mathrm{T}}\boldsymbol{K}_3\boldsymbol{e}+\boldsymbol{e}^{\mathrm{T}}\boldsymbol{B}\tilde{\alpha}+\boldsymbol{e}^{\mathrm{T}}\Delta\boldsymbol{f}+e_1d_1+e_2d_2+e_3d_3+e_1\bar{w}_1+\\&\quad e_2\bar{w}_2+e_3\bar{w}_3-\gamma_{31}^{-1}\tilde{\theta}_{31}\dot{\hat{\theta}}_{31}-\gamma_{32}^{-1}\tilde{\theta}_{32}\dot{\hat{\theta}}_{32}-\gamma_{33}^{-1}\tilde{\theta}_{33}\dot{\hat{\theta}}_{33}-\gamma_{34}^{-1}\tilde{\alpha}\dot{\beta}\end{aligned} \tag{6-218}$$

根据引理 6-6 和对 $d_1(t)$、$d_2(t)$、$d_3(t)$ 的假设有

$$e_1d_1\leqslant\frac{1}{2}p_1e_1^2+\frac{1}{2}p_1^{-1}d_1^2 \tag{6-219}$$

$$e_2d_2\leqslant\frac{1}{2}p_2e_2^2+\frac{1}{2}p_2^{-1}d_2^2 \tag{6-220}$$

$$e_3d_3\leqslant|e_3|\bar{D}_{23} \tag{6-221}$$

式中，p_1 和 p_2 是仅用于分析的正常数，它们可以选择适当小的数，使得

$$\bar{\boldsymbol{K}}_3=\boldsymbol{K}_3-\begin{bmatrix}\frac{1}{2}p_1 & & \\ & \frac{1}{2}p_2 & \\ & & 0\end{bmatrix}>0 \tag{6-222}$$

由式（6-167）和式（6-119）～式（6-221）可得

$$\begin{aligned}\dot{V}_3 \leqslant & -\boldsymbol{e}^{\mathrm{T}}\boldsymbol{K}_3\boldsymbol{e}+\boldsymbol{e}^{\mathrm{T}}\boldsymbol{B}\tilde{\alpha}+\theta_1|e_1|M_1+\theta_2|e_2|M_2+\\ & \theta_3|e_3|M_3+\frac{1}{2}p_1e_1^2+\frac{1}{2}p^{-1}{}_1d_1^2+\frac{1}{2}p_2e_2^2+\\ & \frac{1}{2}p_2^{-1}d_2^2+|e_3|\bar{D}_{23}+e_1\bar{w}_1+e_2\bar{w}_2+e_3\bar{w}_3-\\ & \gamma_{31}^{-1}\tilde{\theta}_{31}\dot{\hat{\theta}}_{31}-\gamma_{32}^{-1}\tilde{\theta}_{32}\dot{\hat{\theta}}_{32}-\gamma_{33}^{-1}\tilde{\theta}_{33}\dot{\hat{\theta}}_{33}-\gamma_{34}^{-1}\tilde{\alpha}\dot{\beta}\\ \leqslant & -\boldsymbol{e}^{\mathrm{T}}\boldsymbol{K}_3\boldsymbol{e}+\boldsymbol{e}^{\mathrm{T}}\boldsymbol{B}\tilde{\alpha}+\theta_1|e_1|M_1+\theta_2|e_2|M_2+\\ & \theta_{33}|e_3|N_3+e_1\bar{w}_1+e_2\bar{w}_2+e_3\bar{w}_3-\gamma_{31}^{-1}\tilde{\theta}_{31}\dot{\hat{\theta}}_{31}-\\ & \gamma_{32}^{-1}\tilde{\theta}_{32}\dot{\hat{\theta}}_{32}-\gamma_{33}^{-1}\tilde{\theta}_{33}\dot{\hat{\theta}}_{33}-\gamma_{34}^{-1}\tilde{\alpha}\dot{\beta}+\\ & \frac{1}{2}p_1^{-1}d_1^2+\frac{1}{2}p_2^{-1}d_2^2\end{aligned} \tag{6-223}$$

将式（6-207）～式（6-213）代入式（6-223）并采用与情形 I 和情形 II 相同的处理方式，可得

$$\dot{V}_3 \leqslant -\boldsymbol{e}^{\mathrm{T}}\bar{\boldsymbol{K}}_3\boldsymbol{e}+\sigma_3(t) \tag{6-224}$$

式中

$$\begin{aligned}\sigma_3(t)= & \theta_{31}k\delta_{31}(t)+\theta_{32}k\delta_{32}(t)+\theta_{33}k\delta_{33}(t)+\\ & \frac{1}{2}p_1^{-1}d_1^2+\frac{1}{2}p_2^{-1}d_2^2\end{aligned} \tag{6-225}$$

且满足 $\sigma_3(t)>0$ 及

$$\int_0^t\sigma_3(\tau)\mathrm{d}\tau \leqslant \theta_{31}k\bar{\delta}_{31}+\theta_{32}k\bar{\delta}_{32}+\theta_{33}k\bar{\delta}_{33}+\frac{1}{2}p_1^{-1}\bar{D}_{11}+\frac{1}{2}p_2^{-1}\bar{D}_{12} \tag{6-226}$$

剩余部分的证明与情形 I 和情形 II 相同，此处省略。证毕。

注 6-13　针对不同类型的外部扰动，本节设计了 3 种鲁棒自适应同步控制律。其中，情形 II 中的控制律更通用，因为它可以应用于其他两种情形。在情形III中，用一个例子，说明了我们的设计思想，并且该设计思想可以扩展到其他情形。

6.6.3　仿真验证

本节给出数值仿真结果以验证所提的同步控制方法的有效性。假设系统的不确定性为

$$\Delta f_i(t,x_2,y_2,z_2)=0.2\sin(t)\sqrt{x_2^2+y_2^2+z_2^2}，\ i=1,2,3$$

显然，$|\Delta f_i| \leqslant 0.2\sqrt{x_2^2+y_2^2+z_2^2}$，$i=1,2,3$。如果选择

$$\theta_i=0.2，\ M_i=\sqrt{x_2^2+y_2^2+z_2^2}，\ i=1,2,3$$

则可以满足假设 6-5。对于外部扰动 $d_i(t)$，$i=1,2,3$，考虑以下 3 种情形。

情形 I： $d_i(t)=0.5\mathrm{e}^{-t}\sin(\mathrm{t})$，$i=1,2,3$。显然，$d_i(t)$ 是有界的且满足

$$d_i^2=0.25\mathrm{e}^{-2t}\sin^2(t) \leqslant 0.25\mathrm{e}^{-2t}$$

表明 $d_i(t)\in L_2[0,\infty]$，$i=1,2,3$。因此可以使用式（6-151）～式（6-160）。在仿真中，选择 $\alpha=0$，此时所研究的系统是 Lorenz 混沌系统。驱动系统和响应系统的初始条件分别设为 $x_1(0)=1$，

$y_1(0)=2$，$z_1(0)=3$，$x_2(0)=-1$，$y_2(0)=-2$，$z_2(0)=-3$。设计参数选择 $\boldsymbol{K}_1=\mathrm{diag}(0.1,0.1,0.1)$，$\delta_{11}(t)=10\mathrm{e}^{-0.001t}$，$\delta_{12}(t)=10\mathrm{e}^{-0.001t}$，$\delta_{13}(t)=10\mathrm{e}^{-0.001t}$，$\gamma_{11}=0.2$，$\gamma_{12}=0.1$，$\gamma_{13}=0.2$，$\gamma_{14}=0.1$。自适应参数的初始值为 $\hat{\theta}_{11}(0)=1$，$\hat{\theta}_{12}(0)=-1$，$\hat{\theta}_{13}(0)=2$，$\beta(0)=-2$。仿真结果如图 6-22～图 6-25 所示。特别地，图 6-23 表明尽管系统中存在参数变化、不确定性和外界干扰，但本节提出的控制方案仍可以实现系统的渐近同步。

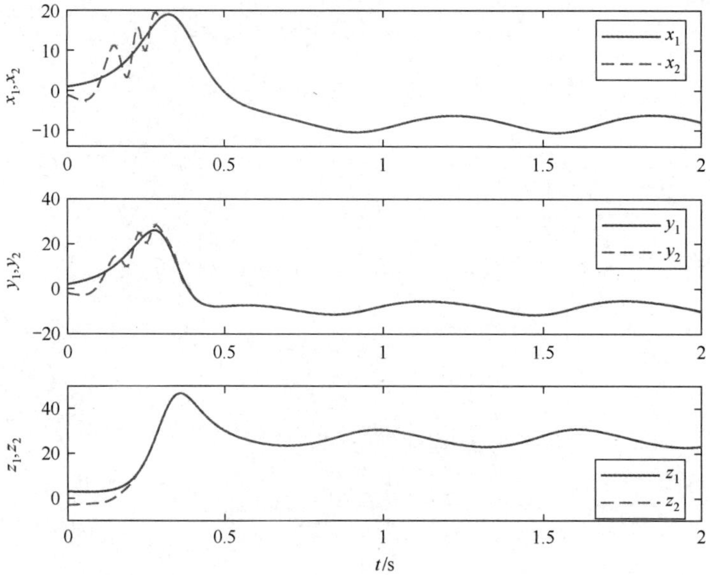

图 6-22　情形 I：驱动系统和响应系统的状态

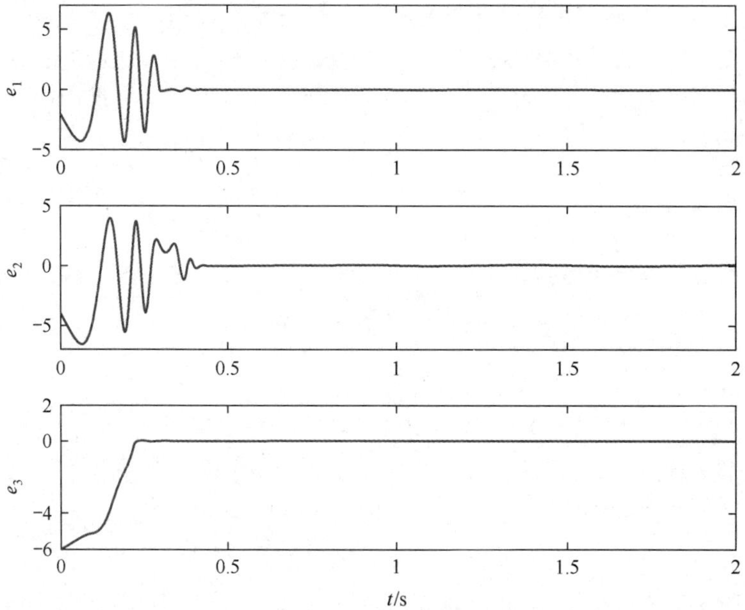

图 6-23　情形 I：同步误差

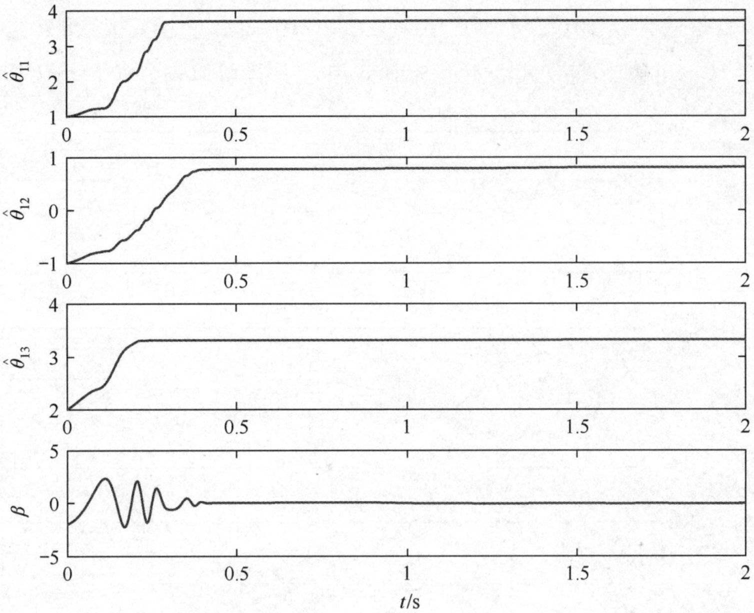

图 6-24　情形Ⅰ：自适应参数

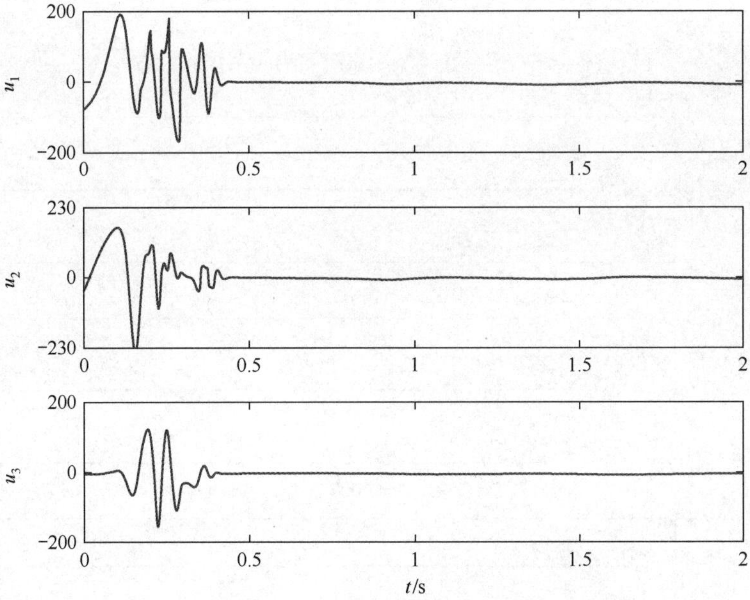

图 6-25　情形Ⅰ：控制输入

情形Ⅱ：$d_i(t)=0.2+0.2\sin(t)$，$i=1,2,3$。由此可知，$d_i(t)\notin L_2[0,\infty]$，$i=1,2,3$。根据定理 6-3，可以使用式（6-184）～式（6-192）表示的同步控制律进行仿真。在这种情形下，选择初始值 $x_1(0)=1$，$y_1(0)=2$，$z_1(0)=1$，$x_2(0)=-1$，$y_2(0)=5$，$z_2(0)=-1$；选择参数 $\alpha=1$，这对应于 Chen 混沌系统。在仿真中，选择矩阵 $\boldsymbol{K}_2=\mathrm{diag}(1,1,1)$；时变函数选择 $\delta_{21}(t)=\mathrm{e}^{-0.01t}$，$\delta_{22}(t)=\mathrm{e}^{-0.01t}$，$\delta_{23}(t)=10\mathrm{e}^{-0.01t}$；自适应增益为 $\gamma_{21}=0.1$，$\gamma_{22}=0.1$，$\gamma_{23}=0.1$，$\gamma_{24}=0.5$；自

适应参数的初始值选为$\hat{\theta}_{21}(0)=-1$，$\hat{\theta}_{22}(0)=0$，$\hat{\theta}_{23}(0)=1$，$\beta(0)=0$。仿真结果如图 6-26～图 6-29 所示，从中可以看到令人满意的控制效果，并且可以得到与情形 I 相同的结论。

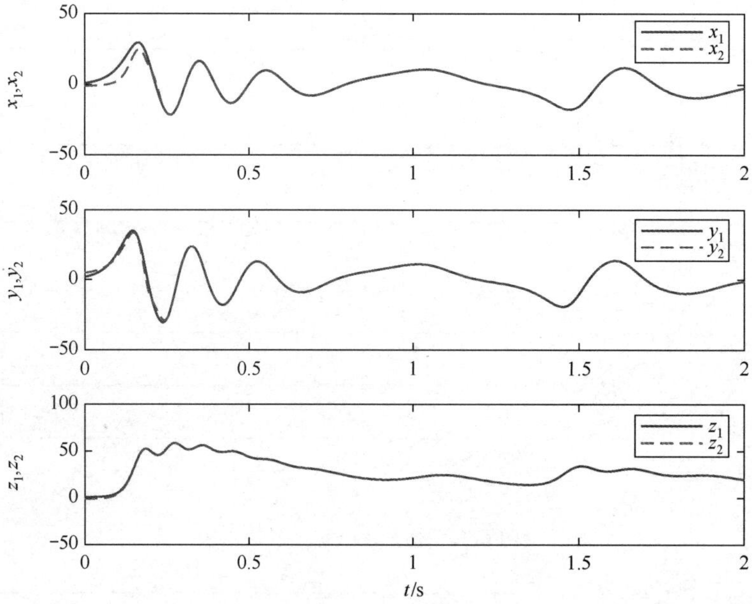

图 6-26　情形Ⅱ：驱动系统和响应系统的状态

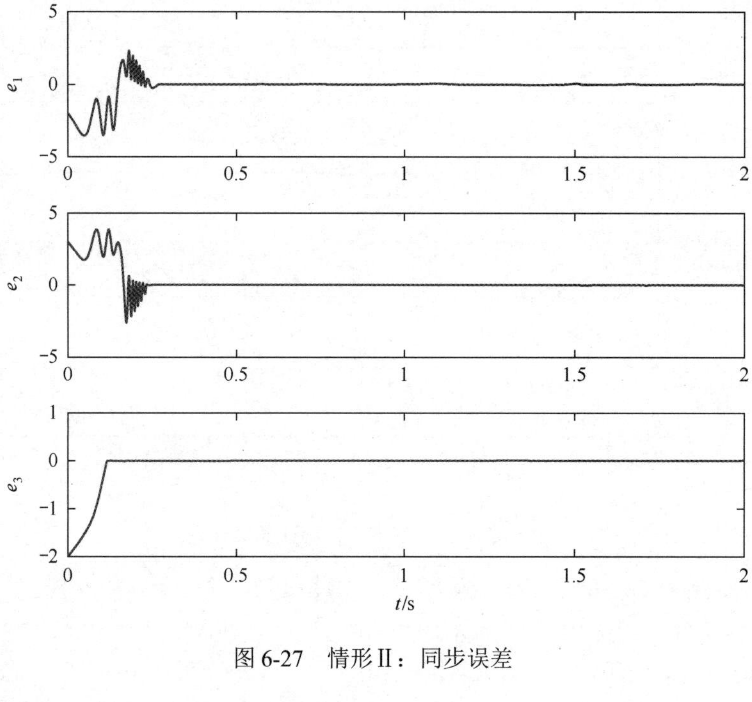

图 6-27　情形Ⅱ：同步误差

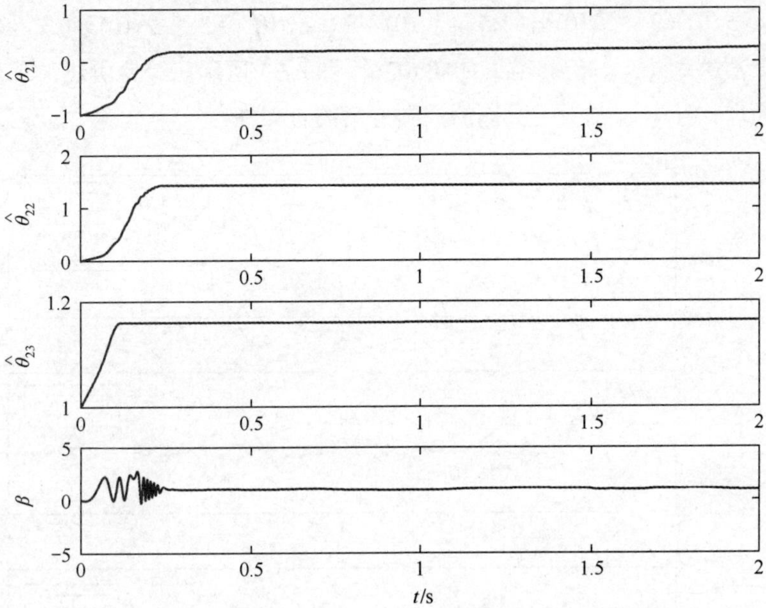

图 6-28 情形Ⅱ：自适应参数

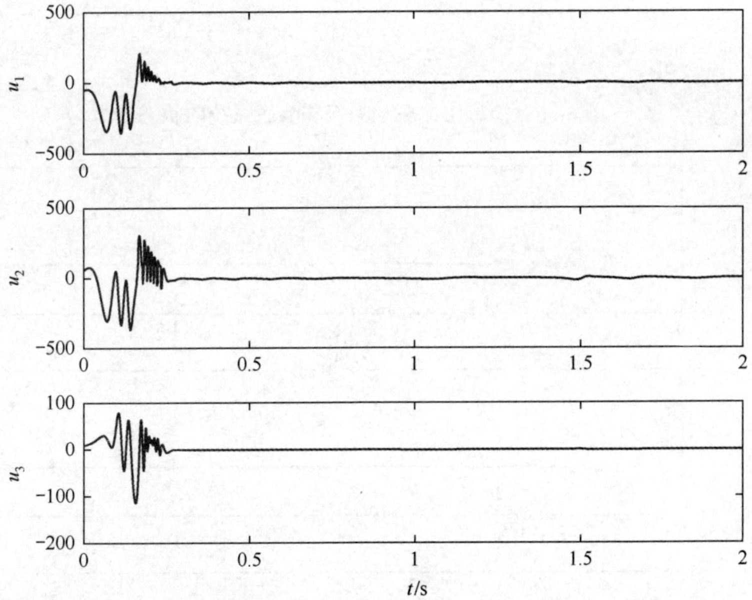

图 6-29 情形Ⅱ：控制输入

情形Ⅲ：$d_1(t)=d_2(t)=0.5\mathrm{e}^{-t}\sin(t)$，$d_3(t)=0.2+0.2\sin(t)$。选择 $\alpha=0.8$，此时考虑的是 Lü 系统。由于 $d_1(t)\in L_2[0,\infty]$，$d_2(t)\in L_2[0,\infty]$，$d_3(t)\notin L_2[0,\infty]$，因此，根据式（6-205）～式（6-213）中定义的控制律进行仿真。仿真参数选择 $\boldsymbol{K}_3=\mathrm{diag}(0.1,0.1,0.1)$，$\delta_{31}(t)=20\mathrm{e}^{-0.01t}$，$\delta_{32}(t)=20\mathrm{e}^{-0.01t}$，$\delta_{33}(t)=20\mathrm{e}^{-0.01t}$，$\gamma_{31}=0.1$，$\gamma_{32}=0.1$，$\gamma_{33}=0.1$，$\gamma_{34}=0.01$，$x_1(0)=0.5$，

$y_1(0)=-1.5$，$z_1(0)=3$，$x_2(0)=-1.5$，$y_2(0)=3$，$z_2(0)=-3$，$\hat{\theta}_{31}(0)=0.1$，$\theta_{32}(0)=-0.2$，$\hat{\theta}_{33}(0)=0.3$，$\beta(0)=-0.4$。仿真结果如图 6-30～图 6-33 所示。综上所述，所有的仿真结果验证了我们的理论结果，表明了所提的控制方案的有效性。

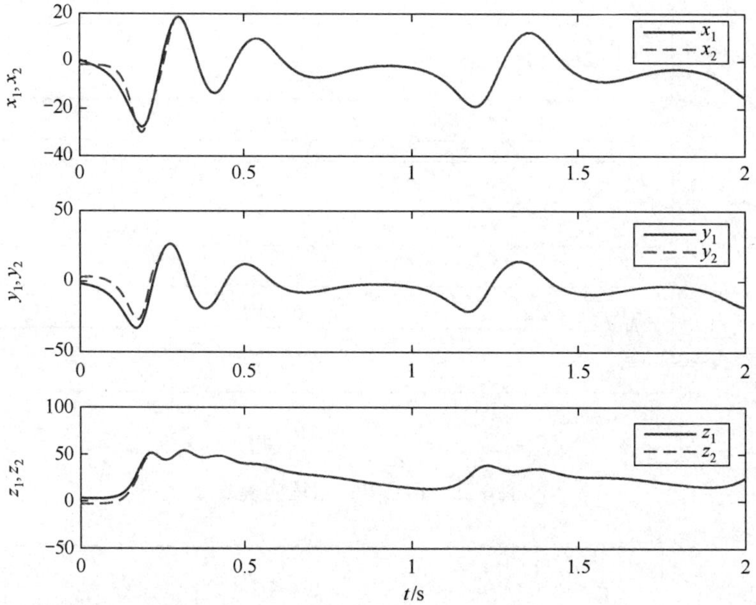

图 6-30　情形III：驱动系统和响应系统的状态

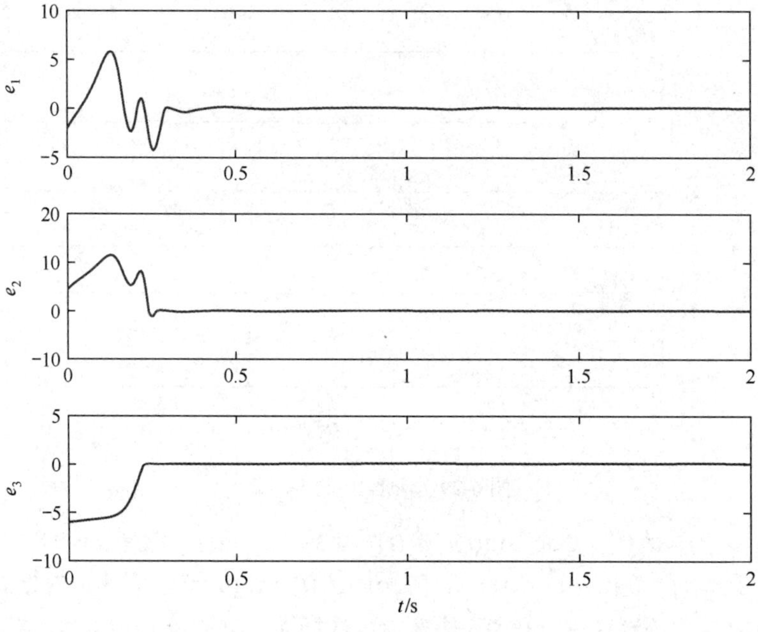

图 6-31　情形III：同步误差

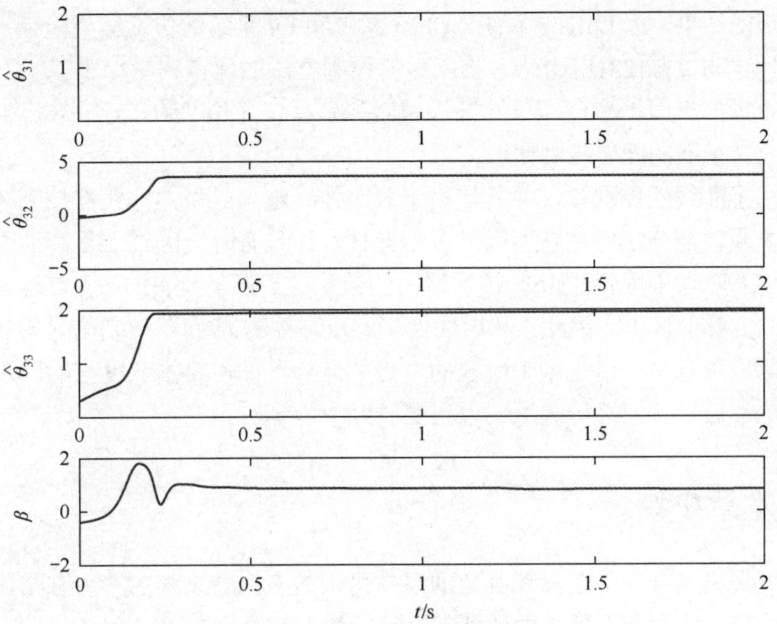

图 6-32　情形Ⅲ：自适应参数

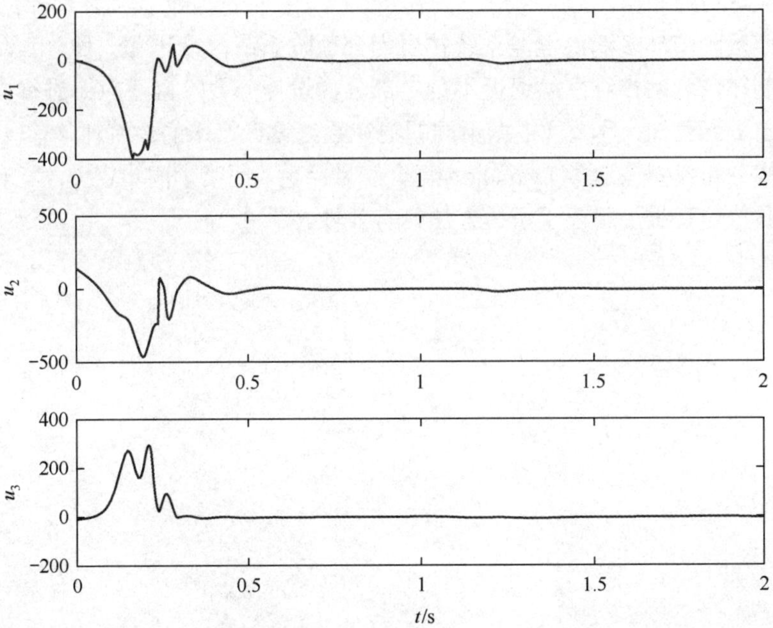

图 6-33　情形Ⅲ：控制输入

6.6.4　结论

针对具有不确定非线性的统一混沌系统，本节提出了一种鲁棒自适应同步控制方法。根据外部扰动的类型，构造了 3 种自适应同步控制律，得到了驱动混沌系统与响应混沌系统的渐近同步的结果。由 Lorenz 系统、Chen 系统和 Lü 系统的仿真结果验证了该同步控制方法的优越性。与文献[23]相比，本节所提的控制方法的优点列举如下：①对不确定非线性函数进行了进一步的扩展；②对外部扰动的类型进行了充分细化；③结合 tanh(·) 函数及正可积函数设计了新的同步控制律。

本节采用了非线性控制律，并且使用了多个控制输入。虽然非线性控制律可以抵消误差系统中的非线性部分，但是它不但具有特异性，而且有时会因过于复杂而无法在实际中应用。另外，在驱动–响应配置下，控制输入的数量等于误差状态的数量，这不可避免地增加了实现控制方法的成本。因此，利用线性状态反馈控制或/和单控制信号来研究混沌同步问题具有实际应用意义，这是未来研究的重点。此外，如何将本节提出的同步控制思想应用于安全通信和信息处理等特定领域也正在研究中。

6.7 本章小结

本章首先提出了一种基于滞环函数的参数可调的多涡卷系统的产生方法，针对系统具有参数未知时变、非参数不确定性和外部扰动的情况，结合 Lyapunov-Krasovskii 稳定性理论、自适应学习控制和神经网络方法，提出了一种使驱动系统和响应系统的跟踪误差渐近同步的自适应学习控制律。

然后将整数阶滞环多涡卷混沌系统扩展为分数阶系统，设计了一种分数阶自适应重复学习同步控制律，利用神经网络逼近不确定部分，设计分数阶自适应律进行参数估计，无须系统不确定上界已知，且无须根据不同的混沌系统设计特殊的控制律，有较强的通用性。通过引入频率分布模型构造类 Lyapunov 复合能量函数，证明了同步误差学习的收敛性，并在最后通过数值仿真结果验证了所提方法的有效性。

第 7 章　回顾与展望

7.1　研究成果回顾

混沌系统的特性决定了其控制方法必然完全不同于常规控制，其特有的对初始值的极端敏感性，使得带有不确定性和外部扰动的混沌系统同步控制更是近年来的研究热点与难点，特别是分数阶混沌系统的研究，并没有形成完整的理论体系。本书深入研究了国内外混沌系统同步控制的发展现状及难点和不足，并以此为出发点，深入研究了多翼超混沌系统的同步控制方法，并探索了几种同步控制方法在分数阶混沌系统中的应用。本书的主要工作体现在以下几方面。

（1）针对非匹配不确定交叉严反馈多翼超混沌系统的同步控制这一问题，在系统具有不确定性时，提出了一种自适应反演同步控制律设计方法，并针对反演方法中复杂性激增的缺点，首次将动态面同步控制引入多翼超混沌系统，避免了对一些非线性项的重复求导；针对系统中参数不确定的情况，引入了自适应律，对参数进行估计。通过数值仿真结果验证了所提方法的有效性。

（2）针对一类带有不确定性和外部扰动的多翼超混沌系统同步控制问题，系统分为名义部分和不确定部分，充分利用已知条件，定义了一种 PI 型滑模面，设计自适应律以动态调整对系统的不确定上界和外部扰动上界的估计值，首次在多翼超混沌系统中应用非增长型自适应律，有效避免了随着时间的增长控制输入无界的问题，实现了驱动系统和响应系统的同步。通过理论分析和数值仿真结果验证了该方法的有效性。

（3）针对一类存在参数摄动、未知函数及外部扰动等不确定因素的分数阶混沌系统的同步控制问题，首次设计了一类新型分数阶 PI 型滑模面，并首次将分数阶滑模面用频率分布模型表示，设计了一类非增长型自适应鲁棒同步控制律；选择频率分布 Lyapunov 函数证明了该控制律能够控制系统误差状态收敛到滑模面 $s=0$ 上，形成了分数阶运算和整数阶同步控制方法有机结合的新方法。数值仿真结果验证了该方法能有效地使同步误差和参数估计误差收敛于零。

（4）针对不确定项和外部扰动无上界的多翼超混沌系统，考虑了系统是否只有输出可测的情况，分别设计了神经网络滑模自适应同步控制方法和神经网络观测器同步控制方法。前者通过神经网络估计系统的不确定性，运用滑模和自适应控制处理系统的不确定性与神经网络的逼近误差；后者解决了系统只有输出可测的问题。通过数值仿真结果验证了提出的控制方法的有效性。

（5）提出了一种新的分数阶混沌系统的神经网络同步控制方法。在系统具有不确定性和外部扰动的情况下，不需要知道不确定项和外部扰动项的上界；设计了一类新型的分数阶 PI 型滑模面，自适应律采用非增长型，首次在 RBF NN 分数阶混沌系统同步控制中引入等价频率分布模型以构造 Lyapunov 函数，证明了误差系统的稳定性。通过数值仿真结果验证了提出的控制方法的有效性。

（6）研究了存在控制方向未知的分数阶混沌系统的同步问题。首先，通过构造一类稳定的非线性分数阶滑模面，将 Nussbaum 控制增益控制方法引入分数阶混沌系统同步控制中，提出了一种非线性滑模控制复合 Nussbaum 增益控制的同步控制方法，解决了控制方向未知时增益受限的分数阶混沌系统的同步问题；然后，同样考虑控制方向未知的情况，针对输入饱和的不确定混沌系统设计了同步控制律，利用 Nussbaum 函数不仅处理了控制方向未知的问题，还处理了由输入饱和引起的非线性问题，实现了不确定混沌系统的同步；最后，通过数值仿真结果验证了所设计方法的有效性和可行性。

（7）设计了一种基于滞环函数构造的多涡卷系统，通过调节设计参数，就能产生不同个数的涡卷。与前面多涡卷系统的产生方法相比，其不需要考虑系统方程中是否存在平方项或交叉乘积项，也不需要考虑系统指标 2 鞍焦点。又考虑了所设计系统具有参数未知时变、不确定性和外部扰动的情况，基于 Lyapunov 稳定性理论，结合神经网络方法，首次在多涡卷系统中应用自适应重复学习控制方法，提出了自适应学习控制律。数值仿真结果验证了所提方法的有效性。将整数阶滞环多涡卷混沌系统扩展为分数阶系统，首次设计了一种分数阶自适应重复学习同步控制律，利用神经网络逼近不确定部分，设计分数阶自适应律进行参数估计，无须系统不确定上界已知，且无须根据不同的混沌系统设计特殊的控制律，有较强的通用性。通过引入频率分布模型来构造类 Lyapunov 复合能量函数，证明了同步误差学习的收敛性。通过数值仿真结果验证了所提方法的有效性。

7.2　研究方向展望

对于整数阶混沌系统同步控制方法的研究已经较为全面，但是针对特殊情况下的研究还不够细致；对分数阶混沌系统的研究才刚刚开始，著者以理论和实际工程应用为出发点，接下来准备做的工作如下。

（1）考虑在具有预设性能情况下的混沌系统的同步控制。著者准备沿着分数阶的思路继续探索。

（2）对于分数阶混沌系统在保密通信中的应用，不仅要考虑系统的不确定性、外部扰动等问题，还要考虑实际会遇到的增益受限、输入饱和、有限时间条件等问题。

（3）将分数阶系统和实际电路相结合，并将分数阶系统分析应用于电路公式的推导，更为全面地表达系统动态，为硬件实现铺平道路。

参考文献

[1] SUYKENS J A K, VANDEWALLE J. Quasilinear approach to nonlinear systems and the design of n-double scroll(n=1;2;3;4;……) [J].G, IEE Proc., 1991, 138(5): 595-603.

[2] SUYKENS J A K, VANDEWALLE J. Generation of n-double scrolls(n=1, 2, 3, 4, ……) [J].IEEE Trans. Circuits Syst., 1993, 40(11): 861-867.

[3] YALCIN M E, SUYKENS J A K, VANDEWALLE J. Experimental confirmation of 3-and 5- scroll attractors from a generalized Chua's circuit[J]. IEEE Trans.Circuits Syst., 2000, 47(3): 425-429.

[4] YALCIN M E, SUYKENS J A K, VANDEWALLE J. Families of scroll grid attractors[J]. Int.J.Bifurc.Chaos, 2002, 12(1): 23-41.

[5] YALCIN M E, SUYKENS J A K, VANDEWALLE J. Hyperchaotic n-scroll attractors[C]//Proceedings of the IEEE Workshop on Nonlinear Dynamics of Electronic system, Catania, Italy, 2000: 25-28.

[6] YALCIN M E, SUYKENS J A K, VANDEWALLE J. Cellular neural networks, multi-scroll chaos and synchronization[M]. Singapore: World Scientific, 2005.

[7] TANG K S, ZHONG G Q, CHEN G R, et al. Generation of n-scroll attractors via sine function[J]. IEEE Trans. Circuits Syst., 2001, 48(11): 1369-1372.

[8] ZHONG G Q, MAN K F, CHEN G R. A systematic approach to generating n-scroll[J]. Int.J.Bifurc.Chaos, 2002, 12(12): 2907-2915.

[9] LU J H, ZHOU T, CHEN G R, et al. Generating chaos with a switching piecewise-linear controller[J]. Chaos, 2002, 12(2): 344-349.

[10] LU J H, YU X, CHEN G R. Generating chaotic attractors with multiple merged basins of attraction: A switching piecewise-linear control approach[J]. IEEE Trans.Circuits Syst., 2003, 50(2): 198-207.

[11] HAN F, LU J H, YU X, et al. Generating multi-Scroll chaotic attractors via a linear second-order hysteresis system[J]. Dyn. Continuous, Discrete Impulsive Syst. Ser. B: Appl.Algorithms, 2005, 12(1): 95-110.

[12] LU J H, HAN F, YU X, et al. Generating 3-D multi-scroll chaotic attractors: A hysteresis series switching method[J]. Automatica, 2004, 40(10): 1667-1387.

[13] LU J H, CHEN G R, YU X, et al. Design and analysis of multi-scroll chaotic attractors from saturated function series[J]. IEEE Trans. Circuits Syst., 2004, 51(12): 2467-2490.

[14] CAFAGNA D, GRASSI G. Hyperchaotic coupled Chua circuits: An approach for generating new n*m-scroll attractors[J]. Int.J.Bifurc.Chaos, 2003, 13(9): 2537-2550.

[15] CAFAGNA D, GRASSI G. New 3D-scroll attractors in hyperchaotic Chua's circuit forming a ring[J]. Int.J.Bifurc.Chaos, 2003, 13(10): 2889-2903.

[16] LU J H, CHEN G R. Generating multi-scroll chaotic attractors: Theories, methods and applications[J]. Int.J.Bifurc.Chaos, 2006, 16(4): 775-858.

[17] 禹思敏，丘水生，林清华. 多涡卷混沌吸引子研究的新结果[J]. 中国科学（E 辑），2003, 33(4): 365-374.

[18] YU S M, QIU S S, LIN Q H. New results of study on generating multiple-scroll chaotic attractors[J]. Science in China (Series F), 2003, 46(2): 114-115.

[19] 禹思敏，林清华，丘水生. 四维系统中多涡卷混沌与超混沌吸引子的仿真研究[J]. 物理学报，2003, 52(1): 25-33.

[20] YU S M, MA Z G, QIU S S, et al. Generating and synchronization of n-scroll chaotic and hyperchaotic attractors in fourth-order systems[J]. Chinses Physics, 2004, 13(3): 317-328.

[21] 禹思敏，丘水生. N-涡卷超混沌吸引子产生与同步的研究[J]. 电子学报，2004, 32(5): 814-818.

[22] 禹思敏，林清华，丘水生. 一类多折叠环面混沌吸引子[J]. 物理学报，2004, 53(7): 2084-2088.

[23] 禹思敏. 一种新型混沌产生器[J]. 物理学报，2004, 53(12): 4111-4119.

[24] 禹思敏. 用三角波序列产生三维多涡卷混沌吸引子的电路实验[J]. 物理学报，2004, 54(4): 1500-1509.

[25] 李亚，禹思敏，戴青云，等. 一种新的蔡氏电路设计方法与硬件实现[J]. 物理学报，2006, 55(8): 3938-3944.

[26] 刘明华，禹思敏. 多涡卷高阶广义 Jerk 电路[J]. 物理学报，2006, 55(11): 5707-5713.

[27] YU S M, TANG K S, CHEN G R. Form n-scroll to n*m-scroll attractors:a general structure based on Chua's circuit framework[J]. IEEE International Symposium on Circuits and Systems, 2007, 697-700.

[28] ZHANG C X, YU S M. Design and implementation of a novel multi-scroll chaotic system[J]. Chinese Physics B, 2009, 18(1): 119-129.

[29] YU S M, LU J H, LEUNG H, et al. Design and implementation of n-scroll chaotic attractors[J]. IEEE Trans. Circuits Syst., 2005, 52(7): 1459-1476.

[30] LU J H, YU S M, LEUNG H, et al. Experimental verification of multidirectional multi-scroll chaotic attractors[J]. IEEE Trans. Circuits Syst., 2006, 53(2): 149-165.

[31] YU S M, LU J H, LEUNG H, et al. Theoretical design and circuit impletation of multidirectional multi-torus chaotic attractors[J]. IEEE Trans.Circuits Syst., 2007, 54(9): 2087-2098.

[32] YU S M, LU J H, CHEN G R. Multi-folded torus chaotic attractors: Design and implementation[J]. Chaos, 2007, 17(1): 013118(1-12).

[33] YU S M, LU J H, LEUNG H, et al. A family of n-scroll hyperchaotic attractors and their realizations[J], Physics Letters A, 2007, 364(3): 244-251.

[34] YU S M, TANG K S. Generation of n×m-scroll attractors in a two-part RCL network with hysteresis circuits[J]. Chaos, Solitons & Fractals, 2009, 39: 821-830.

[35] YU S M, LU J H, CHEN G R. A module-based and unified approach to chaotic circuit design and its applications[J]. Int.J.Bifurc.Chaos, 2007, 17(5): 1785-1800.

[36] YU S M, TANG K S, CHEN G R. Generation of n×m-scroll attractors under a Chua-circuit framework[J]. Int.J.Bifurc.Chaos, 2007, 17(11): 3951-3964.

[37] ZHANG C X, TANG K S, YU S M. A new chaotic system based on multiple-angle sinusoidal function: design and implementation[J]. Int.J.Bifurc.Chaos, 2009, 19(6): 2073-2084.

[38] LU J H, YU S M, LEUNG H. Design of 3-D multi-scroll chaotic attractors via basic circuits[J]. Dynamics of Continuous Discrete and Impulsive Systems-Series B-Applications & Algorithms, 2005: 324-328.

[39] YU S M, TANG K S, LU J H, et al. Multi-wing butterfly attractors from the modified Lorenz systems[J]. IEEE Int, Symp. Circuit Syst., 2008: 768-771.

[40] YU S M, TANG K S, LU J H, et al. Generation of n*m-wing Lorenz-like attractors form a modified shimizu-morioka model[J]. IEEE Trans. Circuits Syst., 2008, 55(11): 1168-1172.

[41] YU S M, TANG K S, LU J H, et al. Generating 2n-wing attractors from Lorenz-like system[J]. Int.J.Circuit Theory and Applications, 2008, Published online in Wiley InterScience (www.interscience.wiley.com). DOI: 10.1002/cta.558.

[42] YU S M, TANG K S, LU J H, et al. Design and implementation of multi-wing butterfly chaotic attractors via Lorenz-type systems[J]. Int.J.Bifurc.Chaos, 2010, 20(1): 29-41.

[43] ZHANG C X, YU S M, LU J H, et al. Generating multi-wing butterfly attractors from the piecewise-linear Chen system[C]. The 9th International Conference for Young Computer Scientists, 2008: 2840-2845.

[44] ZHANG C X. YU S M, ZHANG Y. Design and realization of multi-wing chaotic attractors via switching control[J]. Int. J Modern Physics B, 2011, 25(16): 2183-2194.

[45] YU S, TANG W K S. Tetrapterous butterfly attractors in modified Lorenz systems[J]. Chaos, Solitons & Fractals, 2009, 41(4): 1740-1749.

[46] 杨林保，杨涛. 非自治混沌系统的脉冲同步[J]. 物理学报，2000, 49(01): 33-37.

[47] CHEN S, LU J. Synchronization of an uncertain unified chaotic system via adaptive control [J]. Chaos, Solitons & Fractals, 2002, 14(4): 643-647.

[48] YASSEN M T. Adaptive control and synchronization of a modified Chua's circuit system [J]. Applied Mathematics and Computation, 2003, 135(1): 113-128.

[49] YU Y, ZHANG S. Adaptive backstepping synchronization of uncertain chaotic system [J]. Chaos, Solitons & Fractals, 2004, 21(3): 643-649.

[50] ZOU Y L, ZHU J, CHEN G R. Chaotic coupling synchronization of hyperchaotic oscillators [J]. Chinese Physics, 2005, 14(4): 697.

[51] ZOU Y L, ZHU J, CHEN G, et al. Synchronization of hyperchaotic oscillators via single unidirectional chaotic-coupling[J]. Chaos, Solitons & Fractals, 2005, 25(5): 1245-1253.

[52] LIU F, REN Y, SHAN X, et al. A linear feedback synchronization theorem for a class of chaotic systems [J]. Chaos, Solitons & Fractals, 2002, 13(4): 723-730.

[53] ZHAO J, LU J A. Using sampled-data feedback control and linear feedback synchronization in a new hyperchaotic system [J]. Chaos, Solitons & Fractals, 2008, 35(2): 376-382.

[54] ALI M K, FANG J Q. Synchronization of chaos and hyperchaos using linear and nonlinear feedback functions [J]. Physical Review E, 1997, 55(5): 5285.

[55] YAU H T. Design of adaptive sliding mode controller for chaos synchronization with uncertainties [J]. Chaos, Solitons & Fractals, 2004, 22(2): 341-347.

[56] TAVAZOEI M S, HAERI M. Synchronization of chaotic fractional-order systems via active sliding mode controller [J]. Physica A:Statistical Mechanics and its Applications, 2008, 387(1): 57-70.

[57] YAN J J, YANG Y S, CHIANG T Y, et al. Robust synchronization of unified chaotic systems via sliding mode control [J]. Chaos, Solitons & Fractals, 2007, 34(3): 947-954.

[58] KIM J H, HYUN C H, KIM E, et al. Adaptive synchronization of uncertain chaotic systems based on T-S fuzzy model [J]. Fuzzy Systems, IEEE Transactions on, 2007, 15(3): 359-369.

[59] AHADLOU M, ADELI H, ADELI A. Fuzzy synchronization likelihood-wavelet methodology for diagnosis

of autism spectrum disorder [J]. Journal of neuroscience methods, 2012, 211(2): 203-209.
[60] LI S Y, GE Z M. Fuzzy modeling and synchronization of two totally different chaotic systems via novel fuzzy model [J]. Systems, Man, and Cybernetics, Part B: Cybernetics, IEEE Transactions on, 2011, 41(4): 1015-1026.
[61] 罗晓曙，方锦清，王力虎，等. 用离散混沌信号驱动实现混沌同步[J]. 物理学报，1999, 48(11): 2022-2029.
[62] 刘鑫蕊，张化光，耿加民. 永磁同步电机混沌系统鲁棒非脆弱模糊 H∞控制[J]. 电机与控制学报，2008, 12(2): 218-222.
[63] 涂俐兰，柯超，丁咏梅. 随机扰动下一般混沌系统的 H_∞同步[J]. 物理学报，2011, 60(5): 584-591.
[64] 孟昭军，孙昌志，安跃军. 基于时间延迟状态反馈精确线性化的 PMSM 混沌反控制[J]. 电工技术学报，2007, 22(3): 27-31.
[65] WEN G, XU D. Nonlinear observer control for full-state projective synchronization in chaotic continuous-time systems [J]. Chaos, Solitons & Fractals, 2005, 26(1): 71-77.
[66] JIANG G P, TANG W K S, CHEN G. A state-observer-based approach for synchronization in complex dynamical networks [J]. Circuits and Systems I: Regular Papers, IEEE Transactions on, 2006, 53(12): 2739-2745.
[67] 蔡国梁，周维怀，郑松，等. 广义 Hénon 超混沌系统的同步及在保密通信中的应用[J]. 江苏大学学报（自然科学版），2008, 29(5): 4.
[68] GE S S, WANG C, LEE T H. Adaptive backstepping control of a class of chaotic systems[J]. International Journal of Bifurcation and Chaos, 2000, 10(05): 1149-1156.
[69] PARK J H. Synchronization of genesio chaotic system via backstepping approach [J]. Chaos,Solitons & Fractals, 2006, 27(5): 1369-1375.
[70] KOCARE L, HALLE K S, ECKERT K, et al. Experimental demonstration of secure communications via chaotic synchronization[J]. International Journal of Bifurcation and Chaos in Applied Sciences and Engineering, 1992, 2(3): 709-713.
[71] HUANG J. Adaptive synchronization between different hyperchaotic systems with fully uncertain parameters[J]. Physics Letter A, 2008, 372(27-28): 4799-4804.
[72] ZHU C X. Adaptive synchronization of two novel different hyperchaotic systems with partly uncertain parameters[J]. Applied Mathematics and Computation, 2009, 215(2): 557-561.
[73] YASSEN M. Adaptive control and synchronization of a modified Chua's circuit system [J]. Applied Mathematics and Computation, 2003, 135(1): 113-128.
[74] PARK J H. Adaptive synchronization of hyperchaotic Chen system with uncertain parameters [J]. Chaos, Solitons & Fractals, 2005, 26(3): 959-964.
[75] ZHANG H G, XIE Y H, WANG Z L, et al. Adaptive synchronization between two different chaotic neural networks with time delay [J]. IEEE Transactions on Neural Networks, 2007, 18(6): 1841-1845.
[76] KIM J H, HYUN C H, KIM E, et al. Adaptive synchronization of uncertain chaotic systems based on T–S fuzzy model [J]. Fuzzy Systems, IEEE Transactions on, 2007, 15(3): 359-369.
[77] ZHANG H G, HUANG W, WANG Z L, et al. Adaptive synchronization between two different chaotic systems with unknown parameters[J]. Physics Letters A, 2006, 350(5): 363-366.

[78] ADLOO H, ROOPAEI M. Review article on adaptive synchronization of chaotic systems with unknown parameters[J]. Nonlinear Dyn., 2011, 65(1-2): 141-159.

[79] AYATI M, KHALOOZADEH H. Designing sliding mode observer for uncertain noisy chaotic systems [C]. 2010 International Conference on Computer, Mechatronics, Control and Electronic Engineering, 2010: 187-190.

[80] 孙美美，胡云安，韦建明. 多涡卷超混沌系统自适应滑模同步控制[J]. 山东大学学报，2015, 45(3): 11-18.

[81] YAU H T, KUO C L, YAN J J. Fuzzy sliding mode control for a class of chaos synchronization with uncertainties [J]. International Journal of Nonlinear Sciences and Numerical Simulation, 2006, 7(3): 333-338.

[82] YANG C C. Synchronization of second-order chaotic systems via adaptive terminal sliding mode control with input nonlinearity[J]. Journal of the Franklin Institute, 2012, 349: 2.19-2032.

[83] WEI X, HUANGPU Y G. Second-order terminal sliding mode controller for a class of chaotic systems with unmatched uncertainties[J]. Communications in Nonlinear Science and Numerical Simulation, 2010, 15(11): 3241-3247.

[84] WANG C C, PEI N S, YAU H T. Chaos control in AFM system using sliding mode control by backstepping design[J]. Commun Nonlinear Sci Numer Simulat, 2010, 15(3): 741-751.

[85] ZHANG J, LI C G, ZHANG H B, et al. Chaos synchronization using single variable feedback based on backstepping method[J]. Chaos Solitons and Fractals, 2004, 21(5): 1183-1193.

[86] YU Y G, ZHANG S C.Adaptive backstepping synchronization of uncertain chaotic system[J]. Chaos Solitons & Fractals, 2004, 21(3): 643-649.

[87] CHEN L P, CHAI Y, WU R C. Modified function projective synchronization of chaotic neural networks with delays based on observer[J]. Physics Letters A, 2011, 375(3): 498-504.

[88] GAN Q T, XU R, KANG X B. Synchronization of chaotic neural networks with mixed time delays[J]. Communications in nonlinear Science and Numerical Simulation, 2011, 16(2): 966-974.

[89] LI H Q, LIAO X F, HUANG H Y. Synchronization of uncertain chaotic systems based on neural network and sliding mode control[J]. Acta Physica Sinica, 2011, 60(2): 020512.

[90] 张袅娜，张德江，冯勇. 非匹配不确定混沌系统的RBF神经网络滑模同步[J]. 控制与决策，2007, 22(10): 1143-1146.

[91] 李华青，廖晓峰，黄宏宇. 基于神经网络和滑模控制的不确定混沌系统同步[J]. 物理学报，2011, 60 (2): 020512.

[92] 胡云安，李海燕. 基于神经网络的非仿射块控非线性系统动态反演控制[J]. 控制与决策，2012, 27(1): 65-76.

[93] MANDELBROT B B. The fractal geometry of nature [M]. Macmillan, 1983(173).

[94] BAGLEY R L, CALICO R. Fractional order state equations for the control of viscoelasticallydamped structures [J]. Journal of Guidance, Control, and Dyn., 1991, 14(2): 304-311.

[95] GLOECKLE W G, NONNENMACHER T F. Fractional integral operators and Fox functions in the theory of viscoelasticity [J]. Macromolecules, 1991, 24(24): 6426-6434.

[96] MANBE Y, MANABE A, TAKAHASHI A. F prostaglandin levels in amniotic fluid during balloon-induced

cervical softening and labor at term [J]. Prostaglandins, 1982, 23(2): 247-256.

[97] OUSTALOUP A, MATHIEU B. La commande CRONE [M]. HERMES science publ. Paris, 1999.

[98] PODLUBNY I. Fractional Differential Equations[M]. Academic Press, San Diego, Calif, USA, 1998.

[99] CHEN W C. Nonlinear dynamics and chaos in a fractional order financial system[J]. Chaos, Solitons&Fractals. 2008, 36(5): 1305-1314.

[100] PETRÁ I. Fractional-Order Systems[M].Springer Berlin Heidelberg,2011.

[101] MONJE C A, CHEN Y Q, VINAGRE B M, et al. Fractional-Order Systems and Controls[M]. Fundamentals and Applications, Springer, London, UK, 2010.

[102] MACHADO J T, KIRYAKOVA V, MAINARDI F. Recent history of fractional calculus[J]. Communications in Nonlinear Science and Numerical Simulation, 2011, 16(3): 1140-1153.

[103] LI C P, ZHANG F R. A survey on the stability of fractional differential equations[J]. European Physical Journal, 2011, 193(1): 27-47.

[104] CHEN Y Q, PETRÁŠ I, XUE D. Fractional order control-tutorial[C]. Proceedings of the American Control Conference, 2009, 9. St, Louis, Mo, USA: 1397-1141.

[105] HARTLEY T T, LORENZO C F, KILLORY Q H. Chaos in a fractional order Chua's system [J]. Circuits and Systems I: Fundamental Theory and Applications, IEEE.

[106] CHEN J H, CHEN W C. Chaotic dynamics of the fractionally damped Van der Pol equation[J]. Chaos, Solitons&Fractals, 2008, 35(1): 188-198.

[107] BARBOSA R S, MACHADO J A T, VINAGRE B M, et al. Analysis of the Van der Pol oscillator containing derivatives of fractional order[J]. Journal of Vibration and Control, 2007, 13 (9-10): 1391-1301.

[108] TAVAZOEI M S, HAERI M, ATTARI M, et al. More details on analysis of fractional0order Van der Pol oscillator[J]. Journal of Vibration and Control, 2009, 15(6): 803-819.

[109] GAO X, YU J. Chaos in the fractional order periodically forced complex duffing's oscillators [J]. Chaos, Solitons & Fractals, 2005, 24(4): 1097-1104.

[110] GRIGORENKO I, GRIGORENKO E. Chaotic dynamics of the fractional Lorenz system [J]. Physical Review Letters, 2003, 91(3): 034101.

[111] LI C, PENG G. Chaos in Chen's system with a fractional order [J]. Chaos, Solitons & Fractals, 2004, 22(2): 443-450.

[112] DENG W, LI C. Chaos synchronization of the fractional Lü system [J]. Physica A: Statistical Mechanics and its Applications, 2005, 353: 61-72.

[113] 王在华. 分数阶微积分：描述记忆特性与中间过程的数学工具[J]. 科学中国人，2012(3): 76-78.

[114] BONNET C, PARTINGTON J R. Coprime factorization and stability of fractional differential systems[J]. Syst. Control Lett., 2000(41): 167-174.

[115] TRIGEASSOU J C, BENCHELLAL A, MAAMRI N, et al. A frequency approach to the stability of fractional differential equations[J]. Trans. Syst. Signal Devices, 2009, 4(1): 1-25.

[116] LI Y, CHEN Y Q, PODLUBNY I. Mittag-Leffler stability of fractional order nonlinear dynamic systems[J]. Automatica, 2009, 45(8): 1965-1969.

[117] LI Y, CHEN Y Q, PODLUBNY I. Stability of fractional order nonlinear dynamic systems: Lyapunov direct method and generalized Mittag-Leffler stability[J]. Computers and Mathematics with Applications, 2010,

59: 1810-1821.

[118] TRIGEASSOU J C, MAAMRI N, SABATIER J, et al. A Lyapunov approach to the stability of fractional differential equations[J]. Signal Processing, 2011, 91: 437-445.

[119] ODIBAT Z M. Adaptive feedback control and synchronization of non-identical chaotic fractional order systems [J]. Nonlinear Dyn., 2010, 60(4): 479-487.

[120] DELAVARI H, SENEJOHNNY D M, BALEANU D. Sliding observer for synchronization of fractional order chaotic systems with mismatched parameter [J]. Central European Journal of Physics, 2012, 10(5): 1095-1101.

[121] LIN T C, LEE T Y, BALAS V E. Adaptive fuzzy sliding mode control for synchronization of uncertain fractional order chaotic systems[J]. Chaos, Solitons & Fractals, 2011(44): 791-801.

[122] GAO Y, LIANG C H, WU Q Q, et al. A new fractional-order hyperchaotic system and its modified projective synchronization[J]. Chaos, Solitons & Fractals, 2015(76): 190-204.

[123] WANG C, GE S S. Synchronization of two uncertain chaotic system via adaptive backstepping [J]. International Journal of Bifurcation and Chaos, 2001, 11(6): 1743-1751.

[124] BOWONG S, KAKMENI F M M. Synchronization of uncertain chaotic systems cia backstepping approach[J]. Chaos Solitons and Fractals, 2004(21): 999-1011.

[125] TAN X H, ZHANG J Y, YANG Y R. Synchronizing chaotic systems using backstepping design[J]. Chaos Solitons and Fractals, 2003(16): 37-45.

[126] CHEN Q, REN X R. Adaptive Backstepping Control for a Class of Uncertain Chaotic Systems in Non-strict Form[C]. Intelligent Computing and Intelligent Systems, 2009. ICIS 2009. IEEE International Conference, 2: 397-401.

[127] BOWONG S. Adaptive synchronization of chaotic systems with unknown bounded uncertainties cia backstepping approach[J]. Nonlinear Dyn., 2007(49): 59-70.

[128] PARK J H. Synchronization of Genesio chaotic system via backstepping approach[J]. Chaos Solitons and Fractals, 2006(27): 1369-1375.

[129] WANG B, WEN G J. On the Synchronization of a class systems based on backstepping method[J]. Physics Letters A, 2007(370): 35-39.

[130] LI H Y, HU Y A. Backstepping-based synchronization control of cross-strict feedback hyper-chaotic systems[J]. Chin. Phys. Lett., 2011, 28(12): 120508.

[131] HU Y A, LI H Y, HUANG H. Prescribed performance-based backstepping design for synchronization of cross-strict feedback hyperchaotic systems with uncertainties[J]. Nonlinear Dyn., 2014(76): 103-113.

[132] YU S M, LU J H, YU X H, et al. Design and implementation of grid multi-wing hyperchaotic Lorenz system family via switching control and constructing super heteroclinic loops[J]. IEEE Transactions on Circuits and Systems, 2012, 59(5): 1015-1027.

[133] YOO W J, JI D H, WON S C. Adaptive control and synchronization of a novel hyperchaotic system with unknown parameters[J]. Modern Physics Letters B, 2010, 24(10): 979-994.

[134] HAERI M, EMADZADEH A A. Synchronization different chaotic systems using active sliding mode control[J]. Chaos Solitons & Fractals, 2007, 31(1): 119-129.

[135] YAN J J, HUNG M L, CHIANG T Y, et al. Robust synchronization of chaotic systems via adaptive sliding

mode control[J]. Physics Letters A, 2006, 356(3): 220-225.

[136] YAU H T. Chaos synchronization of two uncertain chaotic nonlinear gyros using fuzzy sliding mode control[J]. Mechanical System and Signal Processing, 2008, 22(2): 408-418.

[137] AGHABABA M P, AKBARI M E. A chattering-free robust adaptive sliding mode controller for synchronization of two different chaotic systems with unknown uncertainties and external disturbances[J]. Applied Mathematics and Computation, 2012(218): 5757-5768.

[138] DADRAS S, MOMENI H R. Adaptive sliding mode control of chaotic dynamical systems with application to synchronization[J]. Mathematics and Computers in Simulation, 2010(80): 2245-2257.

[139] LI H Q, LIAO X F, LI C D, et al. Chaos control and synchronization via a novel chatter free sliding mode control strategy[J]. Neurocomputing, 2011(74): 3212-3222.

[140] LI Y, CHEN Y, PODLUBUY I. Mittag-Leffler stability of fractional order nonlinear dynamic systems [J]. Automatica, 2009, 45 (8): 1965-1969.

[141] DELAVARI H, BALEANU D, SADATI J. Stability analysis of Caputo fractional-order nonlinear systems revised[J]. Nonlinear Dyn., 2012, 67(4): 2433-2439.

[142] MATIGNON D. Stability results for fractional differential equations with applications to control processing [C]. Computational engineering in systems applications, 1996, 2: 963-968.

[143] SABATIER J, MOZE M, FARGES C. LMI stability conditions for fractional order systems[J]. Computers and Mathematics with Applications , 2010(59): 1594-1609.

[144] TRIGEASSOU J C, MAAMRI N, OUTALOUP A. Lyapunov stability of linear fractional systems: part 1definition of fractional energy[C]. in : ASME 2013 International Design Engineering Technical Conferences and Computers and Information in Engineering Conference, DETC2013-12824, Portland, Oregon, USA, August 4-7, 2013.

[145] 胡建兵，韩焱，赵灵冬. 分数阶系统的一种稳定性判定定理及在分数阶统一混沌系统同步中的应用 [J]. 物理学报，2009, (007): 4402-4407.

[146] GAN Q. Synchronization of competitive neural networks with different time scales and time-varying delay based on delay partitioning approach [J]. International Journal of Machine Learning and Cybernetics, 2013, 4(4): 327-337.

[147] 黄丽莲，齐雪. 基于自适应滑模控制的不同维分数阶混沌系统的同步 [J]. 物理学报，2013, 62(8): 80507-1-80507-7.

[148] AGHABABA M P. Robust stabilization and synchronization of a class of fractional-order chaotic systems via a novel fractional sliding mode controller[J]. Commun Nonlinear Sci Numer Simulat, 2012(17): 2670-2681.

[149] KUNTANAPREEDA S. Robust synchronization of fractional-order unified chaotic systems via linear control[J]. Computers and Mathematics with Applications, 2012(63): 183-190.

[150] SENEJOHNNY D M, DELAVARI H. Active sliding observer scheme based fractional chaos synchronization[J]. Commun Nonlinear Sci Numer Simulat, 2012(17): 4373-4383.

[151] RAZMINIA A, BALEANU D. Complete synchronization of commensurate fractional order chaotic systems using sliding mode control[J]. Mechatronics, 2013(23): 873-879.

[152] WANG Q, DING D S, QI D L. Mittag-Leffler synchronization of fractional order uncertain chaotic

systems[J]. Chinese Physics B, 2015, 24(6): 060508.

[153] ZHANG B T , PI Y G , LUO Y .Fractional order sliding-mode control based on parameters auto-tuning for velocity control of permanent magnet synchronous motor[J].Isa Transactions, 2012, 51(5):649-656.DOI: 10.1016/j.isatra.2012.04.006.

[154] AGHBABA M P. Finite-time chaos control and synchronization of fractional-order nonautonomous chaotic (hyperchaotic) systems using fractional nonsingular terminal sliding mode technique [J]. Nonlinear Dyn., 2012, 69(1-2): 247-261.

[155] HEGAZI A, MATOUK A. Dynamical behaviors and synchronization in the fractional order hyperchaotic Chen system [J]. Applied Mathematics Letters, 2011, 24(11): 1938-1944.

[156] MORGÜLÖ, SOLAK E. Observer based synchronization of chaotic systems [J]. Physical Review E, 1996, 54(5): 4803-4811.

[157] MORGÜLÖ, SOLAK E. On the synchronization of chaotic systems by using state observers [J]. International Journal of Bifurcation and Chaos, 1997, 7(6): 1307-1322.

[158] 关新平，范正平，彭海朋，等. 扰动情况下基于 RBF 网络的混沌系统同步[J]. 物理学报，2001, 50(9): 1670-1674.

[159] 关新平，何宴辉，范正平. 扰动情况下一类混沌系统的观测器同步[J]. 物理学报，2003, 52(2): 0276-0280.

[160] RAOUFI R, ZINOBER A S I. Adaptive sliding mode observers in uncertain chaotic cryptosystems with a relaxed matching condition[C]. Proceedings of the 2006 International Workshop on Variable Structure Systems, 2006, 222-225.

[161] GUO H J, LIN S F, LIU J H. A radial basis function sliding mode controller for chaotic Lorenz system[J]. Physics Letters A, 2006(351): 257-261.

[162] CHEN M, JIANG C S, JIANG B, et al. Sliding mode synchronization controller design with neural network for uncertain chaotic systems[J]. Chaos Solitons & Fractals, 2009(39): 1856-1863.

[163] DELACARI H, SENEJOHNNY D M, BALEANU D. Sliding observer for synchronization of fractional order chaotic systems with mismatched parameter [J]. Central European Journal of Physics, 2012, 10(5): 1095-1101.

[164] 严胜利，张昭晗. 一类不确定分数阶混沌系统的同步控制[J]. 系统仿真技术, 2013, 4: 366-370.

[165] 张友安，余名哲，吴华丽. 基于自适应神经网络的分数阶混沌系统滑模同步[J]. 控制与决策, 2015, 30(5): 882-886.

[166] LIU L, LIANG D L, LIU C X. Nonlinear state-observer control for projective synchronization of a fractional-order hyperchaotic system[J]. Nonlinear Dyn., 2012, 69(4): 1929-1939.

[167] N'DOYE I, VOOS H, DAROUACH M. Observer-based approach for fractional order chaotic synchronization and secure communication[J]. IEEE Journal on Emerging and Selected Topics in Circuits and Systems, 2013, 3(3): 442-450.

[168] LAN Y H, ZHOU Y. Non-fragile observer-based robust control for a class of fractional-order nonlinear systems[J]. Systems and Control Letters, 2013, 62(12): 1143-1150.

[169] DADRAS S, MOMENI H R. Fractional-order dynamic output feedback sliding mode control design for robust stabilization of uncertain fractional-order nonlinear systems[J]. Asian Journal of Control, 2014,

16(2): 489-497.

[170] LI K, YANG L, HE Z. Stability analysis of nonlinear observer with application to chaos synchronization[J]. Science in China, 2001, 44(6): 430-437.

[171] POLYCARPOU M M. Stable adaptive neural control scheme for nonlinear systems[J]. IEEE Transations on Automatic Control, 1996, 41(3): 447-451.

[172] 刘涛，张皓，陈启军. 通信受限网络控制系统的 H_∞ 控制 [J]. 控制与决策，2013, 28(4): 537-541.

[173] NUSSBAUM R D. Some remarks on a conjecture in parameter adaptive control [J]. Systems & Control Letters, 1983, 3(5): 243-246.

[174] YE X D, JIANG J P, BRIERLEY S, et al. Adaptive nonlinear design without a priori knowledge of control directions [J]. IEEE Transactions on Automatic Control, 1998, 43(11): 1617-1622.

[175] YE X D. Asymptotic regulation of time-varying uncertain nonlinear systems with unknown control directions [J]. Automatica, 1999, 35(5): 929-935.

[176] DING Z T. Adaptive control of non - linear systems with unknown virtual control coefficients [J]. International Journal of Adaptive Control and Signal Processing, 2000, 14(5): 505-517.

[177] ZHANG Y, WEN C, SOH Y C. Adaptive backstepping control design for systems with unknown high-frequency gain [J]. Automatic Control, IEEE Transactions on, 2000, 45(12): 2350-2354.

[178] BOULKROUNE A, TADJING M, M'SAAD M, et al. Fuzzy adaptive controller for MIMO nonlinear systems with known and unknown control direction [J]. Fuzzy sets and systems, 2010, 161(6): 797-820.

[179] 王强德，井元伟，张嗣瀛. 控制方向未知的非线性系统的自适应输出跟踪控制[J]. 控制与决策，2006, 21(3): 248-252.

[180] LIU L, HUANG J. Global robust output regulation of lower triangular systems with unknown control direction [J]. Automatica, 2008, 44(5): 1278-1284.

[181] BOULKROUNE A, M'SAAD M, CHEKIREB H. Design of a fuzzy adaptive controller for MIMO nonlinear time-delay systems with unknown actuator nonlinearities and unknown control direction [J]. Information Sciences, 2010, 180(24): 5041-5059.

[182] SAM G E S, YANG C, HENG LEE T. Adaptive robust control of a class of nonlinear strict-feedback discrete-time systems with unknown control directions [J]. Systems & Control Letters, 2008, 57(11): 888-895.

[183] BOULKROUNE A, M'SAAD M. On the design of observer based fuzzy adaptive controller for nonlinear systems with unknown control gain sign[J]. Fuzzy sets and systems, 2012(201): 71-85.

[184] CHEN M, GE S S, HOW B. Robust adaptive neural network control for a class of uncertain MIMO nonlinear systems with input nonlinearities [J]. Neural Networks, IEEE Transactions on, 2010, 21 (5): 796-812.

[185] 黄国勇. 基于神经网络干扰观测器的 Terminal 滑模控制 [J]. 吉林大学学报：工学版，2012, 41(6): 1726-1730.

[186] BUHAMANN M D. Radial basis functions [J]. Acta Numerica 2000, 9: 1-38.

[187] LEI J, WANG X, LEI Y. A Nussbaum gain adaptive synchronization of a new hyperchaotic system with input uncertainties and unknown parameters [J]. Communications in Nonlinear Science and Numerical Simulation, 2009, 14(8): 3439-3448.

[188] 周爱军. 不确定混沌系统的控制与同步方法研究[D]. 大连：大连海事大学，2012.

[189] HU T S, LIN Z L. Control systems with actuator saturation: analysis and design[M]. Springer Science & Business Media, 2001.

[190] SABERI A, STOORVOGEL A A, SANNUTI P. Control of linear systems with regulation and input constraints[M]. Springer Science & Business Media, 2012.

[191] BERSTEIN D S, MICHEL A N. Special issue on saturating actuators[M]. International Journal of Robust and Nonlinear Control, 1995.

[192] TARBOURIECH S, Garcia G, SILVA D, et al. Advanced strategies in control systems with input and output constraints[M]. Berlin, Heidelberg, Germany: Springer, 2007.

[193] GOODWIN G C, SERON M M, DE DONA J. Constrained control and estimation: an optimisation approach[M]. Springer Science & Business Media, 2006.

[194] LYSHEVSKI S E. Robust control of nonlinear continuous-time systems with parameter uncertainties and input bounds[J]. International Journal of Systems Science, 1999, 30(3): 247-259.

[195] WEN C Y, ZHOU J, LIU Z T, et al. Robust adaptive control of uncertain nonlinear systems in the presence of input saturation and external disturbance[J]. IEEE Transactions on Automatic Control, 2011, 56(7): 1672-1678.

[196] RYAN E. Universal adaptive stabilizer for a class of nonlinear systems [J]. Systems & Control Letters, 1991, 16 (3): 209-218.

[197] YAN J, LI C. On chaos synchronization of fractional differential equations [J]. Chaos, Solitons & Fractals, 2007, 32(2): 725-735.

[198] BHALEKAR S, DAFRARDAR-GEJJI V. Synchronization of different fractional order chaotic systems using active control [J]. Communications in Nonlinear Science and Numerical Simulation, 2010, 15(11): 3536-3546.

[199] LI C, CHEN G. Chaos and hyperchaos in the fractional-order Rssler equations [J]. Physica A: Statistical Mechanics and its Applications, 2004, 341(1-4): 55-61.

[200] SALARIEH H, SHAHROKHI M. Adaptive synchronization of two different chaotic systems with time varying unknown parameters[J]. Chaos Solitons and Fractals, 2008(37): 125-136.

[201] SUN F, ZHAO Y, ZHOU T. Identify fully uncertain parameters and design controller based on synchronization[J]. Chaos Solitons and Fractals, 2007(34): 1677-1682.

[202] PARK J H. Adaptive modified projective synchronization of a unified chaotic system with an uncertain parameter[J]. Chaos Solitons and Fractals, 2007(34): 1552-1559.

[203] XU J Q. Adaptive synchronization of the fractional-order unified chaotic system with uncertain parameters[C]. Proceedings of the 30th Chinese Control Conference, Yantai, China, July22-24, IEEE Computer Society, 2011: 2423-2428.

[204] YANG C C. One input control for exponential synchronization in generalized Lorenz systems with uncertain parameters[J]. J Franklin Inst 2012, 349(1): 349-365.

[205] ZHANG R X, YANG S P. Robust chaos synchronization of fractional-order chaotic systems with unknown parameters and uncertain perturbations[J]. Nonlinear Dyn., 2012, 69(3): 983-992.

[206] 余名哲，张友安. 一类不确定分数阶混沌系统的滑模自适应同步[J]. 北京航空航天大学学报，2014,

40(9): 1276-1280.

[207] SONG Y, YU X, CHEN G, et al. Time delayed repetitive learning control for chaotic systems[J]. International Journal of Bifurcation and Chaos, 2002(12): 1057-1065.

[208] XU J. X, YAN R. Synchronization of chaotic systems via learning control[J]. International Journal of Bifurcation of Chaos, 15(12), 4035-4041.

[209] CHEN M, ZHOU D, Shang Y. A simple time-delayed method to control chaotic systems[J]. Chaos Solitons and Fractals, 2004(22) : 1117-1125.

[210] SUN Y P, LI J M, WANG J A, et al. Generalized projective synchronization of chaotic systems via adaptive leaning control[J]. Chin. Phys. B, 2010, 19(2): 020505.

[211] XU X, YAN R. Synchronization of chaotic systems via learning control[J]. International Journal of Bifurcation and Chaos, 2005, 15(12): 4035-4041.

[212] 吴忠强，邝钰. 多涡卷混沌系统的广义同步控制[J]. 物理学报，2009, 58(10): 6823-6826.